U0156043

# 免疫系统工作原理

# How the Immune System Works

## （第6版）

原　著　Lauren Sompayrac

主　译　王月丹

副主译　初　明　徐晓军　薛殷彤

译　者（按姓名汉语拼音排序）

| | | | |
|---|---|---|---|
| 陈　峰 | 北京大学口腔医院 | 孙晋波 | 北京大学第三医院 |
| 陈　曦 | 北京市积水潭医院 | 王铁山 | 北京中医药大学 |
| 初　明 | 北京大学 | 王月丹 | 北京大学 |
| 高　翔 | 北京大学 | 肖蓉心 | 北京大学人民医院 |
| 李　燕 | 北京大学 | 徐晓军 | 北京大学 |
| 林怡婷 | 北京大学 | 薛殷彤 | 北京大学 |
| 刘锦龙 | 包头医学院 | 姚义凡 | 北京大学 |
| 门月华 | 北京大学第三医院 | 张明波 | 辽宁中医药大学 |
| 秒　香 | 北京中医药大学 | 张玉莹 | 北京大学 |
| 石颖慧 | 北京中医药大学 | | |

北京大学医学出版社

MIANYI XITONG GONGZUO YUANLI（DI 6 BAN）

**图书在版编目（CIP）数据**

免疫系统工作原理：第6版/（美）劳伦·松佩拉克（Lauren Sompayrac）原著；王月丹主译. —北京：北京大学医学出版社，2023.8（2024.12重印）
书名原文：How the Immune System Works（Sixth Edition）
ISBN 978-7-5659-2892-5

Ⅰ．①免…　Ⅱ．①劳…　②王…　Ⅲ．①免疫
Ⅳ．①Q939.91

中国国家版本馆CIP数据核字（2023）第078186号

**北京市版权局著作权合同登记号：图字：01-2020-6604**

How the Immune System Works. Sixth Edition. Lauren Sompayrac.
ISBN: 978-1-119-54212-4.
This edition first published 2019 © 2019 by John Wiley & Sons Ltd.
All Rights Reserved. This translation published under license with the original publisher
John Wiley & Sons, Inc.
Simplified Chinese translation copyright © 2023 by Peking University Medical Press.
All rights reserved.

**免疫系统工作原理（第6版）**

主　　译：王月丹
出版发行：北京大学医学出版社
地　　址：（100191）北京市海淀区学院路38号　北京大学医学部院内
电　　话：发行部 010-82802230；图书邮购 010-82802495
网　　址：http://www.pumpress.com.cn
E - m a i l：booksale@bjmu.edu.cn
印　　刷：北京信彩瑞禾印刷厂
经　　销：新华书店
策划编辑：董采萱
责任编辑：刘 燕 靳 奕　责任校对：靳新强　责任印制：李 啸
开　　本：889 mm × 1194 mm　1/16　印张：9.25　字数：276千字
版　　次：2023年8月第1版　2024年12月第2次印刷
书　　号：ISBN 978-7-5659-2892-5
定　　价：65.00元

谨以此书献给我的爱人、妻子和最好的朋友——

Vicki Sompayrac。

# 原著致谢

我要感谢那些给早期版本提出宝贵建议的人们——Mark Dubin、Linda Clayton、Dan Tenen、Jim Cook、Tom Mitchell、Lanny Rosenwasser 和 Eric Martz 博士。还要感谢 Diane Lorenz，她为第 1 版和第 2 版制作了插图，在本版中仍然可以看到她精彩的作品。最后，我要感谢 Vicki Sompayrac，她明智的建议使本书更具可读性，她还对本书的最终稿件进行了出色的编辑工作。

# 译者前言

　　本书是一本非常适合初次接触免疫学知识的人群使用的免疫学著作和教材。它用于免疫学的知识启蒙是最适合不过的，就像这本书的作者 Lauren Sompayrac 博士所说："这本书不是写给你的老师的，而是写给你的！"从1996年第一次走上免疫学课堂的讲台开始，我已经从事免疫学的教学工作 20 多年了，一直在寻找一本适合免疫学入门的著作或教材。直到我看到 *How the Immune System Works*，我觉得，它终于被我找到了！

　　本书虽精炼，但内容却非常丰富，涵盖了现代医学免疫学的全部内容，主要包括基础免疫学、临床免疫学与疾病，以及疫苗和免疫治疗等免疫学技术的应用。全书分为 16 讲，运用朴实通俗的语言，对免疫学的核心知识进行了细致精准的阐述。更为可贵的是，作者在书中旗帜鲜明地阐释了自己的观点，这是其他教学参考书所不具备的，也确立了其作为一本免疫学专著的特点。可以说，这不是一本用于应付考试的复习参考书，而是一本真正可以让读者进入免疫学知识圣殿的启蒙著作。

　　在我国，很多医学免疫学教材都是以 *Janeway's Immunobiology* 为基础来编写的，内容具体、详细、有很好的创新性，甚至有些学校就选用它作为本科生的教材。但是，由于该书过于详细和繁复，对于本科生，特别是刚刚入门的学生来说，确实需要大量的时间来理解，而在有限的学时内，教师也不容易在此基础上进行具体的教学。

　　本书对免疫学基础知识内容进行了优化，以人体的免疫系统功能为线索，对相关的基础免疫学知识进行有选择性地重点讲解，逻辑清晰，层次分明，并且注重免疫学前沿进展的知识解读。不仅适合进行免疫学的入门教学，而且还有助于学生的自学提升。因此，第一次看到这本书的英文版时，我就非常希望能够把本书翻译成中文，供中国的学生和医生，以及对免疫学有兴趣或者关注的学者，例如中学的生物学教师，在免疫学快速入门时作为辅助、参考。

　　由于种种原因，我之前一直错过了本书中文版的翻译工作，直到这一版（第6版）。在北京大学医学出版社的大力支持下，我才获得了翻译本书的机会。在此特别感谢北京大学医学出版社的信任和支持，也特别希望能够通过这本书的翻译帮助大家学习免疫学。为此，在本书的翻译过程中，团队的成员都竭尽全力地做好翻译工作，希望能够做出一本适合免疫学初学者的书。但由于我们能力所限和时间仓促，书中难免会有差错，希望读者多多批评指正！

王月丹

# 怎样用好这本书

我编写本书，是因为找不到一本能让我的学生全面了解免疫系统的书。当然，他们也可以化钱买到很多内容很好的厚教科书，但这些书都被每一个可能的具体细节塞满了。如果你想总结一下你已经学过的东西，有很多"复习书"也都很不错，但它们不能教你学会免疫学。人们缺少的是一本用简单的语言讲述免疫系统是如何协同工作的简明扼要的书——在没有使用术语和展示细节的情况下介绍免疫系统的全貌。

本书是以"讲座"的形式来书写的，因为我希望能像在教室里一样直接和你们交谈。虽然第一讲是一个轻松的概览，旨在让你在这个主题上有一个良好的开始，但你很快就会发现这不是一本"婴儿免疫学"。它采用概念驱动的方式，分析阐述免疫系统的参与者是如何协同工作来保护我们免受疾病伤害的，以及最为重要的是它们为什么要这样做。

在第二讲到第十讲中，我更加关注免疫系统中的单个参与者及其作用。这些章节都很短，所以你可能在几个下午就能读完。实际上，我强烈建议你从一开始就快速把第一讲到第十讲读完。这样会对本书的主题有一个全面的了解，如果你每周只读一讲，就不会有这个效果了。不要在第一次就"学习"这十讲的内容。在每一讲结束后，甚至都不要为思考题而烦恼，不太会的跳过去就好。然后，一旦你对这个系统有所了解，再花更多的时间去读这十讲的内容，以便更清楚地理解"如何"和"为什么"。

在第十一讲到第十六讲中，我讨论了肠道免疫系统、疫苗、过敏、自身免疫病、HIV、癌症和免疫治疗。这些章节将让你能够通过考察工作中有关免疫系统的真实案例，来"实践"你在前面几讲中所学到的内容。所以，当你已经读完第一讲到第十讲两次之后，我建议你再读一下最后6讲。当你这么做的时候，我想你会惊讶于自己现在对免疫系统已经如此熟悉了。

当你阅读时，会遇到以绿色突出显示的段落和以红色突出显示的单词。这些突出的标识旨在提醒你注意重要的概念和术语。它们还将帮助你在读完每一讲之后进行快速的复习。

在某些情况下，本书涵盖了大课中免疫学部分的主要内容。对于为期一个学期的本科或研究生免疫学课程，你的老师可以将本书作为综合教科书的配套教材使用。随着课程的进行，复习本书的相关课程将有助于你在处理细节时关注全局。在处理细节的过程中，真的很容易迷失方向。

无论你的老师如何使用本书，你都应该记住一点：这本书不是写给你的老师的，而是写给你的！

Lauren Sompayrac

# 目录

# 第一讲　概览

**本讲重点！**

　　免疫系统的工作属于"团队合作"，涉及许多不同的成员。这些成员大致可以分为两类：先天性免疫系统团队的成员和适应性免疫系统团队的成员。重要的是，这两个团队的成员需要共同努力，为机体抵御入侵者提供强有力的保障。

## 引言

　　免疫学是一个学习起来比较困难的学科，其原因有很多。首先，免疫学有很多细节，有时这些细节会妨碍你理解概念。为解决这个问题，我们将着眼于整体。你可以比较容易地在其他地方找到详细的信息。其次，学习免疫学的另一个难题是每个"规则"都有"例外"。免疫学家们都喜欢这些"例外"，因为它们为研究免疫系统的功能提供了线索。但是现在，你将要学习"规则"。当然，在这个过程中，你也会不时遇到例外的情况，但我们不会详细描述这些例外的情况。我们的目的是研究免疫系统，探寻免疫系统的本质。

　　研究免疫学遇到的第三个困难是，我们对免疫系统的认知仍在发展的过程中。显而易见，免疫学还有许多未解决的问题，而且某些事情今天看起来是正确的，但是明天它们就可能被证明是错误的。我们会尽力帮助你了解目前的认知状态，并且会不时地讨论免疫学家们所认为的正确的情况。但是，要牢记一点，直言不讳地说，我们告诉你的某些事情将来会改变，甚至在你阅读这本书的时候，它们可能就已经发生了变化！

　　尽管，这三个特点使免疫学的研究变得困难，但是我认为，免疫学的学习之所以如此艰巨，主要还是因为免疫系统的功能属于"团队合作"的结果，涉及许多不同的组成成分之间的相互作用。想象一下，你正在看电视上转播的橄榄球比赛，此时摄像头正聚焦在一个球员（如一名边锋）的身上。你能看到他在场上全速奔跑，然后停下来。这看起来似乎没有任何意义。但是，稍后你会在大屏幕上看到回放，这时你才会发现，这名边锋将两名防守者吸引到了场边，使正在奔跑的后卫没有被对方发现，并使他可以拿到传球，并达阵得分。免疫系统很像这样一支橄榄球队。这是一个由"选手"们共同组成并完成工作的网络，只关注其中的一个选手并没有多大的意义。为此，你需要一个整体的视角。这就是第一讲的主要目的，你可以将其称为"免疫学学习的发动机"。在此，我们将带你一起快速地了解一下免疫系统的组成，以便你能体会到免疫系统成员之间是如何进行相互交融、协调作用的。然后，在接下来的课程中，我们将回过头来仔细地探究免疫系统各个组成成员及其之间的互动与合作。

## 物理屏障

　　我们抵御入侵者的第一道防线是物理屏障，病毒、细菌、寄生虫和真菌等病原体都必须能够穿透这个屏障才能对人体造成伤害。尽管，我们倾向于将皮肤看作主要的物理屏障，但其实我们皮肤所覆盖的体表面积仅仅只有 2 m² 左右。相反，覆盖在我们消化道、呼吸道和生殖道的黏膜面积却很大，约为 400 m²，大约相当于两个网球场的大小。以上所说的重点是，人体表面有一个很广阔的边界需要进行防御和守卫。

## 先天性免疫系统（固有免疫系统）

　　任何突破皮肤或黏膜物理屏障的入侵者，都会首先获得来自先天性免疫系统的"招待"，这就是我们的第二道防线。免疫学家将这个系统称为"先天性"的系统，是因为它是所有动物在自然状态下都具有的一种防御能力。确实，先天性免疫系统的某些"武器"已经在地球上存在了超过 5 亿年之久。我来举一个例子，以便说明这个惊人的先天性免疫系统是如何进行工作的。

　　想象一下，当你从热水浴缸中出来，踏上地板时，大蹬趾被扎进去了一块大的玻璃碎片。在这个碎玻璃上有很多细菌，几个小时内你就会发现（除非你在那个热水浴缸里的时候喝醉酒了！）碎片扎进去的部位周围会发红而肿胀。这些迹象表明，你的先天性免疫系统已开始发挥作用了。人体组织是"漂泊流浪"的白细胞的"家"，而这些白细胞可以保护人体免受攻击。对我们来说，组织看起来是紧致而且没有空隙的，但这是因为我们的身体很大。而对于细胞而言，组织看上去有点像有孔的海绵，单个细胞可以通过这些孔隙进行自由移动。组织中"长期驻守"的防御单位之一，是先天性免疫系统中最著名的成员——巨噬细胞。如果你是细菌，那么巨噬细胞可能就是你随着碎片扎进人体之后，所遇到的最后一个细胞！这是一张显示巨噬细胞即将吞噬细菌的电子显微镜照片。

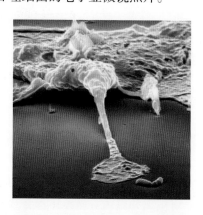

在这张图里，你会看到，在细菌进入机体以后，巨噬细胞不仅仅是在等待"偶遇"。相反，巨噬细胞实际上已经感觉到了细菌的这种存在，并且正在伸出一只"手"去抓住它。但是，巨噬细胞又是如何知道细菌在哪里的呢？答案是，巨噬细胞表面具有触角（受体），这些触角经过调整，可以识别常见微生物入侵者带有的"危险分子"。例如，细菌外面的包膜是由某些脂类和碳水化合物分子组成的，而通常这些脂类和碳水化合物分子是人体中所不存在的。这些外来分子对巨噬细胞来说，就代表了"来找我，吃掉我"的信号。当巨噬细胞探测到危险分子存在时，它们就会开始向着"释放"这些分子的微生物的方向爬行。

当遇到细菌时，巨噬细胞首先会将其吞噬到称为吞噬体的小袋（囊泡）中。然后，再将包含细菌的囊泡置于巨噬细胞的内部，在此与被称为溶酶体的另一囊泡进行融合。溶酶体中含有功能强大的化学物质和酶，可以对细菌进行破坏。实际上，这些物质极具破坏性，如果被释放，它们甚至会杀死巨噬细胞本身。这就是为什么要将它们限制在囊泡中的原因。使用这种机智的策略，巨噬细胞可以在摧

毁入侵者的同时，而不会"误伤自己"。这个完整的过程称为吞噬作用，下图展示了该过程是如何发生的。

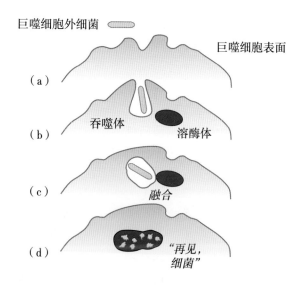

巨噬细胞已经存在了很长时间了。实际上，巨噬细胞采用的摄取异物的方法仅仅只是变形虫用来养活自己的生活策略的一种改良——变形虫已经在地球上漫游了约25亿年之久。那么，为什么称这个生物体为巨噬细胞呢？无疑，"macro"表示大，而巨噬细胞就是一个大细胞。吞噬一词来自希腊语，意为"吃饭"。因此，巨噬细胞就是个"饭桶"。实际上，除了防御入侵者外，巨噬细胞还可以充当垃圾收集器。它可以吃掉几乎所有的东西。免疫学家们利用这种特性，给巨噬细胞喂食铁屑。然后，通过使用小型磁铁的吸引作用，将巨噬细胞从与其他细胞的混合物中分离出来。这很神奇吧！

巨噬细胞从哪里来？体内的巨噬细胞和其他所有的血细胞都是能进行自我更新的造血干细胞的后代，这些干细胞是所有血细胞的"源头"细胞。通过自我更新，当干细胞生长并分裂为两个子细胞时，它会执行"一个给我，一个给你"的命令，其中某些子细胞恢复成为干细胞，而另一些则继续发育分化为成熟的血细胞。这种持续自我更新的策略，可以确保机体始终能有储备的造血干细胞来持续制造成熟的血细胞。

巨噬细胞对我们机体的防御是如此重要，以至于实际上，它们在我们出生之前就已经占据了组织中的前哨位置。出生后，位于骨髓中的造血干细胞可以补充巨噬细胞和所有其他机体所需的血细胞。随着造血干细胞的子细胞成熟，它们必须做出选择——长大后变成哪种血细胞。可以想象，这样

的选择并不是随机的，而是经过精准的控制以确保你能够拥有足够的各种血细胞。例如，一些子细胞分化成为红细胞，它们可以携带肺中的氧气并将其传输到身体的各个部位。我们的干细胞"工厂"每秒必须要产生超过 200 万个新的红细胞，才能弥补因正常消耗而损失的红细胞。造血干细胞的其他后代可能会分化成为巨噬细胞、中性粒细胞或者其他类型的"白"细胞。就像白葡萄酒不是真的白色葡萄酒一样，这些细胞也不是白色的。它们是无色的，但是生物学家使用"白色"这个词来表示它们没有血红蛋白，因此不是红色的。下面这张图就显示了干细胞可以分化成为许多不同种类的血细胞。

当可以发育为巨噬细胞的血细胞离开骨髓并进入血液时，人们就称之为单核细胞。总而言之，你的血液中每时每刻循环流动着的血细胞约有 20 亿个。这个数字可能看起来有些吓人，但是你应该很高兴有它们存在。没有它们，你将会陷入非常严重的困境。单核细胞在血液中停留时间平均约为 3 天。在这段时间里，它们会到达毛细血管，寻找覆盖在毛细血管内表面的内皮细胞之间的缝隙。这些内皮细胞的形状呈瓦片，单核细胞通过在它们之间的窄缝，就可以离开血液，进入组织，并分化成熟为巨噬细胞。在组织中，大多数巨噬细胞只是在闲逛，做它们的垃圾收集工作，等你被碎玻璃片扎伤时，它们才可以开始做一些真正的工作。

当巨噬细胞吃掉碎玻璃片上的细菌时，它们会释放出化学物质，从而促使血液流向伤口附近。在

此区域积聚的血液会使你的脚趾发红。这些化学物质中有些成分还会使排列在血管管壁上的细胞收缩，使它们之间出现缝隙，以便毛细血管内的液体泄漏到组织中，正是这种液体导致了局部的肿胀（水肿）。此外，巨噬细胞释放的化学物质还可以刺激碎玻璃片周围组织中的神经，向你的大脑发送疼痛信号，以提醒大蹈趾区域存在着（异常）不适。

在与细菌的斗争中，巨噬细胞能产生并释放出一种称为细胞因子的（秘密武器）蛋白质。这些蛋白质是类似于激素的信使分子，可以介导免疫系统的细胞之间进行通讯。在这些细胞因子中，有些会警告单核细胞和其他在附近毛细血管中游动的免疫细胞，表明战斗正在进行之中，并鼓励这些细胞从血液中冲出来，以帮助对抗迅速繁殖的细菌。很快，就在先天性免疫系统正在为消灭入侵者而战时，你的脚趾就会发生剧烈的"炎症"反应了。

因此，这里的情况是：你的防线范围很大，因此要驻扎哨兵（巨噬细胞）来监视入侵者。当这些哨兵遇到敌人时，它们会发出信号（细胞因子），把更多的防御者招募到战斗现场。然后，巨噬细胞就会尽力阻止入侵者，直到增援部队的到达。由于先天性免疫反应涉及诸如巨噬细胞这类的战斗者，都是被设计成为能够识别许多常见入侵者的战士，因此先天性免疫系统反应非常迅速，以至于这样的战斗通常会在短短几天内就结束了。

先天性免疫的"团队"中还有其他成员。例如，除了巨噬细胞这样的专职性吞噬细胞（功能是吞噬入侵者）之外，先天性免疫系统还包括可以在细菌上打孔的补体蛋白和能够破坏细菌、寄生虫、病毒感染细胞和某些癌细胞的自然杀伤细胞。在下一讲中，我们将更多地探讨巨噬细胞的这些先天性免疫系统的队友们。

## 适应性免疫系统（又称获得性免疫系统）

大约 99% 的动物只要自然屏障和先天性免疫系统性能良好，就可以得到保护作用。但是，像我们这样的脊椎动物还具有第三道防线——适应性免疫系统。实际上，这是一种保护我们可以免受几乎任何侵害的防御系统。发现适应性免疫系统存在的最早线索之一是在 18 世纪 90 年代，当时爱德华·詹纳（Edward Jenner）开始为英国人接种天花病毒疫苗。在那个时期，天花是人们面临的主要健

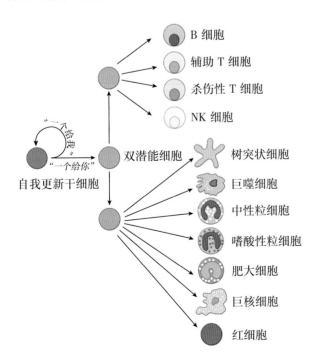

B 细胞

辅助 T 细胞

杀伤性 T 细胞

NK 细胞

双潜能细胞

"一个给我"
"一个给你"

自我更新干细胞

树突状细胞

巨噬细胞

中性粒细胞

嗜酸性粒细胞

肥大细胞

巨核细胞

红细胞

康问题。成千上万的人死于这种疾病，还有更多人因这种疾病而被毁容。Jenner 观察到，挤奶工经常会罹患一种被称为牛痘的疾病，而这种病会对他们的手造成看上去与由天花病毒引起的疮疤相似的损伤。詹纳还发现，感染牛痘的挤奶工几乎从来都没有发生过天花（事实证明，天花是由牛痘病毒的近亲天花病毒所引起的）。

因此，Jenner 决定进行一个大胆的实验。他从一位患有牛痘的挤奶女工的挤疮中收集脓液，并用它给一位名叫詹姆斯·菲普斯（James Phipps）的小男孩进行了接种。后来，当 Phipps 重新被接种了来自天花病人的挤疮中的脓液时，他并没有出现这种疾病（天花）。在拉丁语中，用"vacca"表示"牛"，这说明了"疫苗"一词的来源。历史让 Jenner 成为了英雄，但我认为真正的英雄是那位 James。想象一下，一个大个子拿着一根大针和一根充满脓液的管子正在向你走来的情景吧！尽管，在今天这是不可能完成的工作，但我们真的很感激 Jenner 的实验取得了成功，因为他为应用疫苗接种挽救无数生命的方法铺平了道路。

人类很少会遇到天花病毒。因此，Jenner 的实验表明，如果给人类免疫系统充足的准备时间，它就可以产生足以抵抗此前从未曾见过的入侵者的防御武器。还有一点很重要，天花疫苗仅能抵抗天花或其紧密相关的病毒（例如牛痘）。James 仍然可能罹患腮腺炎、麻疹和其他传染病。这是适应性免疫系统的特征之一：它能够防御特定的入侵者。

### 抗体和 B 细胞

最终，免疫学家确定对天花的免疫力是由免疫个体血液中流动的特殊蛋白质所赋予的。这些蛋白质被称为抗体，能够导致抗体产生的物质被称为抗原，在上个例子中，就是指牛痘病毒。下图是一张草图，它显示了抗体免疫球蛋白 G（IgG）的模型。

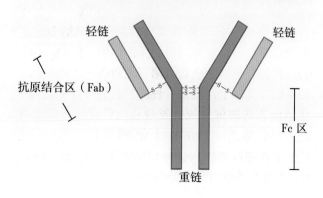

由图中可见，IgG 抗体分子由两对两种不同的蛋白质所组成，分别是重链（Hc）和轻链（Lc）。这种结构使每个抗体分子都有两个相同的可以结合抗原的"手"（Fab 区）。蛋白质是用于构建可以捕获攻击者的抗体的理想分子，因为不同的蛋白质可以折叠成为无数种复杂的形状。

IgG 约占血液中抗体的 75%，但血液中还有其他 4 类抗体：IgA、IgD、IgE 和 IgM。每种抗体都是由 B 细胞产生的，B 细胞是在骨髓环境中产生的白细胞，它们可以发育成熟成为被称为浆细胞的抗体工厂。

除了具有可以与抗原结合的"手"之外，抗体分子还具有恒定区（Fc）"尾巴"，它可以与细胞（例如巨噬细胞）表面上的受体（Fc 受体）结合。实际上，抗体 Fc 区的特殊结构决定了其类别（例如 IgG 和 IgA），以及它能与哪些免疫系统的细胞结合，并如何发挥作用。

每种抗体的"手"都能与特定抗原（例如天花病毒表面的蛋白质）结合，因此，为了能与多种不同的抗原相结合，就需要获得许多不同的抗体分子。现在，如果我们想要用抗体来保护我们免受各种入侵者可能的侵扰，我们需要多少种不同的抗体呢？免疫学家们估计大约有 1 亿种就应该可以解决这个问题了。由于抗体的每个抗原结合区均是由一条重链和一条轻链所组成的，因此我们可以把约 10 000 条不同的重链与 10 000 条不同的轻链进行混合和匹配，这样就能获得我们需要的 1 亿种不同的抗体了。但是，人类的细胞总共只有大约 25 000 个基因，那么，如果每种重链或轻链蛋白是由不同的基因编码的，则人类的大部分遗传信息都将会被用于制造抗体了。现在，你应该看到问题的所在了吧。

## 模块设计创造出抗体的多样性

1977 年，Susumu Tonegawa 破解了 B 细胞是如何能产生出保护我们所需要的 1 亿种不同抗体的这个谜团，他也因此获得了诺贝尔奖。当 Tonegawa 开始研究这个问题时，人们普遍认为人体每个细胞中的 DNA 都是相同的。这是完全合理的，因为在卵细胞受精后，受精卵细胞中的 DNA 就会被复制，然后会将这些复制的副本传递到子细胞中，在这些细胞中再次对其进行复制，再传递给其子代——依此类推。因此，除非存在复制的错误，否则我们的每个细胞的 DNA 最终都应该与原始受精卵中的 DNA 相同。然而，Tonegawa 推断，尽管一般来说这个过程可能是正确的，但也可能会出现例外。他的想法是，我们所有的 B 细胞都可能是从相同的 DNA 序列开始的，但是随着这些细胞的成熟，编码抗体基因的 DNA 可能会发生变化——这些变化可能就会足以产生我们需要的 1 亿种不同的抗体。

Tonegawa 决定通过比较成熟 B 细胞的轻链 DNA 序列和未成熟 B 细胞的轻链 DNA 序列来验证这个假设。果然，他发现它们是不同的，并且它们是以一种非常有趣的方式显示着不同的。Tonegawa 和其他人发现，成熟的抗体基因是通过模块设计的方式而形成的。

在每个 B 细胞里编码抗体重链的染色体上，都存在着 4 种类型的 DNA 模块（基因片段）的多个副本，分别称为 V、D、J 和 C 片段。特定模块的每个副本与该模块的其他副本都有少许不同。例如，在人类的细胞中，大约有 40 种不同的 V 区片段，大约 25 种不同的 D 区片段，6 种不同的 J 区片段，依此类推。为了组装出成熟的重链基因，每个 B 细胞会（或多或少地随机）选择各种基因片段中的一种，并像下图那样把它们粘贴在一起。

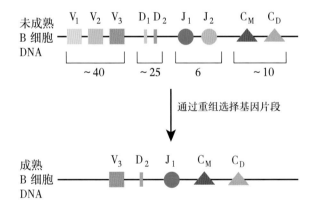

通过重组选择基因片段

你已经看到了，这就是用于创建（抗体）多样性的混合搭配策略。就是，将 20 种不同的氨基酸混合在一起进行组合、匹配，创造出我们细胞产生出来的大量不同的蛋白质。为了创造出遗传的多样性，把你从父母那里继承到的染色体进行混合和匹配，以便形成卵细胞或精子的染色体组。一旦大自然有了一个好主意，她就会一遍又一遍地使用它——模块化设计是她最好的主意之一。

编码抗体分子轻链的 DNA 也可以通过挑选基因片段并将其粘贴在一起的方式，来进行组装。由于可以混合和匹配非常多种不同的基因片段，所以各种方式可用于制造约 1 000 万种不同的抗体，但这还不够。所以，为了使 DNA 变得更加多样化，当把基因片段连接在一起时，（细胞）还会添加或删除一些 DNA 碱基。如果包括这种连接的多样性，机体就不需要产生 1 亿种 B 细胞就不成问题了，每个 B 细胞都获得了制造不同抗体的能力。该方式的神奇之处在于，通过使用模块化设计和连接多样性，只需要少量的遗传信息即可创造出令人难以置信的抗体多样性来。

### 克隆选择

人类血液中总共约有 30 亿个 B 细胞。这似乎很多，但是如果需要有 1 亿种不同类型的 B 细胞（产生保护我们的 1 亿种不同类型的抗体），这意味着在血液中平均只有大约 30 个 B 细胞，能够产生针对某种特定抗原的抗体（例如病毒表面的蛋白质）。

换句话说，尽管我们"军械库"中的 B 细胞基本上可以应对任何入侵者，但任何一种 B 细胞都不会太多。这就造成了，当我们受到攻击时，必须制造出更多适当的 B 细胞。实际上，B 细胞确实是"按需"制造的。但是，免疫系统是如何知道需要更多地制造哪些 B 细胞呢？这个问题的答案是所有免疫学中最为完美的答案之一——克隆选择学说。

B 细胞进行基因重排后，将组成其抗体蛋白质重链和轻链的"配方"所需的模块连接在一起，然后如果可以的话，制成相对数量较少的蛋白质——抗体分子的"测试（样品）批次"。这些被称为 B 细胞受体（BCR）的抗体前体分子，会被转运到 B 细胞的表面，并以其抗原结合区朝外的方式被固定在那里。每个 B 细胞的表面都会锚定有大约 100 000 个 BCR，并且每个 B 细胞上的所有 BCR 都能识别相同的抗原。

B 细胞表面 BCR 的作用就像"诱饵"。它所能"捕"到的"鱼"就是具有与其 Fab 区结合的正确形状的分子——其相关抗原。可惜的是，绝大多数 B 细胞都会徒劳无获。例如，我们大多数人（也许）永远都不会感染 SARS 病毒或 AIDS 病毒。所以，我们体内那些能够产生识别这些病毒的抗体的 B 细胞也永远不会找到它们与之匹配的对象。对于大多数 B 细胞来说，这一定非常令人沮丧。它们的一生都在钓鱼，却一无所获！

但是，有的时候，一个 B 细胞也确实是可以"钓到鱼"的。当 B 细胞的受体与其相应的抗原结合时，这个 B 细胞就会分裂成为两个子代细胞，这个过程被免疫学家们称为增殖。然后，两个子代细胞的体积会倍增，并进一步分裂产生出总共 4 个子代细胞，这样依此类推下去。细胞生长和分裂的每个周期大约需要 12 个小时才能完成，这样的周期性增殖通常会持续大约 1 周的时间。在这个时期结束时，将会产生大约 20 000 个相同的"克隆"B 细胞，所有这些 B 细胞在其表面都配备了能够识别相同抗原的受体。这时就会有足够的 B 细胞来进行真正的防御了！

某种 B 细胞增殖形成克隆后，它们中的大多数就会开始制造抗体。这些特异性 B 细胞产生的抗体与在其表面表达的抗体分子略有不同，因为它们并没有"锚"来将它们锁定到 B 细胞的表面。于是，这些抗体会被转运出 B 细胞，并释放进入到血流中。一个满负荷工作的 B 细胞每秒钟大约可以释放 2 000 个抗体分子！这些 B 细胞中的大多数，作为抗体工厂，只能辛勤地劳动 1 周左右，之后它们就会死去。

仔细想想，这是一个很了不起的策略。第一，由于它们采用模块化的设计，因此 B 细胞要使用的基因数量相对较少，就能产生种类足够多的不同抗体分子来识别任何可能的入侵者。第二，B 细胞是按需来制造的。因此，开始时我们只有相对较少的 B 细胞，而不会被大量可能永远都不会被用到的 B 细胞所充满，然后只要从中选择对"入侵者"有用的特异性 B 细胞就可以了。一旦被选择，B 细胞就会迅速增殖产生大量的克隆 B 细胞，并保证这些克隆细胞产生的抗体是对入侵者有用的。第三，在 B 细胞的克隆生长到足够大以后，这些细胞中的大多数就变成了抗体工厂，这些工厂可以生产出大量能够抵抗入侵者的抗体。最终，当入侵者被打败后，大多数 B 细胞就会死去。于是，我们的身体才不会被那些只适合抵御以前的入侵者但对未来攻击我们的敌人毫无用处的 B 细胞所充满。我喜欢这个系统！

### 抗体是干什么用的

有趣的是，尽管抗体在防御入侵者方面非常重要，但它们确实不会杀死任何东西。它们的工作是在入侵者身上种下一个"死亡之吻"，将其标记为"破坏"。这就好比你去参加豪华婚礼，通常会先受到服务团队的接待，之后才能去享用香槟和蛋糕。当然，这个服务团队的作用之一就是向新娘和新郎介绍每一位来宾。但是，它还有另一个作用，就是确保没有任何其他的外来者会被允许参加庆祝活动。通过这条管线时，就会有熟悉所有受邀客人的人对宾客进行筛选。如果她发现你不属于参加婚礼的人员，她就会打电话给保镖，并将你带离。她自己并不会直接把宾客赶走——当然不会了。她的职责只是识别出不符合条件的宾客，而不是把他们赶出大门口。抗体也是如此：它们可以识别入侵者，并让其他伙伴来做这种肮脏的工作（清除入侵者）。

在发达国家，我们最常遇到的入侵者是细菌和病毒。抗体可以与这两种类型的入侵者结合并把它们标记出来以便进行破坏。免疫学家们喜欢说，抗体可以对这些入侵者进行调理。这个术语来自德语的单词，意思是"准备吃饭"。我喜欢将调理作用等同于"装饰"，因为我设想这些细菌和病毒的抗体都是悬挂在它们身上的，从而装饰了它们的表面。无论如何，当抗体调理细菌或病毒时，它们都是通过其 Fab 区结合到入侵者上面而实现的，留下的 Fc 尾巴还可以与巨噬细胞表面上的 Fc 受体进行结合。通过这种方式，抗体可以在入侵者和吞噬细胞之间形成一座桥梁，使入侵者紧密靠近吞噬细胞，为吞噬做好准备。

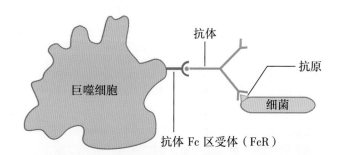

事实上，情况甚至比这更好。当吞噬细胞的 Fc 受体与调理入侵者的抗体相互结合时，吞噬细胞的食欲就会增加，使其更具有吞噬性。虽然，巨噬细胞表面的蛋白质分子可以直接与许多常见的入侵者结合，但是，抗体在巨噬细胞和入侵者之间形成桥梁的能力，允许巨噬细胞的食谱目录的扩展，包括那些可以被抗体结合的任何入侵者，无论是常见还是不常见的。实际上，抗体能够将巨噬细胞的注意力集中在入侵者身上，而且其中有一些（不常见的）入侵者是可能会被巨噬细胞本身忽略的入侵者。

在受病毒攻击期间，抗体还可以做一些其他非常重要的事情。病毒能通过结合细胞表面的特定受体分子进入我们的细胞。当然，这些受体的存在并不是为了方便病毒的入侵。它们是正常的细胞受体，如 Fc 受体，具有相当重要的生理功能，但病毒已经学会去利用它们获得自己的好处。一旦病毒与这些受体结合并进入细胞，它就会利用细胞内的生理机制进行自我复制。这些新制造的病毒会从细胞中释放出来，有的时候还会因此杀死细胞，然后继续感染邻近的细胞。接下来的则是非常精妙的部分了：抗体实际上可以在病毒尚未进入细胞的时候，就与病毒进行结合，并且可以阻止病毒进入细胞或者即使进入细胞后也不能进行复制。具有这种特性的抗体就称为中和抗体。例如，一些中和抗体可以通过与通常能够插入并结合细胞受体的病毒部分相互结合，从而防止病毒"停靠"在细胞的表面。当这种情况发生时，病毒就会被"晾干"、被调理并准备被吞噬细胞吞噬掉！

## T 细胞

虽然抗体可以标记病毒进行吞噬，并且有助于防止病毒感染细胞，但抗体防御病毒的弱点是：一旦病毒进入细胞里，此时抗体却无法随之进入细胞内，所以进入细胞里面的病毒就可以在这里安全地复制出成千上万个分身。为了解决这个潜在的问题，免疫系统进化出了另一种武器：杀伤性 T 细胞，它是获得性免疫系统团队中的另一个重要成员。

T 细胞的重要性是由一个成年人所拥有的约 3 000 亿个 T 细胞所体现的。这个事实表明，T 细胞在外观上与 B 细胞非常相似。实际上，只借助普通显微镜观察，免疫学家也无法把它们区分开来。像 B 细胞一样，T 细胞也是从骨髓中产生出来的，在它们的表面，表达着一种被称为 T 细胞受体（TCR）的抗体样分子。像 B 细胞受体（在 B 细胞表面表达的抗体分子）一样，TCR 也是细胞通过基因混合和匹配的模块化设计策略制造出来的。因此，TCR 与 BCR 一样具有多样性。T 细胞的增殖也是遵照克隆选择原则的：当 T 细胞的受体与其相应的抗原结合时，T 细胞就会增殖并产生具有相同特异性的 T 细胞克隆。这个增殖的阶段大约需要 1 周的时间才能完成，所以就像抗体应答一样，T 细胞的应答也是缓慢和具有特异性的。

尽管它们在许多方面是相似的，但是 B 细胞和 T 细胞之间，也有很重要的区别。B 细胞在骨髓中成熟，而 T 细胞则是在胸腺中成熟的（这就是它们被称为 T 细胞的原因）。此外，B 细胞产生的抗体可以识别任何有机物分子，而 T 细胞则只是专门识别蛋白质抗原。此外，B 细胞能够以抗体的形式分泌其受体，但 T 细胞的受体只能紧紧地表达在其细胞表面。也许最重要的是，B 细胞可以"自己"识别抗原，而 T 细胞只有在抗原被另一个细胞"正确提呈"时，才能识别这个抗原的信号。我稍后会解释这意味着什么。

实际上，T 细胞主要有 3 种类型：杀伤性 T 细胞（通常称为细胞毒性 T 淋巴细胞或 CTL）、辅助性 T 细胞和调节性 T 细胞。杀伤性 T 细胞是一种有力的武器，可以摧毁病毒感染的细胞。实际上，通过识别和杀死这些细胞，CTL 解决了"隐藏在细胞里的病毒"问题——就是我在讲抗体防御病毒方面时提到的弱点。杀伤性 T 细胞摧毁病毒感染细胞的方法是与靶细胞接触，然后触发细胞自杀！这种"协助自杀"是对付感染细胞里面的病毒的一种好的方法，因为当感染病毒的细胞死亡时，细胞内的病毒也会一起死亡。

第二种 T 细胞是辅助性 T 细胞（Th 细胞）。正如你将看到的一样，这种细胞就像是免疫系统团队中的四分卫。它通过分泌能影响其他免疫细胞行动的化学信使（细胞因子）来进行指挥。这些细胞因子包括白细胞介素 2（IL-2）和干扰素 γ（IFN-γ）等，我们将在以后的几讲中讨论它们的作用。现在，重要的是，要知道辅助性 T 细胞其实就是生产细胞因子的工厂。

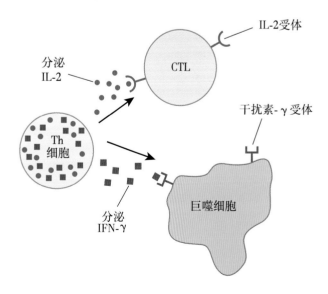

第三种类型的 T 细胞是调节性 T 细胞（Treg）。这种类型 T 细胞的作用是防止免疫系统反应过度

或者发生不适当的反应。免疫学家们仍在不断地努力了解 T 细胞变为调节性 T 细胞的过程，以及 Treg 是如何执行这些重要功能的。

### 抗原提呈

有一件需要弄清楚的事就是，抗原是如何被提呈给 T 细胞的。答案就是，被称为主要组织相容性复合体（MHC）蛋白的这样一种特殊的蛋白质来进行"提呈"的，T 细胞会使用它们的受体来"查看" MIIC 提呈的抗原。你可能知道，MHC 中的"组织"意味着人体组织，这些主要的组织相容性蛋白，除了可以作为提呈分子，也参与了器官移植的排斥反应过程。实际上，当你听说有人在等待一个"匹配"的肾源时，那就是进行移植手术的外科医生们正在给供体和受体做 MHC 的配型。

人类有两种类型的 MHC 分子，称为 I 类和 II 类分子。MHC I 类分子在体内大多数细胞的表面上都有不同程度的表达。MHC I 类分子可以发挥"公告牌"的作用，向杀伤性 T 细胞通报着细胞内发生的状况。例如，当人类细胞被病毒感染时，称为抗原肽的病毒蛋白质片段会被负载到 MHC I 类分子上，并被运送到受感染细胞的表面。通过检查 MHC I 类分子上展示的这些蛋白质片段，杀伤性 T 细胞能够利用其受体"观察"细胞，发现细胞是否已被感染及是否应该被破坏。

MHC II 类分子也可以发挥"公告牌"的作用，但这种展示的作用旨在启动活化辅助性 T 细胞。只有身体中一些特定的细胞才能够产生并表达 MHC II 类分子，这些细胞被称为抗原提呈细胞（APC）。例如，巨噬细胞就是很优秀的抗原提呈细胞。在细菌感染期间，巨噬细胞可以"吃掉"细菌，并将摄取的细菌蛋白质片段负载到 MHC II 类分子上，展示到巨噬细胞的表面。然后，辅助性 T 细胞可以通过 T 细胞受体，扫描巨噬细胞表面 MHC II 类分子构成的"公告牌"，获得细菌感染的信号。因此，当细胞内部出现问题时，MHC I 类分子会向杀伤性 T 细胞发出警报，而 APC 上表达的 MHC II 类分子则会告知辅助性 T 细胞，存在着细胞外源性（感染的）问题。

虽然 MHC I 类分子是由一条长链（重链）和一条短链（β₂- 微球蛋白）所组成的，而 MHC II 类分子则有两条长链（α 和 β），但你会注意到，这些分子在外观上是非常相似的。

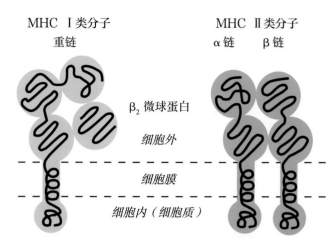

好吧，我知道很难从这样的图里面看出分子的真实形状，所以我想给你们再看几张图片，也许能让这个问题显得更加真实。这幅图是从 T 细胞受体的视角看一个空的 MHC I 类分子看起来可能的样子。你能看到蛋白质碎片可进入凹槽。

接着让我们来看一个满载的 MHC I 类分子。

我可以判定这是 MHC I 类分子是因为抗原肽很完整地包裹在凹槽中。这表明 MHC I 类分子的凹槽末端是关闭的，所以一个蛋白质分子片段必须是一个大约 9 个氨基酸的长度，才能很好地与凹槽结合，而 MHC II 类分子有些许不同。

在这里，你可以看到肽段可能会溢出 MHC 的沟槽。这对于 MHC Ⅱ类分子来说是一件很好的事情，因为它凹槽的末端就是开放的，所以大约 20 个氨基酸残基所组成的蛋白质片段是很适合它的。

所以，MHC 分子看起来就像一个小圆面包，它们所提呈的蛋白质片段看起来就像一根香肠。如果你能想象出来，我们体内的细胞表面有个热狗，那么你对抗原提呈的看法就不会出错了。当然，我就是这么想的！

### 激活适应性免疫系统

由于 B 细胞和 T 细胞是如此有力的武器，所以需要激活适应性免疫系统的细胞，它们才能发挥作用。B 细胞和 T 细胞统称为淋巴细胞，它们如何被激活是免疫学的关键问题之一。为了阐明这个概念，我将具体介绍一下辅助性 T 细胞是如何被激活的。

激活辅助性 T 细胞的第一步是，识别抗原提呈细胞表面的 MHC Ⅱ类分子所提呈的相关抗原（例如细菌蛋白质的片段）。但是，辅助性 T 细胞只在"公告牌"上看到它的相应抗原是不够的——还需要第二个"关键"信号来进行激活。这个第二信号是非特异性的（对于任何抗原来说都是一样的），它涉及抗原提呈细胞表面的一种蛋白质（图中的 B7 分子），该蛋白质分子能插入到辅助性 T 细胞表面的受体（图中的 CD28 分子）之中。

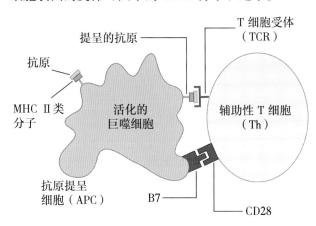

当你在打开保险箱的时候，你会遇到类似这种双钥匙系统的情况。你会随身带着一把专门为你的保险箱准备的钥匙——它并不适合任何其他的保险箱。银行出纳员会提供第二把通用的钥匙，可以适合所有的保险箱。只有在这两把钥匙都同时插入到保险箱锁里的时候，才能打开它。单凭你自己的特定钥匙是打不开保险箱的，而出纳员的那把通用钥匙也是如此。两样你都需要。那么，为什么你认为

辅助性 T 细胞和其他获得性免疫系统的细胞都同时需要两把钥匙才能被激活呢？当然，这是为了安全起见，就像你的银行保险箱一样。这些细胞是强大的武器，必须在正确的时间和地点被激活。

一旦辅助性 T 细胞被这个双信号系统激活，它就会增殖形成由许多辅助性 T 细胞所组成的克隆，这些辅助性 T 细胞的受体都可以识别相同的抗原。然后这些辅助性 T 细胞将分化成熟为能够产生指导免疫系统活动所需细胞因子的细胞。B 细胞和杀伤性 T 细胞也需要这种双信号系统来进行活化，我们将在另一讲中讨论它们活化的过程。

### 次级淋巴器官

如果你一直都在考虑攻击过程中，适应性免疫系统是如何启动的，那么你可能已经开始怀疑这个过程是否会发生了。毕竟，具有针对特定入侵者的特异性 TCR 的 T 细胞只有 100～1 000 个，而且这些 T 细胞必须与那些已经"看到"入侵者的抗原提呈细胞相接触才能被激活。考虑到这些 T 细胞和 APC 遍布全身，在入侵完全失控之前，这种恰巧相遇的情况似乎是不太可能发生的。幸运的是，为了使这种偶遇成为可能，免疫系统给它们提供了"约会场所"——次级淋巴器官。其中，最著名的次级淋巴器官就是淋巴结。

你可能不熟悉淋巴系统，所以我在这里最好说几句。在你的家里，会有两个管道系统。第一个系统供应从水龙头里出来的自来水。这是一个有压力的系统，压力是由水泵提供的。你还有另一个管道系统，包括水槽、淋浴和厕所的排水系统。第二个系统是没有压力的——水只是顺着排水管流入下水道中。这两个系统在一定程度上是连接在一起的，即废水最终会被回收和再利用。

人体内的管道非常像这样的系统。我们有一个带有压力的系统（心血管系统），在这个系统中，血液被心脏泵出并输送到全身各处。这是众所周知的。但我们还有另一个管道系统——淋巴系统。这个系统没有压力，它负责排出从血管渗出进入到我们组织中的液体（淋巴液）。如果没有这个系统，我们的组织会充满液体，使我们看起来就像个面团娃娃。淋巴液从我们下半身的组织中被收集到淋巴管中，在肌肉收缩的作用下，经由这些管道通过一系列单向阀门输送到上半身。这些淋巴液，加上左侧上半身的淋巴液，被收集到胸导管中，并流入左侧锁骨下静脉，然后再回到血液循环中。同样，来

自右侧上半身的淋巴液会被收集到右侧淋巴管中，并流入右侧锁骨下静脉。从这张图中，你可以看到，当淋巴回流与血液汇合时，它会经过一系列的中转站——淋巴结。

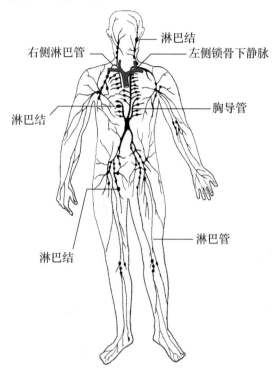

人体内大约有 500 个淋巴结，它们大小不一，从非常小到几乎和球芽甘蓝一样大。大多数淋巴结排列成"链状"，由淋巴管连接在一起。细菌和病毒等入侵者通过淋巴管被运送到附近的淋巴结中，在组织中获得外来抗原的抗原提呈细胞也会前往淋巴结提呈其负载的"货物"。同时，B 细胞和 T 细胞在淋巴结之间循环，寻找他们"命中注定"的抗原。因此，淋巴结实际上发挥着"约会酒吧"的作用——T 细胞、B 细胞、APC 和抗原都聚集在这里，相互作用和活化。在体积很小的淋巴结里将这些细胞和抗原集合在一起，能极大地增加它们之间相互作用并有效激活适应性免疫系统的机会。

### 免疫记忆

在 B 细胞和 T 细胞被激活后，它们会增殖形成具有相同抗原特异性的细胞克隆，并击败敌人，随后大多数细胞就会死亡。这是一件好事，因为我们不希望我们的免疫系统里充满着旧的 B 细胞和 T 细胞。另一方面，如果这些有经验的 B 细胞和 T 细胞能被保留下来就好了，以防我们会再次遭遇

到相同的入侵者。这样的话获得性免疫系统的活化就不必再从头开始了。这正是它的运作方式。这些"剩余"的 B 细胞和 T 细胞被称为记忆细胞。除了比原始、缺乏经验的 B 细胞和 T 细胞数量更多之外，记忆细胞也更容易被激活。作为这种免疫记忆的结果，在第二次受到攻击的时候，适应性免疫系统通常可以迅速采取行动，以至于你甚至可以不会感觉到任何的症状。

### 自身耐受

正如我在前面提到过的，B 细胞受体和 T 细胞受体是非常多样化的，它们应该能够识别出任何入侵者。然而，这种多样性带来了一个潜在的问题：如果 B 细胞和 T 细胞受体非常多样化，那么它们中的许多受体肯定会识别到我们自己的"自我"分子（例如，组成我们细胞的分子，或者像在我们血液中循环的胰岛素这样的蛋白质）。如果发生了这种情况，我们的适应性免疫系统就可能会攻击我们的身体，我们可能会死于自身免疫性疾病。幸运的是，B 细胞和 T 细胞会经历"筛选"以避免产生自身免疫反应。虽然免疫学家们仍然不了解那些用于消除自身反应性 B 细胞和 T 细胞的筛选过程的细节，但这种筛选是足够严格的，所以自身免疫病的发生是相当罕见的。

## 固有和适应性免疫系统的比较

现在你们已经见到了一些免疫系统的主要参与者，我想强调一下，固有免疫系统和适应性免疫系统这两个"团队"之间的区别，了解它们之间的差异对于理解免疫系统是如何工作的，至关重要。

想象一下，在市中心，有人偷走了你的鞋子。此时，你四处寻找可以买到另一双鞋的商店，你看到的第一家商店，叫作"查理定制鞋"。这家店里有各种款式、颜色和尺寸的鞋子，销售人员很有能力，他们能让你穿上你需要的鞋子。然而，当到了付款的时候，你却被告知你必须要等一两个星期才能拿到你的鞋子——因为它们必须要为你量身定做，这就需要一段时间来进行制作了。但你现在就需要鞋子呀！所以，他们只能把你送到街对面的"弗雷迪快速制作工坊"——一家只有几种款式和尺寸的鞋店。弗雷迪的鞋子不适合沙奎尔·奥尼

尔（美国 NBA 著名中锋，身高 2.16 米[1]），但是这家鞋店里有适合绝大多数人的普通尺码的鞋子。因此，你可以先从弗雷迪买一双鞋子，以便你可以渡过眼前的难关，直到为你量身定做的定制鞋子做好为止。

这种情况与固有和适应性免疫系统的工作方式极为相似。固有免疫系统的参与者（如巨噬细胞）一直在岗，随时准备抵御那些我们日常生活中可能遇到的相对较小规模的入侵者的攻击。事实上，在很多情况下，固有免疫系统是非常有效和快速的，以至于都不需要适应性免疫系统发挥其作用。在其他一些情况下，固有免疫系统的作用可能不足以应对入侵，适应性免疫系统就需要动员起来了。然而，这是需要时间的，因为适应性免疫系统的 B 细胞和 T 细胞必须要通过克隆选择和增殖的过程来进行定制。因此，当这些"设计好的细胞"正在生产过程中的时候，固有免疫系统必须尽最大的努力去阻止入侵者的进攻。

## 固有免疫系统的法则！

免疫学家过去相信，固有免疫系统唯一的功能就是在适应性免疫系统启动活化过程的同时，为机体提供一种快速的防御机制来对付入侵者的攻击。但是，现在很清楚的是，固有免疫系统的作用可远不止于此。

适应性免疫系统的抗原受体（BCRs 和 TCRs）具有高度的多样性，它们可能能够识别宇宙中存在的任何一种蛋白质分子。然而，适应性免疫系统并不知道这些分子中哪些是危险的，哪些不是。那么，适应性免疫系统是如何把朋友从敌人中区分出来的呢？答案就是依赖于固有免疫系统的判断。

固有免疫系统的受体被精确地调整到能够识别出那些我们日常生活中能够遇到的常见病原体（致病因子）——病毒、细菌、真菌和寄生虫存在的模式。此外，固有免疫系统有的受体还可以探测出那些杀死人类细胞的"不常见"病原体。结果就是，固有免疫系统负责评估危险的情况并启动激活适应性免疫系统。在某种意义上，其实是固有免疫系统在"授权"给适应性免疫系统"许可"以应对入侵的情况。但实际上可能比这更好，因为固有免疫系统做的不仅仅是打开适应性免疫系统。它实际上整合了所有它收集到的关于入侵者的信息，并且制定了相应的行动计划。这个固有免疫系统提供给适应性免疫系统的"游戏计划"，会告诉我们哪些武器必须被调动（比如 B 细胞或者杀伤性 T 细胞），以及这些武器应该会被部署到身体中的确切位置。因此，如果我们认为辅助性 T 细胞是适应性免疫系统团队中的四分卫，那么我们就应该知道固有免疫系统的角色就是"教练"——因为它是负责"侦察"对手、设计比赛计划，并给四分卫发出战术命令。

## 结束语

我们对免疫系统的概述已经接近尾声了，现在你应该对免疫系统的工作原理有了一个大致的了解了。在接下来的 9 讲中，我们将会更加关注固有免疫和适应性免疫系统团队中的每个成员，特别会关注这些成员是如何以及在哪里相互作用从而使免疫系统有效运行的。

---

1 译者注。

# 第二讲　固有免疫系统

**本讲重点!**

　　固有免疫系统是机体最基本的防御系统，经过了几百万年的进化，它能够识别出那些可以感染人类的常见病原体。固有免疫这个团队包括补体蛋白、专职吞噬细胞以及自然杀伤细胞。在这些战士能够战斗之前，它们首先必须先被活化。固有免疫系统各个角色之间的合作至关重要，只有这样才能够保证其高效快速地应对每天遇到的入侵者。

## 引言

　　多年以来，免疫学家们对固有免疫系统并没有过多地关注，因为他们觉得获得性免疫系统似乎更有意思。然而，对于获得性免疫系统的研究引发了人们对固有免疫系统在其中扮演的角色的注意。固有免疫系统不仅能够发挥闪电般快速的第二道防线作用（如果我们把那些固有的物理防线考虑为第一道防线的话），而且其还可以作为获得性免疫系统发挥功能的活化因子和控制因素。

　　你可以考虑一下，在没有控制的情况下，细菌感染后可能会发生什么，就很容易理解固有免疫系统对常见的入侵者要做出快速反应的重要性了。想象一下，如果一块浴缸的碎片扎到你的身体，就会带入细菌到你的组织里，细菌会快速地繁殖。实际上，细菌的数量每 30 分钟就会增加 1 倍，1 天之内就可以产生 100 万亿个细菌。如果你曾经做过细菌培养的实验，你就会知道包含 1 万亿个细菌 / 升的培养基中细菌的密度是非常高的，以至于溶液浑浊到不再透明了。所以，单个细菌扩增 1 天后，就可以产生大约 100 升这么高密度的含菌液体。你要知道，你整个身体的血容量大概只有 5 升，这种情况下你就会明白，没有加以控制的细菌感染对人体来说是多么严重了！如果没有可以快速发挥防御作用的固有免疫系统来保护我们，我们肯定会陷入非常大的麻烦之中。

## 补体系统

　　补体系统是由大约 20 种蛋白质组成的，这些蛋白质通过密切的合作来消灭入侵者，并且能够通知免疫系统的其他成员进攻开始了。补体系统是一套非常古老的系统，即使是在 7 亿年前就已经完成进化的海胆身上，也存在着补体系统。在人类中，补体蛋白在胚胎发育最早的 3 个月里，就已经开始被制造出来了，所以这个重要的系统在婴儿出生之前就已经做好了准备。确实，极少数婴儿在出生时患有某种主要补体蛋白成分缺陷的疾病，这通常会导致他们因为不能抵抗病原体的感染而无法长期生存。

　　当我最开始阅读有关补体内容的时候，我认为这太复杂了，甚至都不想去理解它。但是，当我进一步地学习它的时候，我就开始意识到它是非常简单且精妙的。与免疫系统中其他所有的成分一样，补体系统必须先被活化才能够发挥作用，补体系统的活化通常有 3 条途径。首先，所谓的经典活化途径依赖于抗体才能被活化，这一部分内容我们在后面会讲到。因为补体系统发挥功能的方式与它是如何被活化的没有关系，所以你要等一下再去了解抗体依赖的活化途径才不会错过太多的内容。

### 旁路途径

　　第二种补体活化的方式被称为旁路途径，然而旁路途径肯定是在经典途径之前就已经进化出来了。免疫学家称抗体依赖的激活途径为经典途径，仅仅是因为这个途径碰巧是首先被人们发现的。

　　组成补体系统的蛋白质主要是在肝中产生的，而且在血液和组织中的浓度都很高。C3 是含量最多的补体蛋白，在人体内 C3 被不断地裂解成两个小的蛋白质片段。在这种自发裂解过程中产生的蛋白质碎片之一叫作 C3b。C3b 非常活跃，它能够与两个最常用的化学基团（氨基或者羟基）进行结合。构成入侵者（如细菌）表面的很多蛋白质和碳水化合物都含有氨基或羟基基团，因此对于这些 C3b "小手榴弹"来说，就有了很多的进攻目标。

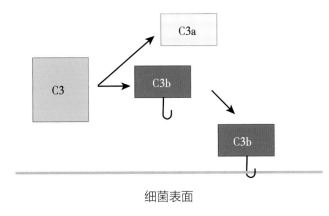

细菌表面

如果 C3b 在 60 ms 内不能够发现并与这些化学集团发生反应，它就会通过水解作用而被降解掉，游戏也就结束了。这就意味着发生自发裂解的 C3 分子必须要非常接近入侵者的表面，以便使补体系统激活的级联反应能够继续进行。一旦 C3b 通过与细胞表面上的分子结合而达到稳定状态，另一个补体蛋白——B 因子就会和 C3b 结合。然后补体 D 因子也会加入，并且会剪切掉 B 因子的部分片段，产生 C3bBb。

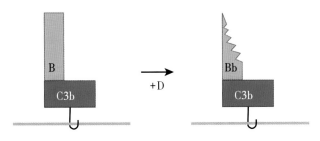

当 C3bBb 分子黏附到细菌的表面上，有意思的事情就开始了。因为 C3bBb 发挥作用的时候，就像一把"电锯"，能够切割其他的 C3 蛋白并将其转化为 C3b。之后，附近的 C3 分子也就不一定再需要等待自发裂解才能转化成为 C3b 了，因为 C3bBb 分子（一种 C3 转化酶）能够非常有效地来完成这个任务。一旦其他的 C3 分子被剪切后，那么它产生的 C3b 也能够和细菌表面的氨基或者是羟基发生结合了。

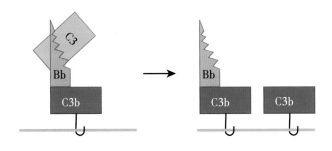

这个过程可以不断地继续进行下去，于是很快

就会有许多的 C3b 分子结合到靶细菌的表面了，它们每一个都能形成 C3bBb 这种 C3 转化酶，进而去剪切更多的 C3 分子。所有这些黏附和剪切的过程，会形成一个正反馈的环路，整个过程就像是在滚雪球一样。

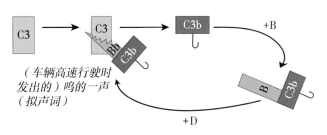

（车辆高速行驶时发出的）呜的一声（拟声词）

一旦 C3b 结合到了细菌的表面，补体系统的级联反应也就可以进一步展开了。C3bBb 的"电锯"还能够与另外一个 C3b 分子进行结合，它们可以在一起把另一个补体成分蛋白 C5 分子剪切成为两个部分。其中一个部分 C5b 可以与其他补体蛋白分子（C6、C7、C8 和 C9）共同组成攻膜复合物（MAC）。为了形成这个结构，C5b、C6、C7 和 C8 必须要形成一个花梗状的结构，固定在细菌细胞膜的表面。然后 C9 蛋白分子就会加入，形成一个通道，在细菌的表面打开一个孔洞。一旦在细菌的表面有了这样一个孔洞，我们就可以庆祝细菌要被消灭了。

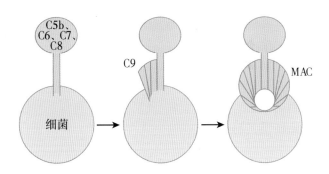

我把细菌当作了我们感染病原体的典型，但补体系统其实也能够保护我们免受其他病原微生物的侵害，如寄生虫，甚至还包括一些病毒。例如，补体蛋白分子可以在病毒表面形成 MAC，在包膜病毒（如人类免疫缺陷病毒）的表面打孔。

现在你可能会想，这些手榴弹能够随处引爆，为什么补体系统不会在我们自己的细胞表面形成 MAC 呢？答案是：人类的细胞存在许多避免这种情况发生的保护机制。实际上，控制补体系统的蛋白质分子和补体系统本身的蛋白质分子是一样多的！例如，补体成分 C3b 可以被血液中的蛋白质剪切成非活化形式，这种剪切过程会被一种存在于人类细胞表面的酶（MCP）所加速。人类细胞上还有一种被称为衰变加速因子（DAF）的蛋白质，DAF 能够加速血液中其他蛋白质对 C3 转化酶 C3bBb 的破坏。这能够避免正反馈环路的启动。另外，一种细胞表面蛋白分子——CD59（又称保护素，即同源限制因子[1]），可以防止 C9 分子嵌入到新形成的 MAC 中而形成孔洞。

一个有意思的故事可以展示出，为什么这种保护机制是非常重要的！外科医生因为没有足够多的人类器官来满足移植手术的需要，所以他们考虑利用动物的器官来进行移植。器官供者的热门候选者之一就是猪，因为猪的饲养成本低廉，而且猪的一些器官和人类器官的大小差不多。作为给人类进行器官移植的预实验，外科医生们决定把一个猪的器官移植到狒狒身上。但这个实验并没有获得成功！几乎在移植后的瞬间，狒狒的免疫系统就开始进攻移植的器官了，几分钟之内移植的器官就变得血肉模糊了。谁是肇事者呢？补体系统。人们最终发现，猪的 DAF 和 CD59 分子不能控制灵长类的补体系统，所以这个没有获得保护的猪器官在面对狒狒补体系统的进攻时，会很脆弱。

这个故事强调了补体系统的两个重要的特性：第一，补体系统的反应非常迅速。在组织和血液中，补体蛋白的浓度非常高，它们随时都在准备着对那些表面具有羟基和氨基的入侵者发动进攻。第二，如果细胞表面没有被保护，那么它就会被补体系统所攻击。实际上，你应该会看到这样一幅画面：补体系统在不断地投掷着这些小手榴弹，任何没有被保护的细胞表面都会成为它们的目标。在这个系统里，默认的选项就是死亡！

### 凝集素激活途径

除了经典途径和旁路途径之外，补体的活化还有第三条途径，这可能是所有途径中最重要的一条——凝集素激活途径。这条途径的核心参与者是一种由肝产生的蛋白质，它在血液和组织中的浓度不高不低、恰到好处。这个蛋白质被称为甘露糖结合凝集素（MBL）。凝集素是一种能够与糖类分子结合的蛋白质，而甘露糖是一种存在于许多常见病原体表面的碳水化合物分子。例如，人们曾观察到，MBL 可以与酵母菌，如白念珠菌进行结合；

可以与 HIV-1 以及甲型流感病毒进行结合；可以与包括沙门菌、链球菌在内的许多细菌进行结合；还可以与利什曼原虫在内的许多寄生虫结合。与之相反，MBL 不与正常细胞和组织表面的碳水化合物进行结合。这是固有免疫系统所采用的重要战略中的一个例子：固有免疫系统主要是识别常见病原微生物表面碳水化合物和脂肪的分子模式，而不会识别人类细胞表面的分子。

甘露糖结合凝集素激活补体系统的作用方式非常简单。在血液中，MBL 和另外一种称为 MASP 的蛋白结合。然后，当 MBL 抓住它的目标（如细菌表面上的甘露糖）时，MASP 蛋白的功能就可以像转化酶一样，剪切补体 C3 来产生 C3b（其实 MASP 的功能应该是剪切 C4 和 C2，产生 C4b2b，后者可以发挥 C3 转化酶的作用切割 C3，产生 C3b[1]）。因为血液中的 C3 非常丰富，所以这个途径的启动会非常高效。随后，C3b 片段就会结合到细菌的表面，我们刚才讨论过的补体级联反应就可以开始并进行下去了。因此，旁路激活途径是自发的，可以被看作是补体"手榴弹"到处随机地去破坏那些未被保护的细胞表面，而凝集素活化途径则可以被当作是补体系统里通过 MBL 进行瞄准的"智能炸弹"（可以实现精准的攻击[1]）。

### 补体系统的其他功能

除了组成攻膜复合物，补体系统还有两个重要的功能。当 C3b 附着到入侵者的表面时，它可以被血清蛋白剪切，产生一个小的片段——iC3b。这个前缀"i"表明，这个剪切蛋白目前在形成攻膜复合物时是没有活性的。但是，它仍然黏附在入侵者身上，可以像入侵者被抗体调理时一样，为入侵者被吞噬做好准备。在吞噬细胞（如巨噬细胞）表面有一些受体能和 iC3b 结合，被 iC3b 结合调理的入侵者更容易被它们吞噬。许多入侵者的表面非常"黏滑"，这就使得巨噬细胞很难抓住它们。然而，当这些入侵者光滑的表面被补体成分包裹时，吞噬细胞就能很好地将它们捕获。所以，补体的第二个功能就是修饰入侵者的表面，从而在调理过程中充当"穷人的抗体"（类似抗体的功能[1]）。

补体系统还有第三个重要功能：补体蛋白片段可以作为化学引诱物——将免疫系统的其他参与者

---

1 译者注。

招募到战场的化学物质。例如，C3a 和 C5a 分别是产生 C3b 和 C5b 时，被剪切掉的 C3 和 C5 的残余片段（不浪费任何东西！）。这些片段不会与入侵者的表面结合。相反，它们作为化学引诱物会在组织中被释放。C5a 是一种特别强大的巨噬细胞趋化剂，可以激活巨噬细胞，使它们成为更有潜力的杀手。有趣的是，这些片段，C3a 和 C5a，也被称为过敏毒素，因为它们会导致过敏性休克，我们将会在另外一讲中讨论这一点。

所以，补体系统是一个多功能系统：它可以通过形成攻膜复合物消灭入侵者；可以标记入侵者使其被吞噬细胞消灭；可以提醒其他细胞"我们正受到攻击"，并指挥它们到达战斗的现场；也可以帮助它们的活化。最重要的是，它可以非常快速地完成上述所有的这些事情。

## 专职吞噬细胞

专职吞噬细胞构成了固有免疫系统的第二种武器。这些细胞被称为"专职细胞"是因为它们主要是以吞噬作用为生的。巨噬细胞和中性粒细胞是最重要的专职吞噬细胞。

### 巨噬细胞——免疫系统的哨兵

巨噬细胞存在于皮肤下，它们可以保护机体，防止穿过皮肤屏障的入侵者（例如，由于伤口或烧伤）进入组织中。巨噬细胞也存在于肺部，它们可以抵御那些被吸入的微生物。还有一些巨噬细胞存在于肠道周围的组织中。它们就在那里等待着那些被你摄入的，但却逃离肠道范围并进入组织的微生物入侵者。确实，巨噬细胞就是"哨兵细胞"，可以在身体所有暴露在外部位的表面下方找到它们的身影——这些部位也是微生物感染的主要目标。在出生前巨噬细胞就已经存在于大多数组织中了，因此它们在婴儿出生时就已经在"值班"了。之后，为了应对感染，这些组织中的巨噬细胞能够进行增殖，单核细胞也可以从骨髓中被募集到受感染的组织中，并且成熟分化为巨噬细胞。

巨噬细胞可以处于 3 种准备阶段。在组织中，它们通常只是到处闲逛并缓慢地增殖。在这种"休息"状态下，它们的主要功能是垃圾收集器，品尝周围的所有东西，并保持我们的组织中没有碎屑的存在。一个成年人体内，每秒大约有 100 万个细胞死亡，因此巨噬细胞会有很多的清理工作要进行。

垂死的细胞会发出"来找我"的信号来吸引巨噬细胞，把它们带到足够近的位置上，从而识别出细胞死亡时在细胞表面表达的"吃掉我"的信号。另一方面，健康的细胞会在其表面表达出"别吃我"的信号，以保护它们免受巨噬细胞的吞噬。

处于静息状态时，巨噬细胞的表面只会表达很少量的 MHC Ⅱ 类分子，因此它们不太擅长向辅助性 T 细胞提呈抗原。这是合理的。它们为什么要提呈垃圾呢？对于普通的巨噬细胞来说，生活是相当乏味的。它们在组织中生活好几个月，却一直在做着收集垃圾的工作。

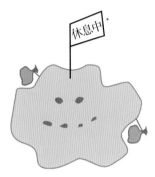

\* 译者注：巨噬细胞处于静息状态。

然而，偶尔，一些静止的巨噬细胞会收到信号，提醒它们防御屏障已被穿透，并且该区域存在着入侵者。当这种情况发生的时候，它们就会被激活（免疫学家将其称为致敏）。在这种情况下，巨噬细胞的吞噬功能就会增强并上调 MHC Ⅱ 类分子的表达。此时，巨噬细胞就可以充当抗原提呈细胞了，当它吞噬入侵者的时候，就可以利用其表达的 MHC Ⅱ 类分子向辅助性 T 细胞提呈入侵者的蛋白质片段。尽管，有许多不同的信号可以致敏静息的巨噬细胞，但是其中研究最为充分的信号是一种被称为干扰素 γ（IFN-γ）的细胞因子，这种细胞因子主要由辅助性 T 细胞和自然杀伤细胞产生的。

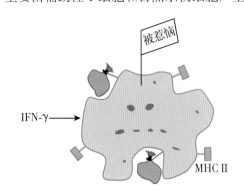

译者注：巨噬细胞处于致敏状态。

在致敏状态下，巨噬细胞既是很好的抗原提呈者，也是非常好的杀手。不过，巨噬细胞还有一种更高级别的功能状态，即"超活化状态"，当巨噬细胞遇到直接来自入侵者的信号时，就可以达到这种状态。例如，一种被称为脂多糖（LPS）的分子就可以传递这种信号。LPS是革兰氏阴性细菌（如大肠杆菌）细胞壁外层的一种成分，可以从这些细菌上脱落下来，并与致敏的巨噬细胞表面的受体结合。巨噬细胞也有甘露糖的受体。当巨噬细胞表面的受体与LPS或甘露糖等"危险信号"结合时，巨噬细胞就能确切地知道发生入侵了。基于这种认识，巨噬细胞就会停止增殖，并专注于杀伤了。在超活化状态下，巨噬细胞会变大并提高吞噬的速度。事实上，它们会变得非常巨大并且具有很强的吞噬能力，甚至能够吞食像整个单细胞寄生虫一样大小的入侵者。超活化的巨噬细胞还能产生和分泌另一种细胞因子——肿瘤坏死因子（TNF）。这种细胞因子可以杀死肿瘤细胞和病毒感染的细胞，并可以辅助激活免疫系统中的其他战士。

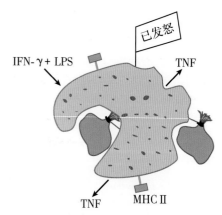

译者注：巨噬细胞处于超活化状态。

在超活化巨噬细胞内，溶酶体的数量增多，因此对于摄入的入侵者的毁灭能力会变得更加有效。此外，超活化巨噬细胞内过氧化氢等活性氧分子的产生也会增加。你如果知道过氧化物对头发的作用，你就可以想象它对细菌的作用了！最后，超活化巨噬细胞可以将其溶酶体中的内容物"倾倒"在多细胞寄生虫身上，这使它们能够摧毁那些因为体积太过庞大而不能"被吃下去"的入侵者。是的，超活化巨噬细胞就是一台杀戮机器！

所以，巨噬细胞是一种多功能细胞。根据激活水平的不同，巨噬细胞扮演着"垃圾收集器"、抗原提呈细胞或者凶恶杀手等多种不同的角色。然而，你不应该认为巨噬细胞只有这三个"档位"，因为免疫学没有"档位"的概念，巨噬细胞的活化状态是一种连续的状态，实际上这取决于它接收到激活信号的类型和强度。

通常，巨噬细胞能够应对小规模的攻击。然而，当入侵者数量众多时，巨噬细胞就有被压制的风险。在这种情况下，巨噬细胞就需要获得援助。在战斗中，最常见的巨噬细胞援军就是中性粒细胞。实际上，虽然巨噬细胞的多功能性是无敌的，但中性粒细胞可能才是最重要的专职吞噬细胞。

## 中性粒细胞——免疫系统的步兵战士

我们所有的细胞都会从血液中获得营养，因此每一个细胞到血管的距离都不会超过指甲的厚度。如果一个细胞到血管的距离比这更远，那么它就会饿死。由于我们的组织中布满了血管，所以血液是将援军带到身体受攻击部位的完美载体。在我们的静脉和动脉中循环着大约200亿个中性粒细胞。与被视为哨兵的巨噬细胞相比，中性粒细胞更像是"步兵战士"。它们的工作就是"杀戮和破坏"，并且它们非常擅长这份工作。

中性粒细胞的寿命很短。事实上，它们在骨髓中被生产出来之后，平均5天内就会发生程序性死亡。与巨噬细胞相反，中性粒细胞不是抗原提呈细胞。它们只是在血液中随时待命的"职业杀手"。

中性粒细胞一旦被召集，只需要大约半小时就可以离开血液并且会被完全激活。在这种状态下，中性粒细胞具有令人难以置信的吞噬能力。一旦它们的猎物被摄入细胞，一整套的强大化学物质就会等待着招待这些不幸的"客人"。中性粒细胞还会产生战斗性细胞因子（例如TNF），对免疫系统的其他细胞进行警示。最重要的是，活化的中性粒细胞在需要的时候，还会释放预先生产好的毁灭性化学物质。这些化学物质可以将组织变成"有毒的汤"，这对入侵的微生物是致命的。事实上，中性粒细胞是独一无二的，因为它们是唯一一种被"允许"溶解细胞和结缔组织的免疫细胞。

我的朋友Dan Tenen是研究中性粒细胞的。另一位研究T细胞的朋友Linda Clayton喜欢开玩笑地问他："Dan，你为什么要费心研究中性粒细胞呢？它们所做的只是潜入脓液然后死去！"当然，她是对的，脓液的主要成分是死亡的中性粒细胞。然而，Dan提醒她，在没有她喜欢的特异性T

细胞存在的情况下，人类可以生存很长时间，但如果没有中性粒细胞，人们就可能会在几天内死于感染。

现在，你觉得是什么原因会让巨噬细胞长寿，而中性粒细胞却只能存活几天呢？这难道不是很浪费吗？为什么不让中性粒细胞也像巨噬细胞一样长寿呢？这就对了！因为那样就太危险了。中性粒细胞从血管中出来就是准备着进行杀戮，在杀戮的过程中，对正常组织的伤害总是在所难免的。因此，为了限制这些附带的损害，中性粒细胞就被编程设计成为了短命的细胞。如果战斗需要更多的中性粒细胞，那么人体可以从血液中进行招募，因为在血液中有很多中性粒细胞。事实上，中性粒细胞的数量约占总循环白细胞数量的70%。相比之下，由于巨噬细胞的任务是充当"哨兵"，监视入侵者并发出进攻的信号，所以巨噬细胞在组织中能够存活很久也是有道理的。

很久以来，我们就已经知道中性粒细胞是贪婪的吞噬细胞，它们可以释放化学物质，破坏入侵者和组织。然而，最近人们发现在某些条件下，一些垂死的中性粒细胞可以释放一种被称为中性粒细胞胞外诱捕网（NETs）的网状结构。这些NETs是由具有蛋白质包裹的细胞DNA所组成的，这些蛋白质是那些由中性粒细胞中存储的可进行破坏性工作的化学物质的颗粒衍生而来的。在实验室中，NETs可以捕获或杀死细菌、病毒、真菌和寄生虫。然而，目前尚不清楚的是，什么能触发中性粒细胞释放NETs，或者NETs对于免疫防御的重要性是什么。尽管，NETs可能在保护我们免受某些入侵者的侵害方面发挥作用，但中性粒细胞功能通常受到严格的控制以避免不必要的组织损伤。因此，如果说NETs引起的炎症和组织损伤是一件好事，这似乎有悖常理。确实，许多关于中性粒细胞胞外诱捕网的研究都集中在了NETs引起的炎症和组织损伤在疾病发生与发展过程中可能扮演的角色上面。

### 中性粒细胞如何迁移出血液

你可能会感到疑惑：如果中性粒细胞都很危险，那么它们是怎么知道要何时离开血流，又要前往何处的呢？总是让中性粒细胞在同一个地方被激活并离开血液的方式肯定是不行的。而事实也的确不是这样的，而且它的工作方式非常巧妙。在血管内，中性粒细胞处于非活化状态，并以每秒约

1 000 μm 的高速度随着血液流动。如果你和中性粒细胞一样大，你就会知道那速度真的很快。

正常组织

在此图中，你会注意到有一种蛋白质分子，细胞间黏附分子（ICAM），它在血管内皮细胞的表面表达。中性粒细胞表面还表达另一种被称为选择素配体（SLIG）的黏附分子。然而，正如你所看到的，这两种黏附分子并不是"伙伴"，因此它们不会相互结合，所以中性粒细胞可以随血液的流动而自由移动。

想象一下，现在你的大蹬趾被一块玻璃碎片划伤了，碎片上的细菌激活了守卫在你脚组织中的巨噬细胞。这些活化的巨噬细胞会释放细胞因子——白细胞介素1（IL-1）和TNF，从而发出了"入侵已经开始"的信号。当血管附近的内皮细胞收到这些报警信号的时候，它们就会开始在细胞表面表达出一种称为选择素（SEL）的新蛋白质分子。通常情况下，制造出这种蛋白质并将其运输到内皮细胞表面大约需要6小时。选择素是选择素配体的黏附伴侣，所以当选择素在血管内皮细胞表面表达时，选择素就会像"尼龙搭扣"一样捕获那些飞奔而过的中性粒细胞。然而，选择素与其配体之间的这种相互作用只能让中性粒细胞减速，并使其沿着血管内表面进行滚动。

发生炎症的组织
IL 和 TNF

当中性粒细胞滚动时，它会"用鼻子闻气味"。它"闻"的是一种表明组织中正在发生战斗（炎症反应）的信号。补体片段 C5a 和 LPS 就是中性粒细胞能够识别的两种炎症信号。当接收到这样的信号时，中性粒细胞就会快速产生出一种叫作整合素（INT）的新蛋白质分子到其表面。为了尽可能快地让整合素在细胞表面表达，中性粒细胞会预先合成出许多整合素分子，并储存在细胞内，以备需要的时候使用。这种快速反应非常重要，因为在这个过程中，中性粒细胞并没有停止它的滚

动。如果中性粒细胞滚动得太远了，它就会离开表达选择素的区域，然后再次开始随着血液快速流动。

发生炎症的组织
C5a 和 LPS

当整合素出现在中性粒细胞表面时，就会与在内皮细胞表面一直表达的结合伴侣分子 ICAM 相互作用。这种相互结合的作用非常强烈，能够使中性粒细胞停止滚动。

一旦中性粒细胞停止滚动，化学趋化因子就会促使它撬开血管内皮细胞的缝隙，进入组织并迁移到炎症部位。这些化学趋化因子中，包括补体片段 C5a 和被称为甲酰甲硫氨酸（f-met）肽的细菌蛋白质片段。细菌蛋白质都会以一种被称为 f-met 的特殊起始氨基酸作为肽段的开始。在人类细胞中，只有线粒体会产生带有这种启动子的蛋白质，因此只有不到 0.1% 的人类蛋白质会含有这种氨基酸。细菌可以分泌 f-met 肽，巨噬细胞在摄取细菌时会"吐出"这些蛋白质片段。因此，C5a 和 f-met 肽充当着"找到我"的信号，帮助吞噬细胞定位那些已被固有免疫系统识别为危险入侵者的所在位置。当中性粒细胞穿过组织时，它们可以被细胞因子如 TNF 所激活。最后，它们就会到达战斗现场准备进行杀戮。

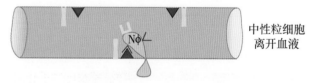

中性粒细胞离开血液

跟随着 f-met 和 C5a 的"气味"

### 中性粒细胞的逻辑

这个包括选择素 - 选择素配体相互结合使中性粒细胞发生滚动，整合素 -ICAM 相互作用使中性粒细胞停止运动，以及化学趋化因子及其受体促进中性粒细胞离开血液在内的系统，似乎看起来过于复杂了。让一对黏附分子（例如选择素及其配体）同时完成这三件事不是更简单吗？是的，这会更简单，但也会变得非常危险。在一个人身上大约有 1 000 亿个内皮细胞，假设其中一个变得有点异

常并开始在其表面表达出大量的选择素分子。此时，如果选择素的结合是中性粒细胞会离开血液到正常组织中唯一的条件，那么它们就可能会在正常组织中造成可怕的伤害。所以，在中性粒细胞离开血液并开始行动之前，必须要表达 3 种类型的分子，这对于提升该系统"防错保障"是非常有帮助的。

我提到过的第一种上调的细胞黏附分子——选择素，其完全表达完成的过程大约需要 6 h。这是不是时间太长了？当巨噬细胞感觉到危险时，就立即开始从血液中招募中性粒细胞不是更好吗？真的不是这样的。在开始招募"援军部队"之前，你要确保这次袭击是非常严重的。如果，巨噬细胞只遇到少量的入侵者，它通常可以在短时间内自行处理的，招募中性粒细胞只会导致不必要的组织损伤。相反，需要许多巨噬细胞才能应对的严重入侵过程则可能会持续好几天。许多参与战斗的巨噬细胞持续性表达警报细胞因子，是上调选择素分子表达的必要条件，这样就能确保只有在真正需要的时候，机体才会召集更多的部队来应对强大的入侵者。

中性粒细胞并不是唯一需要离开血液进入组织的血细胞。例如，参与防御寄生虫的肥大细胞必须离开血液到达寄生虫感染的部位。单核细胞需要在适当的地方，离开血流分化成熟为组织巨噬细胞。活化的 B 细胞和 T 细胞也必须被派往感染部位。整个过程就像是一个邮政系统，系统中有数万亿个包裹（免疫系统细胞）必须被运送到正确的目的地。这个投递问题也是通过使用与投放中性粒细胞相同的基本方式而被解决的。免疫系统"邮政服务"的关键特征是，使细胞滚动和停止的"尼龙搭扣"分子，会因细胞类型和目的地的不同而不同。因此，这些细胞黏附分子实际上充当了"邮政编码"的作用，以确保将细胞运送到适当的位置。事实上，选择素及其配体实际上是属于同一个分子家族的，只有选择素家族的某些成员才会与选择素配体家族中某些相应的成员进行配对。整合素及其配体也是如此。由于具有两位数的"邮政编码"（选择素分子类型的数量、整合素分子类型的数量），因此，人体有足够的"地址"可以将多种不同的免疫细胞发送到其应该去的正确位置。由于免疫细胞配备了特定的黏附分子，并且它们要前往的目的地也会表达相应的黏附伴侣，所以不同类型的免疫细胞会在需要它们的地方滚动、停留并离开血液。

## 免疫系统的哨兵如何识别入侵者

在巨噬细胞等免疫细胞发挥作用之前，它们都必须首先能够识别出已经发生了入侵。但它们是如何做到这一点的呢？答案是免疫细胞配备了一系列模式识别受体（PRRs），这些受体被设计用来识别与微生物攻击相关的"危险信号"。各种类型的免疫细胞上表达有总共20多种不同的PRRs。当免疫细胞上的模式识别受体发现入侵者时，巨噬细胞等战士细胞就会被激活，并产生战斗性细胞因子，从而提醒和激活其他免疫细胞。

一些模式识别受体可以发现一大类入侵者特征性的病原体相关分子模式（PAMPs）。例如，革兰氏阴性菌的LPS分子是一种重要的PAMPs。其他的PRR还进化出可以识别与损伤相关的分子模式（DAMPs）。发挥DAMPs作用的分子通常只存在于细胞内，但会被垂死的细胞（例如，被病毒杀死的细胞）所释放。因此，DAMPs可以提醒免疫系统关注与感染相关的广泛的细胞死亡。DAMPs非常重要，因为它们能使免疫细胞对没有特定PRR的病原体做出反应，包括以前机体没有遇到过的新的病原体。

最广为人知的PRR是Toll样受体（TLRs）。到目前为止，已经发现了10种人类TLRs，不同的细胞会表达不同组合类型的TLRs。一些TLRs在细胞表面表达，对细胞外的入侵者做出反应。例如，巨噬细胞利用TLR4感知LPS的存在。TLR4被锚定在巨噬细胞的细胞膜中，并指向细胞外以感知外部环境中的细菌入侵者。

其他PRRs位于细胞内，这些受体能够发现细胞内的入侵者。例如，当入侵者被吞噬时，它们最终会进入吞噬溶酶体中，并在溶酶体内被破坏。在这个破坏过程中，它们的"外衣"会被剥掉以显露出它们的内部有什么。一些Toll样受体（例如，TLR7和TLR9）定位于吞噬溶酶体的膜上，这些模式识别受体指向吞噬溶酶体的内部，以便提醒细胞存在已被吞噬的病毒或细菌。TLR7可识别流感病毒和HIV-1等病毒的单链RNA，而TLR9则能识别细菌和单纯疱疹病毒的双链DNA。

模式识别受体有两个重要的特性。首先，PRRs能识别出多种入侵者存在的普遍性特征——而不是仅仅针对单一入侵者的。例如，LPS是细菌细胞膜的常见成分，单链RNA存在于许多病毒中。因此，TLR4可以识别出许多不同类型的细菌（细胞膜中含有LPS的细菌）的入侵，TLR7可

以提醒细胞注意许多不同病毒（以单链RNA形式携带遗传信息的病毒）的攻击。因此，与B细胞受体和T细胞受体对每种入侵者的识别都具有特异性不同，模式识别受体的识别是"性价比很高的"，因为每个模式识别受体都可以识别出许多种不同的病原体。

PRRs的第二个重要特性是：它们能识别出对病原体非常重要的代表性结构特征，所以病原体不能轻易地通过突变而改变它们的特性来避免PRRs的识别。例如，TLR4识别的LPS分子所在的区域对于细菌外膜的结构来说是必不可少的。因此，如果LPS分子所在的部分发生突变以试图逃避TLR4的识别，那么细菌本身的生存也会遇到大麻烦。

## 固有免疫系统是如何对付病毒的

当病毒感染人类细胞时，它会接管宿主细胞的"组织"并利用这些"组织"生产出更多的病毒副本。最终，新产生的病毒会从被感染的细胞中冲出来，并继续感染附近的其他宿主细胞。我们已经讨论过固有免疫系统可以用来防御细胞外病毒的一些武器。例如，补体系统的蛋白质可以通过调理病毒以便其被巨噬细胞和中性粒细胞所吞噬，并且补体蛋白还可以直接破坏一些病毒。然而，一旦病毒进入宿主细胞内开始它的繁殖周期，这些"武器"也就失效了。

### 干扰素系统

幸运的是，固有免疫系统还有其他的"武器"可以用于对抗病毒感染的细胞。的确，病毒最害怕的固有免疫系统"武器"就是干扰素系统。干扰素系统的防御是非常有效的，以至于大多数病毒都已经进化出试图对抗干扰素系统的方法——至少能够争取到足够长的时间以便让病毒繁殖并感染新的宿主。

当细胞的模式识别受体识别到病毒的攻击时，就会产生被称为干扰素α（IFN-α）和干扰素β（IFN-β）的"警告性蛋白质"——这些蛋白质可以"干扰"病毒的繁殖。IFN-α和IFN-β被称为Ⅰ型干扰素，以区别于在前面提到过的Ⅱ型干扰素——IFN-γ。大多数人类细胞在受到病毒攻击时，都会迅速产生Ⅰ型干扰素，并且在这些细胞的表面也具有这些干扰素蛋白质的受体。因此，这些细胞产生的干扰素实际上也可以与受感染细胞本身的受体进

行结合。这种结合可以介导数百种抗病毒蛋白质分子的产生，这些蛋白质可以减少感染所产生出来的病毒数量。更好的是，当受病毒感染的细胞产生的Ⅰ型干扰素与附近细胞上的干扰素受体相结合时，附近的细胞就会被警告该区域存在着病毒，它们可能很快就会受到攻击。这种早期警告的结果就是，受到警告的细胞会立即启动抗病毒基因的表达，并准备在病毒感染自身时自杀。

干扰素警告系统的精妙之处在于，尽管干扰素与其受体的结合能使还没有被感染的细胞做好被病毒攻击的准备，但除非真的受到攻击，否则被警告的细胞还是会继续照常工作的。被警告的细胞只有在被病毒感染的时候才会自杀。当然，对于细胞来说，这是一种"利他"行为——因为细胞和病毒会同归于尽。尽管如此，这种"有益的自杀"确实阻止了病毒的繁殖并继续感染其他细胞。如果攻击没有发生，被警告的细胞最终会"退出"准备自杀的状态。

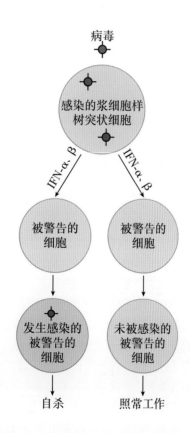

尽管许多类型的细胞都可以产生Ⅰ型干扰素，但迄今为止，"干扰素之王"是一种被称为浆细胞样树突状细胞（pDC）的白细胞。人类pDCs利用TLR7和TLR9分别识别病毒的RNA和DNA，当这两种PRR中的任何一种发挥作用时，pDCs就会

分配一半以上的蛋白质生产能力用于生产干扰素。因此，浆细胞样树突状细胞每天可以产生出其他任何类型细胞所产生的Ⅰ型干扰素的1 000倍之多！因此，这些"干扰素工厂"可以在固有免疫系统防御病毒方面发挥出关键作用，尤其是在病毒感染的早期。

### 自然杀伤细胞

固有免疫系统的团队中还有另一个重要角色可以帮助抵御病毒的感染——自然杀伤（NK）细胞。确实，患有遗传缺陷而导致NK细胞功能缺陷的人，在控制疱疹病毒和人乳头瘤病毒感染的方面存在着很大的困难。

自然杀伤细胞在骨髓中发育成熟，当不需要它们应对感染时，它们的寿命很短，半衰期只有1周左右。大多数NK细胞存在于血液或脾和肝（两个储存血液的器官）中，在未受到攻击的组织中几乎没有NK细胞的存在。因此，与中性粒细胞一样，自然杀伤细胞大多处于待命状态。NK细胞可以利用"滚动、停留、离开"的方式离开血液，并进入感染部位的组织中。一旦进入组织中，自然杀伤细胞就会迅速增殖以增加它们自身的数量。

当自然杀伤细胞到达战场时，它们在保护我们免受感染方面会扮演两种角色。首先，NK细胞可以释放出有助于免疫防御的细胞因子，例如IFN-γ。像巨噬细胞一样，NK细胞也可以有好几种不同的功能状态。静息的NK细胞会产生一些细胞因子并能够进行杀伤，但是当NK细胞被激活后，它们就会产生大量的细胞因子可以进行更加有效的杀伤。目前已经有几种可以激活自然杀伤细胞的信号被确认了，并且这些信号中的每一种都只有在身体受到攻击的时候才会被产生出来。例如，在受到病毒攻击期间，NK细胞可以被其他免疫细胞释放的IFN-α或IFN-β所激活。或者当被细菌入侵的时候，NK细胞的表面受体能识别出细菌细胞膜成分LPS的时候，它们也会被激活。

自然杀伤细胞可以破坏那些肿瘤细胞、被病毒感染的细胞、细菌、寄生虫和真菌。它们可以通过诱导细胞自杀的方式来消灭这些细胞。在某些情况下，NK细胞会利用采用穿孔蛋白的"注射系统"，来帮助将"自杀"酶（例如颗粒酶B）输送到靶细胞里面去。在另外一些情况下，NK细胞表面上一种被称为Fas配体的蛋白质——Fas配体，能与靶细胞表面的一种叫作 Fas 的蛋白质分子相互作用，向靶细胞发出"自我毁灭"的信号。

NK 细胞识别靶标的方法与杀伤性 T 细胞大不相同。自然杀伤细胞没有通过基因重排所形成的 T 细胞受体。自然杀伤细胞识别靶细胞的表面受体有两种类型：激活的受体——被激活时能促使 NK 细胞进行杀伤，抑制性受体——被激活时会促使 NK 细胞不能进行杀伤。

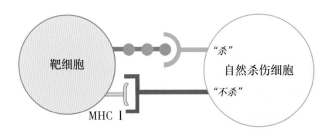

"不杀"信号是由抑制性受体通过识别潜在的靶细胞表面的 MHC Ⅰ类分子所传递的。我们身体中的大多数健康细胞的表面，都会表达数量不同的 MHC Ⅰ类分子。所以 MHC Ⅰ类分子的存在，表明细胞运行良好。相反，"杀死"信号涉及 NK 细胞表面的激活受体与靶细胞表面异常的糖类或蛋白质分子之间的相互作用。这些奇怪的表面分子"旗帜"，表明靶细胞受到了"压力"，而这种"压力"通常是因为它已经被病毒所感染或者正在发生着癌变。自然杀伤细胞通过识别"杀死"和"不杀死"信号的相对强度来评估细胞的健康状况，并确定该细胞是否应该被破坏。

现在，为什么你会认为让 NK 细胞破坏那些不表达 MHC Ⅰ类分子的细胞是个好主意呢？你应该记得，杀伤性 T 细胞可以通过识别 MHC Ⅰ类分子呈递的多肽来"查看"细胞内部是否存在着任何问题。但是，如果要是一些聪明的病毒关闭了被它感染的细胞的 MHC 分子表达会怎么样呢？那些被病毒感染的细胞难道不会因此对杀伤性 T 细胞"隐形"了吗？确实它们会如此。所以，在这种情况下，如果有另一种武器可以杀死被病毒感染但表面不表达 MHC 分子的细胞，那就太好了，而这正是自然杀伤细胞所能做到的。

## 固有免疫系统——合作的努力

为了使固有免疫系统能够有效地运作，各个成员之间进行合作是必需的。例如，血液中的中性粒细胞会随时待命，但谁会"打电话"通知它呢？答

案是"哨兵"细胞——巨噬细胞。所以，这里我们有一个防御的策略，就是在机体需要时，"垃圾收集器"巨噬细胞会发出警报给"职业杀手"中性粒细胞。确实，巨噬细胞和中性粒细胞之间的合作对于有效地抵抗入侵的微生物是必需的。如果没有巨噬细胞将中性粒细胞召集到受到攻击的部位，中性粒细胞就会一直在血液中四处游荡。如果没有中性粒细胞的帮助，巨噬细胞也将很难应对大规模的感染。

此外，在细菌感染期间，LPS 等分子会与自然杀伤细胞表面的受体结合，发出"进攻正在进行"的信号。随后，NK 细胞可以通过产生大量的 IFN-γ 来进行回应。

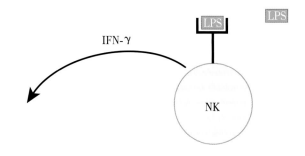

NK 细胞产生的 IFN-γ 可以致敏巨噬细胞（MΦ），当这些巨噬细胞的受体也与 LPS 结合时，巨噬细胞就会被超活化。

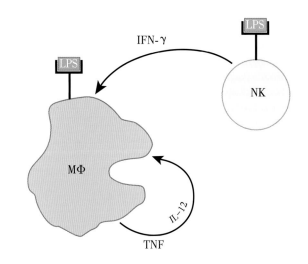

当巨噬细胞发生超活化的时候，它会产生出大量的 TNF。重要的是，巨噬细胞表面就有 TNF 的受体，巨噬细胞可以与自己产生的 TNF 进行结合。当 TNF 与巨噬细胞表面的受体结合时，巨噬细胞就开始分泌 IL-12。TNF 和 IL-12 共同影响 NK 细胞，促进 NK 细胞分泌 IFN-γ。一旦周围有更多 IFN-γ，更多的巨噬细胞就会被致敏。

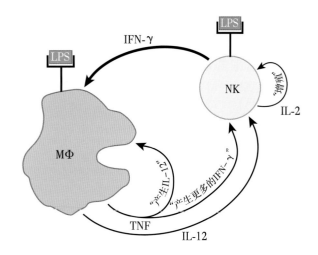

这里还会有一些其他有趣的事情发生。IL-2 是一种由 NK 细胞产生的生长因子。在正常情况下，NK 细胞不表达 IL-2 受体，因此它们不会响应这种细胞因子而发生增殖——即使 NK 细胞会分泌 IL-2。然而，在感染过程中，巨噬细胞产生的 TNF 会上调 NK 细胞表面 IL-2 受体的表达。所以，此时的 NK 细胞可以对它们自己产生的 IL-2 做出反应，并开始增殖。由于这种增殖作用，很快就会产生出更多的 NK 细胞来抵抗入侵，并帮助激活更多的巨噬细胞。因此，巨噬细胞和 NK 细胞可以通过多种不同的方式进行合作，以加强固有免疫系统对入侵的防御反应。

专职性吞噬细胞和补体系统也会一起工作。正如我们所讨论的那样，补体蛋白片段如 iC3b 可以标记那些需要被吞噬细胞摄食的入侵者。但是，补体的调理作用也能在激活巨噬细胞方面发挥重要的作用。当修饰入侵者的 C3 片段与巨噬细胞表面的受体进行结合的时候，就会给巨噬细胞提供类似于 LPS 那样的激活信号。这是一个好办法，因为对于那些不产生 LPS 的入侵者来说，可以通过补体的调理作用而使其被巨噬细胞识别。

补体系统和吞噬细胞之间的合作并不是一条"单行道"。活化的巨噬细胞实际上也可以产生几种最重要的补体蛋白——C3、B 因子和 D 因子。因此，在激烈的战斗中，当组织中的补体蛋白可能会被耗尽的时候，巨噬细胞可以向补体系统提供补给。此外，在感染过程中，巨噬细胞可以分泌化学物质，增加附近血管的通透性。当这些血管通透性增加时，会有更多的补体蛋白被释放到组织之中。

吞噬细胞、NK 细胞和补体蛋白之间的这些相互作用是固有免疫系统的成员们以多种方式进行协同工作的例子。只有相互配合，固有免疫系统团队的各个成员才能对入侵做出快速而有力的应答。

## 适度的应答

在对进攻做出应答时，我们的军队将会做出与威胁程度相匹配的反应。这种适度的反应，一方面能够确保资源不会因为反应过度而发生浪费，另一方面也可以确保应答的强度足够强烈以完成应答的任务。免疫系统也被设置为对微生物入侵进行适度的应答。例如，参与战斗的巨噬细胞的数量取决于受到攻击的规模，而巨噬细胞释放的用于召集中性粒细胞或激活 NK 细胞的化学物质的多少则取决于有多少巨噬细胞在进行战斗。因此，入侵越严重，涉及的巨噬细胞数量就越多，动员的中性粒细胞和 NK 细胞也就会越多。同样，细菌入侵规模越大，战场上出现的"危险分子"如 LPS 就越多。LPS 越多，越多的 NK 细胞就会被激活，产生出诸如 IFN-γ 之类的战斗性细胞因子，这有助于进一步激活巨噬细胞。由于免疫应答的强度大小与受到攻击的严重程度直接相关，因此"惩罚通常是与罪行相匹配的。"

### 总结

补体蛋白参与构建攻膜复合物，可以刺穿和破坏一些细菌和病毒。补体蛋白还可以标记病原体以供专职吞噬细胞进行摄食，并且还可以作为化学引诱物将吞噬细胞招募到战场之中。

补体蛋白以高浓度存在于血液和组织中，因此它们随时都可以进入战斗状态。这是补体系统最重要的特征之一：它的工作速度非常快。但是，为了让补体系统发挥作用，它首先必须要被激活。旁路（自发）途径的激活只需要补体蛋白片段 C3b 与入侵者的氨基或羟基进行结合。由于这些化学基团无处不在，因此该系统中的默认选项就是死亡：任何不受保护的表面被补体结合后，都将成为被破坏的目标。幸运的是，有多种机制可以保护人体细胞免受补体的攻击。

除了可以视为随机发射的"手榴弹"式的旁路激活途径，补体系统还有第二条更直接的激活途径：凝集素激活途径。在凝集素激活途径中，一种叫作甘露糖结合凝集素的蛋白质分子可以作为"引导系统"，将补体"炸弹"瞄准表面具有独特糖类分子的入侵者。

巨噬细胞和中性粒细胞是专职吞噬细胞。长寿的巨噬细胞存在于我们的体表下。这些吞噬细胞在那里当"哨兵"。大多数时候，巨噬细胞只会吞噬死细胞和碎片。然而，如果它们发现了入侵者，它们就会进入活化状态。在活化状态下，它们可以将抗原提呈给 T 细胞，它们还可以发出信号以便招募其他免疫细胞来帮助进行抵抗，并且它们自己也还可以成为"凶猛的杀手"。

与"哨兵"巨噬细胞相反，大多数中性粒细胞存在于血液中——它们随时待命以抵抗可能发生的入侵。巨噬细胞功能多样，但中性粒细胞主要只做一件事——杀伤。中性粒细胞利用细胞黏附分子从发生炎症部位的血管离开血液，而当它们离开血管时，它们就会被激活而成为"杀手"。幸运的是，中性粒细胞只能存活大约 5 天。这将阻止它们在征服入侵者后会对健康组织造成损伤。另一方面，如果入侵的时间延长，就会有更多的中性粒细胞离开血液并为防御提供帮助。

固有免疫系统的细胞配备有模式识别受体，可以识别出所有常见细菌和病毒的特征。一些 PRRs 还能识别垂死细胞发出的信号。当发现这些危险信号时，巨噬细胞等"哨兵"细胞呼吁会产生战斗性细胞因子，提醒其他细胞，让它们做好击退攻击的准备。

为了应对病毒感染，体内大多数细胞的模式识别受体都可以触发 I 型干扰素 IFN-α 或 IFN-β 的产生。这些蛋白质可以与产生它们的细胞上的干扰素受体结合，导致数百个能够限制病毒在被感染细胞内繁殖的基因的表达。IFN-α 和 IFN-β 也可以作为警报蛋白发挥作用。当它们与附近未被感染的细胞上的 IFN 受体结合时，它们就可以让这些细胞也做好被病毒进攻的准备。受到警告的细胞不仅会产生能够限制病毒复制的蛋白质，而且它们还准备在受到病毒攻击时自杀。这是一种"利他行为"，因为受感染的细胞和其中的病毒都将一起被破坏，从而限制病毒传播及感染到其他宿主细胞。机体的"哨兵"细胞之一，浆细胞样树突状细胞（pDC），在被病毒感染时会产生大量的 I 型干扰素。因此，pDC 是固有免疫系统防御病毒攻击的重要参与者。

自然杀伤细胞是固有免疫系统团队中随时待命的另一个成员。NK 细胞是杀伤性 T 细胞（CTL）和辅助性 T 细胞的融合体。说 NK 细胞类似于辅助性 T 细胞，是因为它会分泌影响固有和适应性免疫系统功能的细胞因子。说 NK 细胞类似于 CTL，是因为自然杀伤细胞可以破坏被病原体感染的细胞。然而，与杀伤性 T 细胞相反的是，杀伤性 T 细胞通过识别 MHC I 类分子提呈的肽来选择它们的靶细胞，而 NK 细胞则会专注于杀死不表达 MHC I 类分子的细胞——尤其是那些因病毒感染而丢失 MHC I 类分子表达的"受压"细胞。

吞噬细胞和补体蛋白对病原体的进攻可以提供即时的保护性应答，是因为这些"武器"早就已经就位了。随着战斗的进行，固有免疫系统发出的警报信号会从血流中招募更多的防御者，固有免疫系统的战士们会相互合作而加强防御的作用。通过合作，固有免疫系统团队的成员可以对常见的入侵者做出快速而有效的应答。重要的是，这是一个被设计成为不会造成过度应答但又能足以完成任务的防御系统。

## 总结图

在这张图中，我总结了我们在本讲中讨论过的一些概念。为了清楚起见，我选择了巨噬细胞作为专职吞噬细胞的代表。细菌作为可以在不进入人体细胞的情况下就能够进行繁殖的入侵者的例子，病毒则是作为必须进入人类细胞中才能完成其生命周期的入侵者的例子。在第三、四和六讲之后，我将会扩充这张图，以便囊括来自适应性免疫系统的参与者。

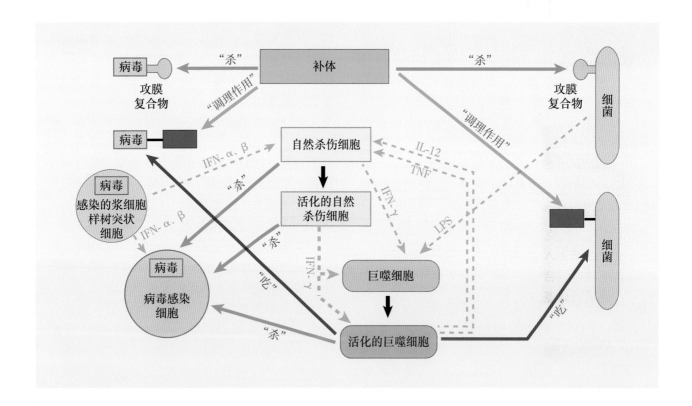

**思考题**

1. 补体系统被旁路途径激活的方式与凝集素激活途径激活的方式的根本区别是什么？

2. 巨噬细胞和自然杀伤细胞是如何分辨敌我的（例如，它们如何是选择靶细胞的）？

3. 设想一块玻璃碎片刺破了你的大踇趾，产生 LPS 的革兰氏阴性菌侵入了碎片周围的组织中。请简要描述出固有免疫系统团队中的各个参与者在处理这种细菌入侵事件中的参与顺序及其作用。

4. 试述固有免疫系统在抵抗病毒攻击中的作用方式。

5. 举例说明固有免疫系统团队成员之间的合作模式，并说明为什么这种合作是非常重要的。

# 第三讲  B 细胞和抗体

**本讲重点！**

　　B 细胞及其产生的抗体是适应性免疫系统的一个部分。B 细胞必须被激活以后才能产生抗体。"防错保障"机制有助于防止不恰当的 B 细胞活化，而克隆选择原则能确保只有那些能产生适合抵御入侵者的抗体的 B 细胞才能被动员。一种"混合搭配"的方案被用来构建编码 B 细胞的抗体基因，并且在对入侵者的攻击过程中，B 细胞还可以不断升级它们产生的抗体，以建立更加有针对性的防御作用。

## 引言

　　细菌和病毒等微生物总是在变异。正如细菌的突变会使它们对某些抗生素产生耐药性一样，突变也会使微生物能更好地对抗免疫系统。当这种情况发生的时候，免疫系统必须通过制造新的反击武器来"应对"突变微生物的挑战，以防止其"掌控"我们的身体。事实也是如此，微生物和动物之间的这种你来我往的"国际象棋"比赛已经持续了数以百万年之久，动物的免疫系统一直在通过不断的"升级"来应对微生物攻击者的新式武器。这其中，免疫系统最引以为傲的升级开始于大约 2 亿年前，当时鱼类的进化产生了所谓的"终极防御"的前身——一种非常强大的适应性（免疫应答）系统，原则上讲，它可以抵御任何可能的入侵者。这种防御，即适应性免疫系统，已经在人类体内演变发展到其最为复杂的形式。可以想象，如果没有一个能够识别和应对这些不同寻常入侵者的免疫系统，人类就不可能得以生存。

　　在本讲中，我们将重点介绍适应性免疫系统中最为重要的组成成员之一——B 细胞。像所有其他血细胞一样，B 细胞也是在骨髓中诞生的，在那里由干细胞分化而来。在人的一生中，每天会产生大约 10 亿个 B 细胞，因此即使是老年人，也会有很多新生成的 B 细胞。在骨髓中 B 细胞的早期发育阶段，B 细胞会挑选编码组成其 B 细胞受体（BCR）的两种蛋白质分子的基因片段，随即这些受体蛋白会被表达在 B 细胞的表面上。抗体分子几乎与 B 细胞受体相同，只是在其重链末端缺少 BCR 锚定于细胞膜上的蛋白质序列。没有了这个序列，抗体分子就能够被分泌到 B 细胞外，并在体内自由巡行来执行其功能了。

## B 细胞受体

　　我们来聊一聊关于选择 B 细胞受体的编码基因片段的过程吧。我想你会发现它非常有趣——尤其是如果你喜欢赌博游戏的话。BCR 是由重链（Hc）和轻链（Lc）两种蛋白质所组成的，每种蛋白质均是由基因片段组合形成的基因负责编码的。组成最终 Hc 基因的基因片段位于 14 号染色体上，每个 B 细胞都有两条 14 号染色体（一条来自母亲，另一条来自父亲）。这就产生了一个问题，因为正如我们之前讨论的，每个 B 细胞仅能产生一种抗体。因此由于存在两套 Hc 片段，为防止 B 细胞表达两种不同的 Hc 蛋白，就必须"沉默"一条 14 号染色体上的基因片段。当然，造物主可以将一条染色体设为"假染色体"，让另一条成为永久表达蛋白质的染色体——但她没有这样做。因为那就太无趣了！相反，她想出了一个更好更刺激的方案，我把它图示为两条染色体玩家的纸牌游戏。这是一场"赢家通吃"的游戏，其中每个玩家都试图重新排列它的纸牌（基因片段），直到找到有效的排列方式为止。第一个完成排列的玩家获得胜利（它重排好的基因得以表达，失败者会停止基因片段的重排 [1]）。

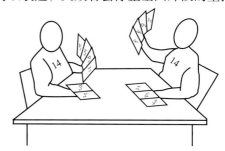

你应该还记得，在第一讲中所讲的 4 种分隔开的基因片段（V、D、J 和 C）会重组在一起编码并翻译出重链蛋白。这些基因片段在 14 号染色体上形成线性排列，并有多个拷贝，每种片段的不同拷贝之间仅有很细微的差异。

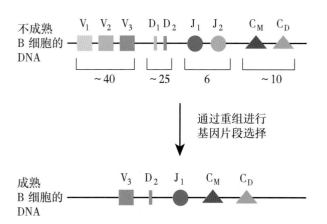

通过重组进行基因片段选择

这场纸牌游戏中的玩家，首先要选择 D 和 J 片段中的一个，通过切除掉它们之间 DNA 序列的方式将这两者连接起来，然后再从众多的 V 片段中选择一个，通过再次切除中间 DNA 序列的方式，将 V "纸牌"连接到 DJ 片段上。紧靠 J 片段之后的是一串编码各种恒定区的基因片段（$C_M$、$C_D$ 等）。因为 $C_M$、$C_D$ 位于恒定区线性排列的前端，故在默认情况下，两者通常会被用来组建 BCR 重链的恒定区。免疫学家将这种基因片段的连接称为基因重排，但它实际上更多的是剪切和粘贴而不是重排。无论如何，被选择的 V、D、J 以及恒定区基因片段最终都在染色体上实现了彼此相邻的状态。

当核糖体遇到 3 个终止密码子之一时，蛋白质的翻译就会停止。因此，如果基因片段恰好未按读码框的顺序连在一起，蛋白质的翻译体系就可能会遇到终止密码子，从而会在重链中间的某处终止蛋白质的组装。如果发生了这样的情况，就会导致产生一些无功能的蛋白片段。事实上，你可以计算出每个染色体玩家只有 1/9 的机会能够组装出可以产生全长 Hc 蛋白的基因片段组合。免疫学家将这种基因片段的组合称为有效性重排。如果在玩这个游戏时，其中一条染色体玩家（的纸牌）最终发生了有效性重排，该染色体就可以用来构建 Hc 蛋白。成功翻译出来的 Hc 蛋白随即就被转运到细胞表面，并传递出"游戏结束"的信号给另一条失败的染色体玩家。至于如何进行信号传递以及如何终止另一条染色体上基因片段进行重排的确切机制仍有待研究。但改变失败染色体上 DNA 的构象，使其不易被"剪切粘贴"系统识别的观点是被普遍认可的。

由于每个染色体玩家只有大约 1/9 的成功概率，你或许会想如果两条染色体玩家基因重排后都无法形成有效性重排会怎样呢？其结果是 B 细胞死亡。是的没错，它自杀了！这是一个高风险的游戏，因为不能表达受体的 B 细胞是完全无用的。

如果重链基因重排有效，B 细胞就会短暂增殖，然后轻链玩家将进入游戏。游戏规则与重链游戏类似，但要想最终成功还必须通过一个额外的测试，即完整的重链蛋白和轻链蛋白必须可以正确地结合在一起形成完整的抗体。可见，如果 B 细胞无法有效地重排重链和轻链基因，或者重链和轻链蛋白不能正确匹配，B 细胞都会选择自杀。

虽然，一个 B 细胞表面都具有表达多达 100 000 个 BCR 的能力，但这种"赢家通吃"的竞争会导致每个成熟的 B 细胞都只能产生一种 BCR 或抗体，该 BCR 或抗体是由一种且仅有一种 Hc 和 Lc 所组成的。然而，由于采取了"混合搭配"的策略来制造每个 B 细胞最终的重链和轻链基因，使得不同 B 细胞上的受体又具有非常大的多样性，以至于对总体而言，我们的 B 细胞能够识别出任何可能存在的有机分子。如果你能意识到有这么多的分子能够被识别，那么，这样一个简单的过程，就能创造出多样化 BCR 的方案，确实是叹为观止。

## BCR 如何传递信号

免疫学家们会把一个特定的 BCR 所能识别出来的抗原称为相关抗原，把相关抗原上能够与 BCR 实际发生结合的微小区域称为表位。例如，如果一个 B 细胞的相关抗原恰好是流感病毒表面的一种蛋白质，那么这个表位将会是该蛋白中能与 BCR 进行结合的部分（通常为 6~12 个氨基酸）。当 BCR 识别出与其相匹配的表位时，它必须将此识别信号传递给细胞核，在细胞核内开启或者关闭参与激活 B 细胞的基因。但是，这种像"天线接收器"一样的 BCR 是如何把发现表位的信号传递给细胞核的呢？乍一看，这似乎有点问题，因为从这张图中可以看出，重链延伸穿过细胞膜进入细胞内的部分仅仅有少数几个氨基酸，长度太短了，无法传递任何重要的信号。

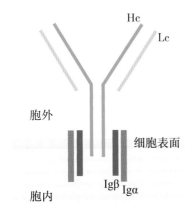

为了能传递 BCR 在细胞外所识别的信号，B 细胞上装配了两种辅助蛋白，分别是 Igα 和 Igβ，它们能与重链蛋白结合并延伸到细胞内。因此，完整的 B 细胞受体实际上包括两个部分：细胞外可以识别抗原但不能传递信号的 Hc/Lc 部分，以及可以传递信号但对细胞外状况一无所知的 Igα 和 Igβ 蛋白质分子。

为了产生活化信号，B 细胞表面上的众多 BCR 必须紧密地聚集在一起。当 BCR 发生如图这样的聚集时，虽然实际上它们并没有连接在一起，但免疫学家们仍将其称为交联。例如，当 B 细胞受体与单一抗原上多次重复的一种表位发生结合时（如蛋白质上一段重复多次的氨基酸序列），B 细胞受体可以聚集到一起，从而形成 BCR 簇。

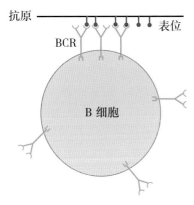

BCR 也可以通过结合到入侵者表面聚集在一起的某个多次重复抗原上的表位而簇集在一起。实际上，大多数细菌、病毒和寄生虫的表面都是由几种不同蛋白质的许多拷贝所组成的。因此，如果 BCR 能够识别出其中一种蛋白质上的一个表位，那么许多 BCR 就都可以簇集在这个入侵者身上了。事实上，BCR 的交联是 B 细胞集中精力对

付常见敌人的一种方式。最终，通过与聚集在一起的抗原表位（例如一簇聚集的蛋白质分子）进行结合，B 细胞受体也就能够聚集在一起了。无论这个过程是怎样完成的，BCR 的交联对 B 细胞的激活是必不可少的。原因如下。

Igα 和 Igβ 蛋白质的尾部可以与细胞内的信号分子进行相互作用。当这种相互作用足够强大且聚集在一个区域的时候，就可以启动将"BCR 结合"的信号传递到细胞核的酶链反应。可见这种传递信息的方式就是把许多的 Igα 和 Igβ 分子聚集在一起，这正是 BCR 交联所要做的事情。BCR 簇可以使足够多的 Igα 和 Igβ 分子聚集在一起，并且启动传递"BCR 结合"信号的酶链反应。因此，BCR 的交联是（传递 B 细胞活化信号的[1]）关键。

你应该还记得，在上一讲中提到的补体蛋白片段（如 C3b）可以结合（调理）入侵者的事情吧。这种打标签式的结合表明，固有免疫系统已经能够识别出入侵者的危险性，并可以动员固有免疫系统的成员如巨噬细胞，来消灭这个被调理过（被 C3b 结合）的入侵者。此外，经过补体片段调理过的抗原也能引起适应性免疫系统的警觉。具体如下所述。

除了 B 细胞受体及其相关的信号分子外，B 细胞表面还有另一种蛋白质可以在信号传导过程中发挥重要的作用。这个蛋白质就是一种可以结合入侵者身上"装饰"成分——补体片段的受体。因此，对于被调理的抗原来说，B 细胞上有两种能够与其相结合的 B 细胞受体——能识别抗原特异表位的 BCR 和能识别抗原"装饰"成分——补体的受体。当这种情况发生的时候，被调理的抗原这时就会像"被钳子紧紧夹住"，在 B 细胞的表面上把 BCR 和补体受体（就像钳子的两臂）连接在一起（如下图所示）。

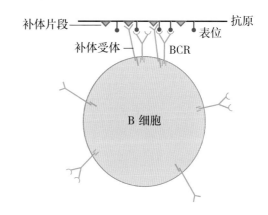

当 BCR 和补体受体通过被调理的抗原，以这种方式聚集在一起的时候，BCR 发出的信号就会被最大程度地放大了。实际上，这意味着将"BCR 结合"信号传递到细胞核所需要的 BCR 簇的数量可以只需要 1/100。因为补体受体对信号传递有如此神奇的影响，所以它被称为共受体。在入侵者攻击的起始阶段，当能与 B 细胞受体发生交联的抗原数量非常有限的时候，共受体的功能就显得尤其重要了。B 细胞共受体对调理过的入侵者的识别，使得 B 细胞能对固有免疫系统已经辨识出的危险抗原极为敏感。这是一个固有免疫系统具有"指导性"功能的非常好的例子。事实上，通常是由固有免疫系统而不是适应性免疫系统来决定入侵者是否具有危险性的。

## B 细胞是如何被激活的

为了产生抗体，必须要先激活 B 细胞。未被相关抗原激活的 B 细胞被称为初始 B 细胞。例如，未接触过天花病毒的人体内可能恰好存在能够识别出天花病毒的（初始）B 细胞。相反，把已经遇到过其相关抗原并被激活的 B 细胞称为成熟 B 细胞。初始 B 细胞可以通过两种方式被激活来防御入侵者，一种完全依赖于辅助性 T 细胞的帮助（T 细胞依赖性激活），另一种基本上不依赖 T 细胞的帮助（非 T 细胞依赖性激活）。

### T 细胞依赖性活化

初始 B 细胞的激活需要双信号。第一个信号是上面提及的 B 细胞受体和它相关抗原信号分子的簇集。但是，仅交联其受体还不足以完全活化 B 细胞——还需要第二个信号，即共刺激信号。在 T 细胞依赖性激活过程中，第二个信号由辅助性 T 细胞（Th）提供。研究最清楚的共刺激信号传递方式就是，B 细胞和 Th 细胞之间的直接相互作用。在活化的辅助性 T 细胞表面上存在着被称为 CD40L 的蛋白质分子，如果此时 B 细胞受体已经发生了交联，而且 CD40L 插入（匹配结合）到了 B 细胞表面的 CD40 蛋白质分子上，那么该 B 细胞就将会被激活。

显然，这两种蛋白质 CD40 和 CD40L 之间的相互作用对于 B 细胞的活化是非常重要的。如果这两种蛋白质中的任何一种存在着遗传缺陷，那么人体都将无法产生 T 细胞依赖性的抗体防御反应了。

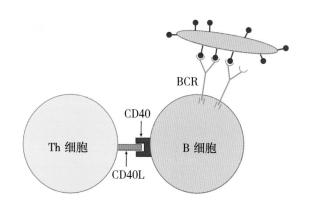

### 非 T 细胞依赖性活化

在与某些特定抗原反应时，初始 B 细胞也可以在很少或者没有 T 细胞辅助的情况下被激活。这种激活的方式称为非 T 细胞依赖性活化。这类抗原通常具有重复性的表位，可以与大量的 B 细胞受体发生交联。在多种细菌表面发现的糖分子就是一个这类抗原很好的例子。一个糖类分子可以由很多重复的单位构成，就像串在一起的珠链。如果把每个珠子看作一个 BCR 识别的表位，那么这条珠链就可以把许多 BCR 簇集在一起了。如此大量的 BCR 交联可部分替代 CD40L 的共刺激作用，并可以导致 B 细胞的增殖。但是，要想完全活化 B 细胞并产生抗体，初始 B 细胞还是必须要获得第二信号的。

第二信号的开启之匙是一个明确的"危险信号"：即一个明显的攻击信号。例如，除了 BCR 外，B 细胞还表达 Toll 样受体（TLRs），这些 TLRs 可以向 B 细胞发出危险警报，并可以为其产生非 T 细胞依赖性活化提供第二信号。需要注意的是，如果 B 细胞的 BCR 能够识别出具有重复抗原表位的分子，例如你自己的 DNA，B 细胞也可能进行增殖。但幸运的是，我们体内并不会产生抗 DNA 抗体，这是因为免疫系统不会与自己的 DNA 进行战斗，因此没有任何的"危险信号"会在此时来充当 B 细胞活化所必需的共刺激信号。另一方面，如果固有免疫系统正在与入侵的细菌进行斗争，而且 B 细胞受体识别出了细菌表面具有重复表位的糖类抗原，那么 B 细胞就将会产生抗体，因为战场上的危险信号可以提供 B 细胞完全活化时所需的第二个密钥。当然，正如 T 细胞依赖性活化一样，非 T 细胞依赖性活化也是抗原特异性的：只有那些具有能识别重复表位受体的 B 细胞才会被激活。

非 T 细胞依赖性活化的优点是 B 细胞无需等待 Th 细胞的活化，就可以直接加入战斗，从而能够更快地产生抗体应答。在脾中存在着大量不需要T 细胞辅助就能被激活的 B 细胞，这些"不需要帮助"的 B 细胞可以通过生产 IgM 抗体来识别细菌荚膜多糖上的表位，从而迅速建立起针对肺炎链球菌等细菌的防御机制。切除脾的人对肺炎链球菌和其他带有荚膜的细菌具有更高易感风险的事实，证明了这种非 T 细胞依赖性活化的重要性。

此外，这里还有更重要的因素。辅助性 T 细胞只能识别蛋白抗原，即 MHC Ⅱ类分子提呈的多肽分子。因此，如果所有 B 细胞的活化都需要 T 细胞的辅助，那么整个适应性免疫就只能用来对付蛋白质类的抗原物质了。这并不是什么好事，因为许多常见的入侵者表面都含有人体细胞表面所没有的糖类和脂类分子。其实，这些独特的糖类和脂类分子正是免疫系统可以识别出来的良好靶标。所以，允许一些抗原在没有 T 细胞辅助的情况下，活化 B 细胞是一件非常棒的事情：它增加了适应性免疫系统可以识别的抗原的范围，不仅包括蛋白质，而且还包括糖类和脂类分子。

### B 细胞活化的逻辑

你可能会问：为什么 B 细胞的活化会需要两个信号？如果 B 细胞能通过交联 BCR 而直接被激活，事情不就能变得更快更简单了吗？是的，这可能会加速抗体的产生，但是这也十分危险！由于 B 细胞受体的多样性，它们能识别的物质基本上没有任何限制——包括我们自身的蛋白质、糖类和脂类分子。虽然大多数能识别我们自身分子的 B 细胞在骨髓中产生后不久，就被清除了（更多的内容在第 9 讲介绍）。但是这种筛选过程并不是 100% 有效，体内如果存在着这种能够识别自身物质分子的 B 细胞（没有在产生后被消灭），就可能会产生自身抗体，从而导致自身免疫病。为了防止出现这种可能的风险，机体建立了一种"防错保障"机制，只有在真正危险的情况下才允许 B 细胞被活化，这就是第二信号存在的缘由。对于 T 细胞依赖性活化而言，B 细胞和 Th 细胞二者都必须同时认为存在着威胁，B 细胞才能获得第二个信号；对于非T 细胞依赖性活化而言，第二信号是确认入侵真实存在的信号——需要 B 细胞活化来应对危机的状况。

### 多克隆活化

除了 T 细胞依赖性和非 T 细胞依赖性活化以外，还有一种"非自然性"激活 B 细胞的方式。这种情况下，被称为促有丝分裂原的抗原，会与 B 细胞表面的非 B 细胞受体分子（促有丝分裂原受体）进行结合，并使这些分子发生聚集。当这种分子聚集发生的时候，与这些分子相关的 BCR 也会被簇集在一起。与 T 细胞依赖性和非 T 细胞依赖性活化相反，这种多克隆活化不是依赖于被 BCR 识别的相关抗原而被激活的，BCR 也仅仅是搭便车过来的。通过这种方式，一种促有丝分裂原就可以激活许多具有不同特异性的 B 细胞。事实上，促有丝分裂原是免疫学家们非常喜爱的工具，因为它们可以同时激活大量 B 细胞，更便于研究活化过程中所发生的各种事件。

以某些寄生虫表面的具有高度重复结构的促有丝分裂原为例。在寄生虫感染期间，促有丝分裂原可以与 B 细胞表面的丝裂原受体结合并使它们发生聚集。当促有丝分裂原受体以这种方式聚集的时候，B 细胞表面的 BCR 也被牵引在一起，结果导致 B 细胞的多克隆活化。但免疫系统为什么会想要把那些表面不存在识别寄生虫受体的 B 细胞也活化，对寄生虫的攻击做出应答呢？答案是，这并不是免疫系统的本意！而是寄生虫想通过激活一群只产生不相关抗体的 B 细胞，从而试图分散免疫系统的注意力，使其不能专注于手头的任务——产生针对寄生虫的特异性抗体、粉碎寄生虫入侵计划。所以，这类促有丝分裂原引起的 B 细胞多克隆活化，实际上是免疫系统错误运行的一个例子。我们将会在另一讲中详细讨论这个问题。

## 类别转换

B 细胞一旦被激活，并通过增殖使自己的数量大大增加，会为其生命中的下一个阶段——成熟，做好准备。成熟大致可以被分为 3 个阶段：类别转换，即 B 细胞改变其产生的抗体类别；体细胞高频突变，即编码 B 细胞受体的重排基因可能还会经历突变和选择来增加 BCR 与其相关抗原结合的亲和力；还有一个是"职业选择"，即在这个阶段，B 细胞要决定是成为抗体工厂（浆细胞）还是记忆 B 细胞。不同 B 细胞成熟过程中经历阶段的确切顺序可能会有所不同，某些 B 细胞的成熟是可以跳过一个或多个阶段来完成的。

当初始 B 细胞第一次被激活的时候，它会主要产生 IgM 抗体——默认的抗体类别，B 细胞也可产生 IgD 抗体。然而，IgD 抗体仅仅占人体血清中抗体总量中非常少的部分，它们在免疫防御中能否发挥重要作用也尚不明确。前面说过，抗体的类别是由其重链恒定区（Fc 段）决定的，即抗体分子的"尾部"决定的。有趣的是，IgM 和 IgD 都是由相同的重链信使 RNA（mRNA）翻译出来的，只是这种 mRNA 会以一种剪接方式来产生 M 类恒定区，而以另一种剪接方式来产生 D 类恒定区。

　　随着 B 细胞的成熟，它就有机会将产生的 IgM 抗体的类别转换成为另一种抗体类别：IgG、IgE 或 IgA。在 14 号染色体上，与编码 IgM 恒定区基因片段相邻的是编码 IgE、IgG、IgA 恒定区的基因片段。因此，所有 B 细胞若要进行抗体类别转换，就必须要切除掉 IgM 的恒定区片段，并将 VDJ 片段与其他任何一种抗体恒定区基因片段相连接（即切除掉二者之间的 DNA 序列）。恒定区片段之间具有允许这种剪切和粘贴过程发生的特殊开关信号。例如，下图所示的是 B 细胞由 IgM 恒定区（$C_M$）转换为 IgG 恒定区（$C_G$）时所发生的情况。

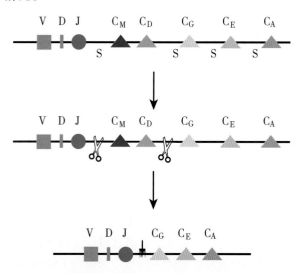

　　类别转换的最终结果是尽管抗体与抗原结合的部分（Fab 段）保持了不变状态，但是抗体却可以获得一个新的 Fc 段。这是一个重要的改变，因为恒定区决定了抗体的功能。

## 抗体的类别及其功能

　　让我们来了解一下 4 个主要类别的抗体——IgM、IgA、IgG 和 IgE。如你所见，由于它们具有各自不同的独特的恒定区结构，所以每种类别的抗体都有其特定的职责、功能。

## IgM 抗体

　　IgM 抗体是最早产生的抗体类别，甚至"较低等"的脊椎动物（我为此向动物权益保护者道歉）也具有产生 IgM 抗体的适应性免疫系统。因此，当人体的初始 B 细胞首先被活化时，它们会主要产生 IgM 抗体，这是有道理的。你可能还记得 IgG 抗体看起来大致如下图。

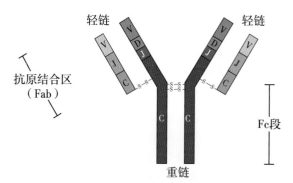

　　相反，IgM 抗体就像 5 个 IgG 抗体分子黏附在一起，是很巨大的！

　　在感染早期就产生 IgM 抗体实际上是非常明智的，因为 IgM 抗体对于激活补体级联反应是非常有效的（免疫学家们称其为固定补体）。下面讲述其是如何发挥作用的。

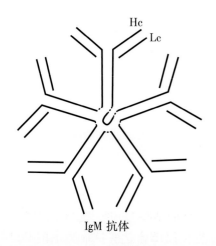

IgM 抗体

　　在血液和组织中，一些补体蛋白（其中的 30 个左右！）聚集在一起，会形成一种被称为 C1 的大分子复合物。尽管它很大，但因为这种蛋白质复合物被结合到了其抑制剂的分子上，所以不能激活补体的级联反应。但是，如果两个或更多的 C1 复合物聚集在一起，它们的抑制剂就会从原来的位置脱离开，随后 C1 分子就可以启动产生 C3 转化酶的补体级联反应了。一旦这种情况发生，补体系统就会开始运转了，因为 C3 转化酶能将 C3 转化为 C3b，从而建立起能够产生越来越多 C3b 的扩增环路。因此，通过这种被称为经典（抗体依赖性）途径活化补体系统的关键就是将两个或者多个 C1 复合体聚集在一起——而这正是 IgM 抗体所能做到的。

当 IgM 抗体的抗原结合区与入侵者发生结合时，C1 复合物就可以与抗体的 Fc 段进行结合。因为每个 IgM 抗体都有 5 个聚合在一起的 Fc 段（这一点很关键），于是两个 C1 复合物就可以结合到同一个 IgM 抗体分子的 Fc 段上，使这两个 C1 复合物足够靠近，从而触发补体的级联反应。因此，这个事件发生的顺序是：IgM 抗体结合到入侵者上，一些 C1 分子结合到 IgM 抗体的 Fc 段上，它们的抑制剂释放出来，这些 C1 分子就会在入侵者表面启动补体的链式反应。

经典的激活途径之所以如此有用，是因为虽然一些"聪明"的细菌进化出了能够抵抗补体蛋白附着的外壳。但幸运的是，B 细胞可以产生抗体，这些抗体基本上可以与任何细菌的外壳进行结合。因此，抗体可以通过帮助补体蛋白附着到狡猾的细菌表面，来扩大补体系统的应用范围。这是一个很好的关于固有免疫系统（补体蛋白）与适应性免疫系统（IgM 抗体）相互协同消灭入侵者的例子。事实上，"补体"一词是由免疫学家们创造的，因为他们首先发现的是，如果抗体得到其他补体蛋白的"补充作用"（支援作用），那么它们就能更加有效地去处置入侵者了。

在上一讲中讨论的补体旁路（自发）激活途径是完全非特异性的——任何未受到保护的物质表面都有相等的机会去激活补体。相反，经典（抗体依赖性）途径是非常特异的——只有那些被抗体结合的抗原才会成为补体攻击的目标。在这个系统中，抗体识别入侵者，而补体蛋白负责清除工作。

IgG 抗体的某些"亚类"也可以"固定"补体，因为 C1 也可以结合这些抗体分子的 Fc 段。但只有当两个 IgG 类分子在入侵的病原体表面上彼此紧靠在一起的时候，C1 复合物才能因此足够靠近并启动后续的反应。这种情况只有当周围存在着许多 IgG 分子时才可能会发生。因此，在抗体刚开始被产生出来的早期阶段，IgM 抗体因为能有效地"固定"补体，所以它们比 IgG 抗体具有更大的优势。此外，IgM 抗体可以通过结合病毒来防止其感染宿主细胞，从而能更好地发挥中和作用。由于具有这些特性，IgM 堪称是抵御病毒或细菌感染的完美"第一抗体"。

## IgG 抗体

IgG 抗体包括了许多不同的亚类，这些亚类分子之间的 Fc 段略有不同，因此具有不同的功能。例如，人类 IgG 抗体的一个亚类 IgG1，相比于 IgG 的其他亚类，在结合入侵者并介导专职吞噬细胞吞噬的调理作用方面更具有优势。这是因为在巨噬细胞和中性粒细胞表面都有能与已结合入侵者的 IgG1 抗体 Fc 段相结合的受体。

另一个 IgG 的亚类 IgG3，"固定"补体的能力优于其他 IgG 的亚类分子。另外，自然杀伤（NK）细胞表面上具有可以与 IgG3 抗体 Fc 段结合的受体。因此，IgG3 可以通过其 Fab 段与靶细胞（如病毒感染的细胞）进行结合，并通过其 Fc 段与 NK 细胞结合，从而在 NK 细胞与靶细胞之间形成连接的桥梁。这不仅使 NK 细胞能接近它的目标，而且 Fc 段与其受体的结合实际上可以刺激 NK 细胞成为一个更加高效的杀手。这个过程被称为抗体依赖的细胞毒作用（ADCC）。在 ADCC 作用中，NK 细胞执行杀伤，而抗体负责识别目标。

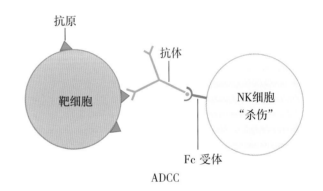

ADCC

与 IgM 抗体一样，IgG 抗体也能很好地中和病毒。此外，IgG 抗体的独特之处在于，它们可以通过胎盘屏障，从母体血液进入到胎儿的血液中。在出生几个月后，婴儿才能产生自己的 IgG 抗体，所以母体提供的 IgG 抗体能帮助新生儿很好地度过这段时期。由于 IgG 是寿命最长的抗体，半衰期大约为 3 周，所以它们能够提供一种较为长期的保护作用。相比之下，IgM 抗体的半衰期只有大约 1 天。

IgG 中的 G 代表 γ，所以 IgG 抗体有时也被称为 γ 球蛋白（丙种球蛋白）。当你可能已经暴露于感染性物质的时候，如甲型肝炎病毒，你的医生就可能会建议你注射 γ 球蛋白。这些 γ 球蛋白是通过混合来自大量人群的抗体来进行制备的，其中至少有一部分人已感染了甲型肝炎病毒并产生了针对这种病毒的抗体。你可以期望通过这些"借来的"抗体来中和感染的大部分病毒，同时这种治疗还能有助于控制病毒的感染，直到你自己的免疫系统被活化。

### IgA 抗体

如果给你提出一个问题：人体中最丰富的抗体类别是什么？那么，答案不是 IgG，而是 IgA。这个问题问得很有技巧，因为我之前告诉过你，IgG 确实是血液中含量最多的抗体。但是，事实证明，我们人类合成的 IgA 抗体比所有其他抗体加起来的总量还要多。为什么会有这么多的 IgA 呢？因为 IgA 是介导黏膜免疫的主要抗体，一个人有大约 400 $m^2$ 大小的黏膜表面需要进行保护，包括消化道、呼吸道、生殖道的黏膜表面。因此，尽管血液循环中没有大量的 IgA 抗体，但是却有大量的 IgA 在保护着黏膜的表面。实际上，位于这些黏膜表面下的 B 细胞中，有大约 80% 都会产生 IgA 抗体。

IgA 抗体之所以可以更好地防御那些能够穿过黏膜屏障的入侵者的一个原因就是，每个 IgA 分子就像被一个"钳夹子"抓住并连接在一起的两个 IgG 分子。

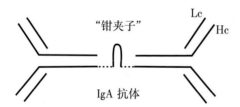

IgA 抗体"钳夹子"的尾部结构赋予了这类抗体一些重要的特性。它可以发挥"通行证"的功能，即促进 IgA 抗体穿过肠壁被转运到肠腔中。此外，这种独特的结构还能使 IgA 抗体抵抗消化道中酸和酶的作用。一旦进入肠腔，IgA 抗体就可以"包裹"入侵的病原体，阻止它们附着到有感染风险的肠细胞上。另外，每个 IgG 分子具有两个抗原结合区（Fab 段），所以"二聚体" IgA 分子就会有 4 个 Fab 段可以结合抗原了。因此，二聚体 IgA 非常善于将病原体聚集成更大的集团，以黏液或粪便的形式将其排出体外。事实上，粪便 30% 的成分就是被机体排泄出来的细菌。

总之，这些特性使 IgA 抗体能更好地保护黏膜表面。IgA 抗体还能够被分泌到哺乳母亲的乳汁中，这些 IgA 会最终覆盖到婴儿的肠道黏膜上，帮助婴儿防御那些被他们摄入的病原体。这是非常有意义的，因为婴儿接触到的许多微生物都是通过他们的嘴摄入而进入肠道的——正如你知道的，婴儿喜欢把各种各样的东西都塞进他们自己的嘴里。

尽管，IgA 抗体抵抗黏膜入侵者是非常有效的，但是它们在"固定"补体方面却是完全没有用处的：C1 甚至都不能结合 IgA 抗体的 Fc 段。由此，我们可再次认识到，是抗体的恒定区决定了它们的类别和功能。缺乏"固定"补体的功能实际上是一件好事，如果 IgA 抗体也能启动补体反应，那么我们的黏膜表面就会持续处于对致病性和非致病性微生物进行反应的炎症状态了。显然，肠道长期处于发炎的状态并不是什么好事。因此，IgA 抗体的主要功能是作为"被动"抗体，阻止入侵者吸附到黏膜表面的细胞上，并将这些不受欢迎的入侵者们带出体内。

### IgE 抗体

IgE 抗体的发现史很有趣。在 20 世纪初，一位名叫 Charles Richet 的法国医生与摩纳哥的 Albert 亲王［Grace Kelly（Grace Kelly 是美国女影视明星，曾获得第 27 届奥斯卡金像奖最佳女主角奖[1]）的公公］一起出海。亲王告诉 Richet，有些人被僧帽水母蜇伤后，会对毒素产生非常强烈的中毒反应，这种奇怪的现象可能是值得研究的。

Richet 听从了亲王的建议，回到巴黎后，他决定以测试杀死一只狗需用多大剂量的毒素来作为第一个研究的实验。别问我他为什么会决定用狗来做实验。也许他的周围恰好有很多的流浪狗，或者仅仅是因为他不喜欢用小鼠做实验。总之，实验是成功的，他确定了毒素的致死剂量。然而，因为在第一次实验中许多狗都没有接受到致死的毒素剂量，所以它们都活了下来。Richet 不是那种会浪费掉实验材料的人，所以他决定对这些"幸存者"再次注射毒素，看看会发生什么。他设想这些动物可能已经对毒素产生了免疫，因为第一次注射可以会对第二次注射提供保护（预防处理）。你可以想象，当

---

所有的狗都死了的时候，甚至是那些在第二次注射中只注射了微量毒素的狗，他是多么惊讶呀！由于第一次注射产生了与预防处理相反的作用，Richet 创造了过敏反应（anaphylaxis）一词来描述这种现象（"ana" 是一个前缀，意思就是 "相反的"）。此后，Richet 继续从事过敏性休克的研究，并于 1913 年，因其在该领域中的研究获得了诺贝尔奖。我想，我们从中应该能得到的一个经验，那就是如果一位亲王建议你应该研究一些东西的时候，你或许应该认真对待他的建议！

免疫学家们现在知道，过敏性休克是由肥大细胞脱颗粒引起的。与巨噬细胞一样，肥大细胞也是分布在所有身体暴露表面（如皮肤或黏膜屏障）下的白细胞。就血细胞而言，肥大细胞是非常长寿的，它们可以在我们的组织中存活数年。它们会潜伏在那里，保护我们免受已经穿透屏障防御的寄生虫的感染。

在肥大细胞内的 "颗粒" 中，安全地储存着各种预先活化的、具有药理活性的化学物质，其中最著名的就是组胺。实际上，肥大细胞中充满了这种颗粒，而其名称源自德语单词 mastung，就是 "饱食" 的意思。当肥大细胞遇到寄生虫时，就会释放出这些颗粒（即 "脱颗粒"），并将这些颗粒中的内容物喷洒到寄生虫身上从而杀死它们。不幸的是，除了能够杀死寄生虫以外，肥大细胞脱颗粒还会引起过敏反应，在极端的情况下会导致发生过敏性休克。下面就讲述这一切是如何发生的。

能引起过敏反应的抗原（如僧帽水母的毒素）被称为过敏原。第一次接触过敏原的时候，有些人出于种种未知的原因，会产生大量针对过敏原的 IgE 抗体。肥大细胞表面具有的 IgE 受体，可以与这些 IgE 抗体的 Fc 段结合。当这种情况发生时，肥大细胞就会像等待爆炸的炸弹一样危险。

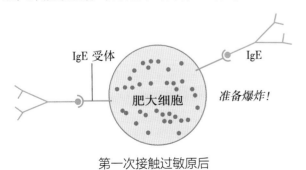

第一次接触过敏原后

当再次接触过敏原时，已经与肥大细胞表面结合的 IgE 抗体分子就可以与过敏原发生结合。由于过敏原通常是具有重复序列的蛋白质分子，所以过敏原可以交联肥大细胞表面上的许多 IgE 分子，从而把 IgE 受体拖到一起。这种受体的簇集现象与 B 细胞受体交联（BCR 簇集导致信号传递）的作用相似。所不同的是，在这种情况下，其传递的信号是 "脱颗粒"，于是肥大细胞就通过将其颗粒释放到周围组织中来对此进行应答。

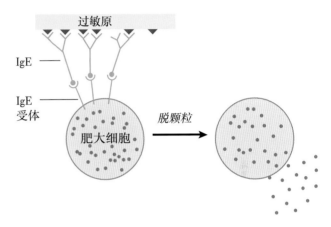

从肥大细胞颗粒中释放出来的组胺以及其他化学物质会增加毛细血管的通透性，使液体从毛细血管里面渗出到组织中——这就是为什么当你发生过敏反应的时候，你会流鼻涕和眼泪了（这主要应该是组胺促进腺体分泌的作用[1]）。这通常是在局部发挥的作用，但是，如果毒素（过敏原）扩散到了全身，就会导致大量的肥大细胞脱颗粒，这时情况就会变得非常严重。在这种情况下，液体会从血液大量进入到组织中，导致血容量减少，甚至使心脏不能有效地泵血，从而引发心梗。此外，颗粒中的组胺还会引发气管周围的平滑肌收缩痉挛，引起呼吸困难，严重的时候还可能会导致窒息。我们大多数人都不必过于担心会遇到僧帽水母并被其蜇伤，但有些人也会对蜜蜂毒素产生大量 IgE 抗体。对这些人来说，被蜜蜂蜇一下也会是致命的。事实上，每年大约有 1 500 名美国人死于过敏性休克。

这给我们带来了一个有趣的问题：为什么 B 细胞会转换它们制造的抗体类别呢？仅仅继续延用古老的 IgM 抗体难道不是更安全吗？我并不这么认为。假设你的呼吸道因为感染了病毒而感冒的时候，你是否希望机体只能产生 IgM 抗体呢？当然不是。你会希望，有大量的 IgA 抗体分泌到你呼吸道黏液中，与病毒结合，并将其从你的身体里面清除掉。另一方面，如果你感染了寄生虫（例如蛔虫），你就会希望产生 IgE 抗体，因为 IgE 抗体能导致肥大细胞等细胞脱颗粒，让蛔虫的日子不好过。所以，这个系统的完美之处在于，针对不同的入侵者，会有不同类别的抗体相应地发挥防御作用。

| 抗体类别 | 抗体特性 |
| --- | --- |
| IgM | 最佳的补体固定者 |
| | 优质的调理者 |
| | 最初产生的抗体 |
| IgA | 耐受胃酸 |
| | 保护黏膜表面 |
| | 分泌至乳汁中 |
| IgG | 不错的补体固定者 |
| | 优质的调理者 |
| | 帮助 NK 细胞杀伤（ADCC） |
| | 能穿过胎盘屏障 |
| IgE | 抗寄生虫感染 |
| | 引发过敏性休克 |
| | 引起过敏反应 |

现在，假设可以这样来进行安排，当你的大脚趾感染的时候，你的免疫系统就产生 IgG 抗体；当你感冒的时候，就产生 IgA 抗体；当你感染寄生虫的时候，就会产生 IgE 抗体。这不是更好吗？是的，事实证明确实这样是最好的！来了解一下这个机制的细节吧。

抗体类别转换是由转换时 B 细胞遇到的细胞因子来进行调控的：特定的细胞因子或细胞因子的组合会影响 B 细胞的抗体类别转换。例如，当处于富含 IL-4 和 IL-5 的环境中时，抗体会优先发生从 IgM 到 IgE 的类别转换，这正好可以抵御蛔虫的感染。另一方面，如果周围有很多 IFN-γ 存在的时候，抗体类别就会转换为对细菌和病毒非常有效的 IgG3 抗体。或者，如果在类别转换时存在细胞因子 TGF-β 时，则 B 细胞产生的抗体类别会优先从 IgM 变为 IgA，这可以用来对抗普通的感冒。因此，为了确保对入侵者的抗体反应是合适的，在 B 细胞进行抗体类别转换时，需要其周围存在有恰当的细胞因子。但如何才能做到这一点呢？

你应该还记得，辅助性 T 细胞是指导免疫应答的指挥细胞（就像橄榄球队的"四分卫"）。它们行使功能的一种方式就是产生能作用于 B 细胞的细胞因子，从而调控 B 细胞产生能够防御特定入侵者的抗体类别。至于辅助性 T 细胞是如何知道产生哪些细胞因子的，我们将在接下来的 3 讲中，通过讨论抗原提呈和 T 细胞的活化来进行揭秘。但现在我能告诉你一个最基本的知识就是：针对辅助性 T 细胞产生的细胞因子，B 细胞产生的抗体可以从 IgM 转换为其他任意一种抗体的类别。结果就是，适应性免疫系统可以针对每种入侵者（无论是细菌、流感病毒还是蛔虫）都能产生出为其量身定制的抗体介导的免疫应答。还有什么比这样更好的呢？

## 体细胞高频突变

如果类别转换还不能达到防御要求的话，那么 B 细胞成熟的时候，还会发生另一件十分有趣的事情。正常情况下，人类细胞中 DNA 分子的整体突变率非常低——在每个 DNA 复制周期中，每 1 亿个碱基中大约只有一个碱基会发生突变。它必须这么低，否则我们都会像《星球大战》里的人物那样，长着 3 只眼睛和 6 只耳朵了。然而，在 B 细胞染色体非常有限的区域内，即包含有 V、D 和 J 基因片段的区域中，会允许发生极高频率的突变。研究已证实，在这个区域中，实际上每一代细胞产生时，每 1 000 个碱基中就会有 1 个发生了突变。我们可以说，这里发生了非常严重的突变！这种高突变率的突变被称为体细胞高频突变，它发生在 V、D 和 J 基因片段重排之后——并且通常也会在类别转换之后。因此，体细胞高频突变是 B 细胞成熟过程中发生相对较晚的事件。事实上，只产生 IgM 抗体的 B 细胞通常不会经历体细胞高频突变。

体细胞高频突变会导致编码抗体的抗原结合区的部分重排过的抗体基因发生改变（突变）。根据突变情况的不同，会有 3 种可能的结果：抗体分子与其相关抗原结合的亲和力可能会保持不变，可能会增加，也可能会降低。为了使 B 细胞能够持续增殖，必须不断地通过辅助性 T 细胞对其进行再刺激。BCR 突变为具有更高亲和力的那些 B 细胞，可以更容易地竞争并获得有限的辅助性 T 细胞的帮助。因此，相比那些只有低亲和力受体的 B 细胞，它们更频繁地进行增殖。也正因如此，体细胞高频突变的结果是机体最终会得到更多的能与其相关抗原进行高亲和力结合的 BCR 的 B 细胞。

通过体细胞高频突变来改变 BCR 的抗原结合区，并且通过这种结合和增殖那些具有与抗原亲和力升高的 BCR 突变体，B 细胞受体实现了"优化"，这个过程能够产生出与其相关抗原具有更高亲和力受体的 B 细胞。这个过程被称为亲和力成熟。

可见，B 细胞能够通过类别转换来改变其恒定区（Fc 段），并通过体细胞高频突变来改变其抗原结合区（Fab 段），这两种作用方式可以产生能够更好地应对入侵者的 B 细胞。B 细胞通常需要辅助性 T 细胞的协助，才能进行上述的升级过程。而不需要 T 细胞辅助活化的 B 细胞（例如识别细菌表面糖类抗原的 B 细胞），通常就不会发生类别转换和体细胞高频突变了。

# B 细胞的"职业选择"

B 细胞成熟的最后一个阶段是"职业选择"。这并不会太难，因为 B 细胞实际上只有两种职业可以进行选择：成为浆细胞或者记忆 B 细胞。浆细胞是抗体工厂，如果 B 细胞决定成为浆细胞，那么它通常会到达脾或回到骨髓，并开始产生 BCR 的分泌形式——抗体分子。有些浆细胞每秒可以合成 2 000 个这样的抗体分子。然而，由于这种"英勇的壮举"，这些浆细胞只能生存几天的时间。但正因为浆细胞具有产生如此多抗体分子的能力，才使得免疫系统能应对这些繁殖迅速的细菌和病毒等入侵者。

尽管 B 细胞的另一种"职业选择"——成为记忆 B 细胞，可能不如决定成为浆细胞那样受人关注，但它却是非常重要的。记忆 B 细胞能够"回忆"起第一次入侵的病原体并抵御其再次攻击。免疫学家们虽然还尚未弄清楚 B 细胞"选择"成为记忆细胞或者浆细胞的机制，但他们已证实辅助性 T 细胞表面上的共刺激分子 CD40L 与 B 细胞表面的 CD40 分子之间的相互作用，对于记忆细胞的产生是非常重要的。事实上，当 B 细胞在没有 T 细胞协助的情况下被激活时，记忆 B 细胞是不会产生的。

## 总结

B 细胞受体就像细胞的"眼睛"，实际上是由两个部分所组成的：识别部分（由重链和轻链蛋白组成）和信号传导部分（由另外两种蛋白质 Igα 和 Igβ 组成）。识别部分的最终编码基因是通过"混合和搭配"基因片段（基因重排）而被拼接出来的。其结果是产生了具有或许能够识别出宇宙中所有的有机分子的不同类型受体的 B 细胞群体。为了使 B 细胞受体传递出所接受到的信号，需要将多个 BCR 聚集成簇（交联）。这种交联能够使与重链相关的 Igα 和 Igβ 信号分子紧密靠近。当足够多的 Igα 和 Igβ 分子以这种方式进行聚集时，"受体结合"信号就会被传递到 B 细胞的细胞核里去了。

B 细胞的表面还具有可以识别调理抗原的共受体分子。当 B 细胞的受体和共受体都同时与抗原发生结合的时候，激活所需要交联的 BCR 的数量就会大大减少了。因此，这些共受体就可以将 B 细胞的注意力集中在那些已经被固有免疫系统识别为危险，并已经被其调理过的抗原身上了。

初始 B 细胞的活化需要两把"钥匙"。B 细胞受体的交联是第一把"钥匙"，但还需要第二把"钥匙"——共刺激信号，后一把钥匙通常是由辅助性 T 细胞提供的，并且会涉及细胞 - 细胞间的接触。在此过程中，辅助性 T 细胞表面的 CD40L 分子与 B 细胞表面的 CD40 蛋白分子会发生结合。但没有 T 细胞的辅助，B 细胞也是可以被激活，这种非 T 细胞依赖性活化的第一个要求是，必须要将大量的 B 细胞受体进行交联。当入侵者的表面由能够与 B 细胞受体结合的多拷贝相关抗原所组成的时候，通常就会发生上述的活化过程。尽管，许多 B 细胞受体的交联是初始 B 细胞在非 T 细胞依赖性活化时所必需的，但这还不够，它们还需要第二个信号——共刺激信号，即由真实入侵威胁所产生的"危险信号"。通过需要必须先提供两把钥匙才能激活 B 细胞的方式，机体建立了一个"防错保障"系统，以防 B 细胞被不恰当地激活。

IgM 抗体是 B 细胞针对前所未见的病原体产生初次应答时，首先产生出来的抗体。但是，随着 B 细胞的成熟，它可以选择产生出不同类别的抗体：IgG、IgA 或 IgE。这种类别转换不会改变抗体的抗原结合区（Fab 段）。因此，抗体在类别转换前后所识别的抗原是相同的。

在类别转换过程中，真正发生变化的是重链的 Fc 段，这一段区域决定了抗体所发挥的功能是不同的，而这些功能又与相应入侵者相匹配。重要的是，抗体类别的选择取决于发生类别转换时 B 细胞周围环境中存在的细胞因子。因此，通过安排在适当部位产生恰当细胞因子，就可以产生出防御特定入侵者的正确抗体类别。

B 细胞成熟时，发生的另一种变化是体细胞高频突变。与抗体获得不同 Fc 段的类别转换过程相反，体细胞高频突变改变了抗体的抗原结合区。因为 B 细胞增殖的可能性取决于其 BCR 与抗原结合的亲和力，所以，增殖最多的 B 细胞将是那些由于发生体细胞高频突变而增加了其 BCR 亲和力的 B 细胞。结果是，相比原始未突变的 BCR，机体就可以获得那些具有与外来入侵者结合更加紧密的 BCR 的 B 细胞群体。这些 BCR 升级后的 B 细胞特别适合作为记忆细胞。因为亲和力成熟的 BCR 对少量抗原会更加敏感，所以在再次感染少量外来入侵者的早期，这些 B 细胞就可以迅速被重新激活。

不论有没有 T 细胞的辅助，B 细胞都能够被活化，但这两种情况的结果往往很不同。非 T 细胞依赖性活化通常导致 IgM 抗体的产生。相反，T 细胞依赖性活化却可以诱导产生亲和力成熟的 IgG、IgA 或 IgE 抗体。造成这种差异的一个原因是，抗体类别转换和体细胞高频突变的实现，都需要信号分子与 B 细胞表面的 CD40 蛋白进行结合，这个进行结合的信号分子通常就是 CD40L 蛋白，而 CD40L 正是存在于活化的辅助性 T 细胞表面的一种蛋白质分子。

随着 B 细胞的成熟，它们必须决定是成为能分泌大量抗体的短寿命的浆细胞，还是成为寿命更长的记忆 B 细胞。记忆 B 细胞可以在机体遭受相同病原体的再次攻击时，快速活化并制造抗体为机体提供保护。

## 汇总图

汇总图中包括了上一讲中的固有免疫系统以及本部分中的 B 细胞和抗体。

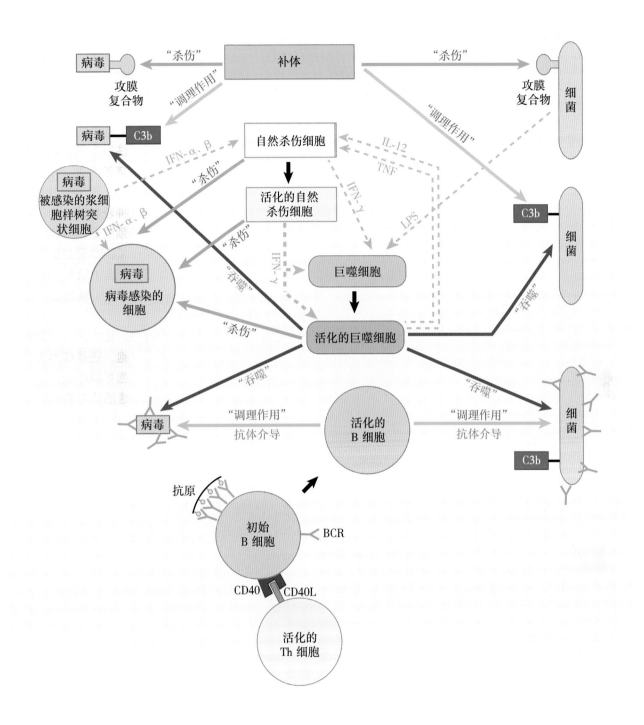

# 第四讲　抗原提呈的"魔法"

**本讲重点！**

我们需要了解，T 细胞被活化的前提是，它们的受体必须要识别出特定的"抗原提呈细胞"表面的 MHC 分子提呈的蛋白质片段。由 MHC Ⅰ 类分子提呈的抗原，可以让杀伤性 T 细胞"看透"靶细胞是否发生了感染，从而决定是否对其进行杀伤。MHC Ⅱ 类分子提呈的抗原，则会警示免疫系统注意那些不会感染细胞的入侵者，并且确保启动强大的适应性免疫应答的决定并非只是一个单个细胞的草率为之。在人类的群体中，有许多基因都是用来编码各种各样的存在细微差异的 MHC 分子的。结果是，对于任何病原体的蛋白质片段来说，至少有部分人存在着相应的 MHC 分子，能够将其提呈出来。

## 引言

抗原提呈是指一个细胞能够将蛋白质片段提呈给另一个细胞的过程。在所有的免疫学概念中，这是最基础的，也可以说是最令人回味的和意想不到的。我们将会看到，最关键的抗原提呈细胞（APCs）对于抗原的提呈作用，是实现适应性免疫系统功能的核心内容。下面，我们就开始讨论 APCs 的标志性分子——MHC Ⅰ 类和 MHC Ⅱ 类分子是如何进行工作的。

## MHC Ⅰ 类分子

其实，科学家们已经对 MHC Ⅰ 和 MHC Ⅱ 类分子的结构有了深入的研究，使得我们可以清楚地知道这些分子的"真面目"。MHC Ⅰ 类分子具有一个两端封闭的凹槽，用以提呈恰好可以匹配嵌入这个凹槽的小蛋白质片段（肽）。实际上，免疫学家们把能与 MHC Ⅰ 类分子嵌合匹配的肽分子分离出来并测序后发现，这些肽段的长度多为 8~9 个氨基酸。这些肽的两端是被锚定的，长度的细微变化是由于肽段中间部分凸起的不同而导致的。

编码人类 MHC Ⅰ 类分子的基因有 3 个（HLA-A、HLA-B 和 HLA-C），位于 6 号染色体上。每个人都有两条 6 号染色体（分别来自父亲和母亲），因此一共会有 6 个 MHC Ⅰ 类分子的基因。每个 HLA Ⅰ 类蛋白质分子都会与另一种名为 $\beta_2$-微球蛋白的分子进行配对，组成完整的 MHC Ⅰ 类分子。在人类中，约有 1 500 个左右成分稍有不同的基因，来编码 3 种 HLA Ⅰ 类蛋白质分子。这些蛋白质分子是由不同的 HLA-A、HLA-B 和 HLA-C 基因编码的，形态大致相同，但却会因为一个或者几个氨基酸的变化而变得"大相径庭"。免疫学家们把同一种分子具有不同组成形态的现象称为"多态性"，而 HLA Ⅰ 类蛋白质分子恰恰就具有这样的多态性。相反，人类编码 $\beta_2$-微球蛋白的基因却都是相同的。

由于 MHC Ⅰ 类分子具有多态性，有不同的结合基序，所以它们可以提呈具有不同氨基酸末端的肽链。例如，有些 MHC Ⅰ 类分子可以与一端具有疏水氨基酸的多肽结合，而另一些 MHC Ⅰ 类分子的锚定区则更倾向于结合碱性氨基酸。由于我们人类机体内可以表达多达 6 种不同的 MHC Ⅰ 类分子，因此从宏观意义上来讲，它们是可以提呈成千上万种不同的多肽链的。再者，MHC Ⅰ 类分子对结合的肽链的末端是哪一个氨基酸，选择十分严格，但是蛋白质片段的中间部分是哪一个氨基酸，这个可能性就变得很宽泛了。有研究结果表明，对于某个 MHC Ⅰ 类分子来说，它是可以结合并提呈许多不同的肽链的，但前提是，这个肽链两端的氨基酸必须是能够"吻合"它的结合凹槽的。

## MHC Ⅱ 类分子

与 Ⅰ 类分子一样，MHC Ⅱ 类分子（由 6 号染色体 HLA-D 区的基因编码）同样具有多态性。在人类群体当中，大约有 700 种不同的 MHC Ⅱ 类分子。与 MHC Ⅰ 类分子不同的是，MHC Ⅱ 类分子的结合凹槽两端都是开放的，因此与之进行结合的肽甚至可能会"溢出"凹槽。正如你想象的那样，与 MHC Ⅱ类分子结合的肽链，相比那些可以结合在具有两端封闭结合凹槽的 MHC Ⅰ类分子的肽链来说，其长度要长，范围在 13～25 个氨基酸。进而说明，锚定在 MHC Ⅱ类分子上的核心氨基酸，不是集聚在凹槽两端之内，而是呈现一种"舒展"的结合状态。

## MHC Ⅰ类分子抗原提呈的过程

在细胞内产生的蛋白质片段，会被 MHC Ⅰ类分子提呈到细胞表面成为标志性的信号，免疫学家们把这样的蛋白质称为内源性蛋白质，它们包括正常的细胞蛋白如酶和结构蛋白，还有可能是细胞因为被病毒或者寄生虫感染而编码产生的新蛋白质。例如，当病毒进入细胞后，就可以通过细胞内的生物合成机制，产生出由病毒基因编码的蛋白质。这些病毒蛋白质，可以与正常的细胞蛋白质一起被 MHC Ⅰ类分子提呈到细胞表面。实际上就是，MHC Ⅰ类分子可以像打广告似的，把细胞内产生的所有蛋白质，都展示到细胞的表面上去。几乎所有的人类细胞表面都会表达 MHC Ⅰ类分子，只是表达的分子数量有所不同罢了。甄别由 MHC Ⅰ类分子提呈的蛋白质片段的工作是杀伤性 T 细胞（也称细胞毒性 T 细胞，或 CTLs）进行的。因此，每一个细胞，都如同一本"待读的书籍"，等着CTLs 来进行"审阅"，看看它们是否已经被病毒或者寄生虫感染了，是否应该被清除。一个典型的人类细胞表面大约有 100 000 个 MHC Ⅰ类分子，这些分子每天都会得到更新——以保证它们所展示的是当前最新的状态。

处理内源性蛋白质，并将其负载到 MHC Ⅰ类分子上面的过程是十分有意思的。在细胞质里，mRNA 被翻译成蛋白质的过程中，常常会出现错误。这些错误会导致因为多肽链不能正确折叠，而产生出无用的蛋白质。同时，蛋白质的结构和功能也会因为正常的磨损而出现损伤。为了确保我们的细胞内不被那些存在缺陷的蛋白质所"占据"，衰老或者无用的蛋白质分子会被迅速地丢进类似锯木机的蛋白质"处理机器"中。这些蛋白质处理机被称为蛋白酶体，它们可以把蛋白质切割成肽段，多数的肽段会被继续分解成单个的氨基酸，用于新的蛋白质合成。但是，也有些被蛋白酶体处理后的肽段，会在特殊转运蛋白（TAP1 和 TAP2）的帮助下，穿过内质网（ER）膜进入其中。ER 是存在于

细胞内的具有巨大囊状结构的细胞器。绝大多数进入了 ER 的肽段注定将会被运送到细胞的表面，从而开启了下个阶段的旅程。

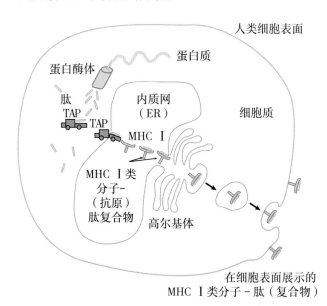

在细胞表面展示的
MHC Ⅰ类分子 - 肽（复合物）

一旦进入到 ER 内，有些肽段就会被选择性地结合到 MHC Ⅰ类分子的凹槽里面了。我说"选择性"，是因为之前我们讨论过，并不是所有的肽链都能够与凹槽相互吻合。首先，肽链必须是大约 9 个氨基酸左右的长度，而且，肽链末端的氨基酸必须能够与 MHC 分子的锚定凹槽发生嵌合。很显然，并不是所有经过蛋白酶体加工出来的"切片"都具有这些特点，不合格的肽链并不会在此降解，而是会被再次运回至 ER 膜外的细胞质里。只有那些能够结合到 MHC Ⅰ类分子凹槽里面的肽链，才会被提呈到细胞表面上去。所以说，MHC Ⅰ类子提呈抗原的准备工作主要分为 3 个步骤：蛋白酶体加工好肽链，借助 TAP 的功能将肽链转运至 ER 内，让肽链结合到 MHC Ⅰ类分子的凹槽中。

在肝细胞和心脏细胞等"普通"细胞中，蛋白酶体的主要功能就是处理有缺陷的蛋白质分子。因此，正如你所能想象的，在这些细胞产生的蛋白质碎片中，对于蛋白质是如何被切割的，并不会特别挑剔——它们只是被处理掉了。因此，这样就只会有一部分肽段适合被 MHC 分子提呈，但是大多数肽段都不太适合被提呈。相比之下，像巨噬细胞是专门进行抗原提呈的，这样它们产生的碎片就不会那么随机了。例如，IFN-γ 与巨噬细胞表面受体的结合可上调 3 种蛋白质 LMP2、LMP7 和 MECL1 的表达。这些蛋白质分子能够取代构成正常蛋白酶体中的 3 种"储备"蛋白质。替换的结果是，这

种"定制的"蛋白酶体，会优先切割在疏水或碱性氨基酸之后的蛋白质片段。原因是，因为 TAP 转运体和 MHC Ⅰ类分子都喜欢这种具有疏水性或碱性 C 末端的多肽。因此，在抗原提呈细胞中，标准的蛋白酶体会被修饰，从而产生出被抗原提呈细胞定制好的肽段，从而提高 Ⅰ类分子提呈抗原的效率。

蛋白酶体在处理蛋白质分子并使之成为肽链的过程中，并不会刻意地去关注肽链的长度，但是 MHC Ⅰ类分子却只结合大约 9 个氨基酸所组成的肽链。可以想象，如果真的是这样的话，那么 ER 中就可能会存在着很多或长或短的无用肽链了。可是事实却并非如此，TAP 对于 8～16 个氨基酸长度的肽链具有更高的亲和力，结果是，TAP 会对蛋白酶体产生出来的所有肽链都进行过滤性筛选，只运送那些具有正确的 C 端和长度基本合适的肽链。这些候选的肽链一旦进入 ER，就会有相关的酶对那些 N 端过长的氨基酸序列进行修剪，从而最终达到能够与 MHC Ⅰ类分子进行结合所要求的长度。

"切成片段后再提呈"的抗原提呈系统有这样一个重要的特征：多数情况下，蛋白酶体加工处理的，并非是那些结构有缺陷的、衰老的或者是损坏的蛋白质分子，而是那些新合成的蛋白质分子。因此，MHC Ⅰ类分子所提呈的肽链，主要是源于感染而新合成出来的蛋白质分子，这也为快速启动免疫应答的过程提供了可能性。

## MHC Ⅱ类分子抗原提呈的过程

相对于 MHC Ⅰ类分子是将蛋白质片段提呈给杀伤性 T 细胞，MHC Ⅱ类分子则是将抗原肽提呈给辅助性 T 细胞。MHC Ⅰ类分子几乎在所有的细胞表面都有表达，与之不同的是，MHC Ⅱ类分子则会更加集中地表达于免疫细胞的表面。这很容易理解，因为 MHC Ⅰ类分子提呈的抗原肽来源于细胞内部产生的蛋白质，因此 MHC Ⅰ类分子的普遍存在，为 CTLs 识别绝大多数细胞是否存在感染提供了机会。而 MHC Ⅱ类分子具有"警示牌"的功能，是告知在细胞外有什么情况正在发生的"保安"，从而警示辅助性 T 细胞有险情了。其作用是要展示出身体不同部位的环境状况，因此人体只需要少量的细胞表达 MHC Ⅱ类分子，就足以完成这份"警示"的工作了。

构成 MHC Ⅱ类分子的两种蛋白质（称为 α 链和 β 链）是在细胞质中被合成的，进入 ER 后，它们会与被称为恒定链的第三种蛋白质分子进行结合。恒定链具有以下几个功能：首先，当它结合在 MHC Ⅱ类分子的凹槽时，会阻止这个 MHC Ⅱ类分子在 ER 中与其他肽链进行结合。这一点很重要，因为在 ER 中存在着许多由蛋白酶体产生的内源性多肽链，这些多肽链是要与 MHC Ⅰ类分子进行结合的，如果这些多肽链与 MHC Ⅱ类分子发生结合，那就意味着 MHC Ⅰ类分子和 MHC Ⅱ类分子都能提呈相同的抗原肽：来自细胞内蛋白质产生的多肽了。但是，MHC Ⅱ类分子的目标是提呈细胞外来源的抗原肽，外源性蛋白抗原。因此，恒定链要发挥其重要的功能，就像一个"护花使者"那样，使得那些"不合适的求婚者"（内源性多肽）在 ER 中，不会与 MHC Ⅱ类分子进行结合。

恒定链的另一个功能是引导 MHC Ⅱ类分子经高尔基体运输，到达细胞质中形成被称为内体的特殊小泡。在核内体中，MHC Ⅱ类分子会与肽链进行结合。目前认为，在 MHC Ⅱ类分子从 ER 到核内体的过程中，细胞外周边的蛋白质分子也会被内吞入，锁定于吞噬体内。在吞噬体与内体融合之后，内体中的酶会把外源性蛋白质切割成多肽。在这个时候，恒定链也会被内体酶降解，仅仅留下一个称为 CLIP 的小片段，用以守护着 MHC 分子的凹槽。神奇的是，在内体中，外源性蛋白质和恒定链都被酶降解了，但是 MHC Ⅱ类分子却毫无损伤地被保留了下来。大致原因可能是，MHC 分子通过巧妙的折叠，使得分解酶不能靠近其分子上酶切位点，从而抵抗了酶解作用。

同时，HLA-DM——一种细胞蛋白也会进入内体里面，催化 CLIP 被释放出来，使得外源性抗原肽可以结合到刚刚空置出来的 MHC Ⅱ类分子的凹槽中。HLA-DM 的作用不仅仅是剔除 CLIP 为抗原肽腾出结合位点这么简单，它还可以同那些具有与 MHC Ⅱ类分子结合潜力的抗原肽之间形成竞争关系，以确保只有与 MHC Ⅱ类分子具有高亲和力的抗原肽，才能被提呈。最终，MHC 分子和抗原肽复合物将会被运送到细胞表面而提呈出来。

有一个认识非常的重要，那就是，MHC Ⅰ类分子和 MHC Ⅱ类分子具有不同的抗原肽结合位点和不同的抗原提呈途径，这些不同，使得 Ⅰ类分子能够通过警示牌效应告知细胞内发生了什么（给杀伤性 T 细胞），Ⅱ类分子则能够通过警示牌效应告知细胞外发生了什么（给辅助性 T 细胞）。

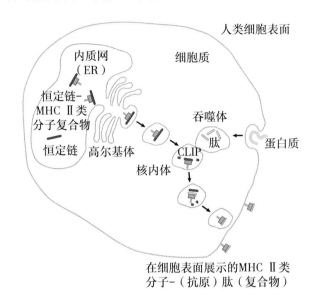

人类细胞表面

在细胞表面展示的MHC Ⅱ类分子-（抗原）肽（复合物）

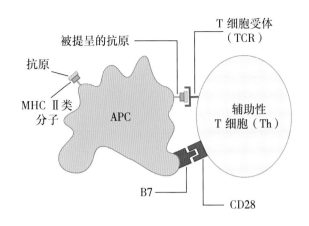

## 抗原提呈细胞

只有被活化后，杀伤性 T 细胞和辅助性 T 细胞才能够去履行其杀伤和辅助的职责。T 细胞活化，首先必须要 T 细胞能够识别出另一个细胞表面被 MHC 分子提呈出来的相关抗原。同时也必须要有我们称为共刺激信号的第二信号。只有一类细胞是同时拥有 MHC Ⅰ类和Ⅱ类分子，并且可以提供出共刺激信号的，它们就是抗原提呈细胞（APCs）。

由于抗原提呈细胞的作用是激活杀伤性 T 细胞和辅助性 T 细胞，所以这些细胞实际上也应该被命名为"T 细胞的活化细胞"，从而有助于避免将其与体内的"普通"细胞相混淆。"普通"细胞虽然不能够激活 T 细胞，但是它们确实也可以把源于细胞内的抗原通过 MHC Ⅰ类分子提呈出来以提醒杀伤性 T 细胞。对你来说，是不是免疫学家们都特别喜欢让事情变得混乱起来呢？有时我也是这么认为的。直白地讲，只要记住"抗原提呈细胞"这个概念是指那些高表达 MHC 分子并且可以为 T 细胞活化提供共刺激分子的细胞其实就可以了。

而共刺激发生的过程，通常是指抗原提呈细胞表面的 B7 蛋白质与 T 细胞表面的 CD28 蛋白质结合在一起。

抗原提呈细胞有 3 种类型：活化的树突状细胞、活化的巨噬细胞和活化的 B 细胞。所有这些细胞都属于白细胞，新的血细胞会不断地产生，所以只要机体需要，APC 可以随时得到补充。

### 活化的树突状细胞

树突状细胞（DCs）具有海星状的外形，其名称来源于"树突"一词，通常是用来描述神经细胞上突起的。值得注意的是，这些细胞与前面提到过的浆细胞样树突状细胞（pDCs）有很大区别。pDCs 能够产生大量的干扰素 α 和 β，用以攻击病毒。实际上，甚至 pDC 的形状都不像海星。它们长得圆圆的，更像是浆细胞。

树突状细胞一度被认为只是个摆设。然而，现在人们意识到这些细胞是所有抗原提呈细胞中最重要的，因为树突状细胞可以通过激活初始 T 细胞来启动免疫应答。下面就讲讲它的工作原理吧。

最早报道的 DCs 是在皮下组织中发现的，具有海星状外形的朗格汉斯细胞。如今，在全身各处都发现了树突状细胞的存在。业已明确，这些树突状细胞是处于我们第一道防线皮肤屏障之下的前哨细胞。在正常组织（未被感染的组织）中，DCs 很像是鉴定红酒的品酒师。虽然，它们每小时可以吸入大约相当于自身体积 4 倍大小的细胞外液，但大多数时候它们只是把液体吞进去，然后马上就吐出来了。在"静息"状态下，DCs 表面会表达一些 B7 分子和相对低水平的 MHC 分子。因此，这些静息的树突状细胞并不擅长将抗原提呈给 T 细胞，尤其是初始 T 细胞。这是因为初始 T 细胞需要有更多的受体与 MHC-肽复合物发生交联，以及更加强大的共刺激信号，才能够被激活。

一旦发生微生物的入侵，树突状细胞所在的组织就会成为战场，树突状细胞将"被激活"。参与战斗的其他免疫细胞也可以提供信号激活 DCs。例如，当中性粒细胞和巨噬细胞试图摧毁攻击者时，它们都会释放肿瘤坏死因子（TNF），而这种战斗性细胞因子可以激活 DCs。另外，病毒感染的细胞释放出的干扰素 α 或 β，也可以触发 DC 的活化。

最终，树突状细胞还拥有模式识别受体（例如 Toll 样受体），可以识别出具有入侵者普遍特征的分子模式。模式识别受体获得的信号在激活树突状细胞的过程中发挥着非常重要的作用。

### 树突状细胞的迁移

当树突状细胞受到战斗性细胞因子、垂死细胞释放的化学物质、模式识别受体的结合反应，或所有这些信号在一起的共同激活作用时，这种"品酒师"的生活方式就会发生戏剧性的变化了。树突状细胞不再"吞吞吐吐"了，在这阶段，它只是"吞咽"其吸纳进来的物质。典型的行为是，DC 在活化后，会在组织中停留大约 6 小时，以收集战争中具有代表性的抗原样本。然后，被病原体激活的树突状细胞就会停止吞噬并离开组织，通过淋巴系统迁移至最近的淋巴结。这种"被激活后迁移"的能力使得树突状抗原提呈细胞变得非常与众不同。

在静息 DC 中有大量 MHC Ⅱ类分子的"储备"。当静息的 DC 被激活并开始"成熟"的时候，这些 MHC Ⅱ类分子就会开始被负载上来自战场的抗原信号。当 DC 到达其目的地的时候——通常需要一整天的时间——这些装载有战场上抗原信号的 MHC Ⅱ类分子就会被完美地提呈到了细胞表面。同样，在迁移的过程中，DC 也会上调其 MHC Ⅰ类分子的表达。因此，如果树突状细胞在战场上被病毒感染了，那么当它到达淋巴结的时候，病毒蛋白质的碎片也就会出现在树突状细胞的 MHC Ⅰ类分子这个公告牌上了。最后，在迁移的过程中，DC 也会增加 B7 共刺激蛋白分子的表达。所以，当成熟的树突状细胞到达淋巴结时，其已经拥有了激活初始 T 细胞所需的一切：高表达的结合恰当抗原肽的 MHC Ⅰ类和Ⅱ类分子，以及大量的 B7 蛋白分子。

现在，你认为在组织中的 DCs 为什么会疯狂地采集着抗原的样本，但是一旦其开始向淋巴结迁移的旅行，就会立即停止采样了呢？当然了。树突状细胞对"前线"发生的情况进行了"快速拍照"，并将图像带到了淋巴结——初始 T 细胞聚集的场所。在那里，迁移来的树突状细胞会去激活那些带有能够识别出"照片中"入侵物受体的初始 T 细胞。实际情况是，战斗性细胞因子，例如 TNF 会触发 DCs 向淋巴结的迁移，这也是有道理的。毕竟，你希望只有在战斗开始的时候，才会

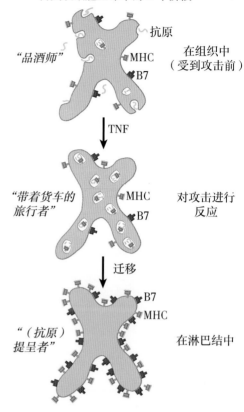

树突状细胞生命中的 3 个阶段

出现 DCs 的成熟、迁移至淋巴结，并提呈抗原的过程。

当 DC 到达淋巴结后，它就只能存活大概 1 周了。这短暂的一生，乍一看显得有些奇怪。毕竟，这似乎并没有给树突状细胞留下足够长的时间，与那些正在循环通过淋巴结去寻找其相应抗原的"合适的"初始 T 细胞进行邂逅。然而，实际上树突状细胞每小时都可以与数百甚至数千个 T 细胞发生相互作用，而且树突状细胞短暂的抗原提呈寿命，可以确保其携带的"战斗快照"是最新版的。此外，树突状细胞被激活后，在其开始迁移之前，会分泌出特殊的细胞因子（趋化因子），这些细胞因子能够趋化被称为单核细胞的白细胞离开血液，进入组织，分化成为树突状细胞。因此，被活化的树突状细胞能够招募到自己的替代者。随着战斗的继续，这些新招募到的 DCs 也会将更新后的战斗照片带到淋巴结里面去的。

树突状细胞寿命短还有另一个原因。在第二讲中，我提到了免疫反应的强度与受到攻击的严重程度成正比是非常重要的。DCs 短暂的生命周期能够使之实现。机制如下。

在微生物攻击的过程中，被激活的 T 细胞数量取决于成熟的树突状细胞的数量，而正是这些

树突状细胞把战斗的最新消息带到了附近的淋巴结中。如果受到的攻击很微弱，那么交战中的巨噬细胞分泌的战斗性细胞因子就会相对较少，使得只有少量的树突状细胞会被派去参与抗原信号的运送。而且，因为这些 DCs 一旦到达淋巴结以后，就只能存活很短的时间，所以只会有数量很有限的 T 细胞会被激活——刚好足以对付少量的微生物入侵者。另一方面，如果感染严重，那么大量的战斗性细胞因子就会被分泌出来，大量的树突状细胞将被激活，并迁移到附近的淋巴结，更多的 DCs 也将会被从血液中招募出来，而大量的 T 细胞也将被激活。因此，树突状细胞生命周期很短，造成的结果之一就是在某一个特定的时刻，淋巴结中的树突状细胞数量都可以反映出战场当时的状况，使免疫应答的程度与感染的严重程度成正比关系。

因此，树突状抗原提呈细胞是一种哨兵细胞，可以对组织中的抗原进行"采样"。入侵一旦发生，DCs 就会被激活并迁移至附近的淋巴结中。在那里，它们会通过把在战场中收集到的抗原提呈给初始 T 细胞，以启动适应性免疫应答。活化 DCs 的寿命很短，它们的快速更新确保了它们到达淋巴结时提供的"照片"也会是持续更新的。此外，从组织中迁移出来的树突状细胞的数量及其招募的树突状细胞替代者的数量，都将取决于受到攻击的严重程度。因此，免疫系统能够产生与入侵所造成的危险性成正比关系的免疫应答。你还能想象出一个比这更加巧妙的系统吗？我认为是不能的！

树突状细胞被归类为固有免疫系统的一个部分，因为其受体是"固化"的，而不是像 B 细胞和 T 细胞那样，具有"适应性"受体。我相信现在你已经明白了，DCs 实际上是连接固有系统和适应性系统之间的一座"桥梁"。

### 活化的巨噬细胞

巨噬细胞也是一种哨兵细胞。它们守卫在我们身体暴露于外部世界的部位。它们的作用可以是：垃圾收集器、抗原提呈细胞或者残忍的杀手——这取决于它们从所处的微环境中所获得到的信号。在静息状态下，巨噬细胞善于整理收拾，但不善于提呈抗原。这是因为巨噬细胞只有被活化之后，才会表达出足够的 MHC 和共刺激分子，进而发挥出抗原提呈细胞的功能。杀伤性细胞因子如 IFN-γ 的作用，以及通过其模式识别受体（如 Toll 样受体）与入侵的病原体发生结合，都可以激活巨噬细胞。

能够意识到树突状抗原提呈细胞不会杀伤，而巨噬细胞不会迁移，是非常重要的。事实上，DCs 可以被描绘成"摄影记者"，不携带武器，只拍摄战斗场景的快照，然后离开战场去书写其经历。相比之下，巨噬细胞则是全副武装的士兵，它们必须在场并参与战斗。毕竟，巨噬细胞是我们早期抵抗入侵者的主要利器之一。尽管如此，由于它们缺乏移动性，会引发出一个有趣的问题：如果不能到达初始 T 细胞所在的淋巴结，那么活化巨噬细胞的抗原提呈能力是如何发挥的呢？答案是这样的。

当 T 细胞被树突状细胞激活以后，就会离开淋巴结，经血液循环，进入到炎症组织参与战斗。然而，这些效应 T 细胞必须要持续性地受到反复的刺激，否则，它们就会认为这场战斗已经取得了胜利，于是就会返回静息状态，或者死于免疫忽视。组织中也就是活化的巨噬细胞发挥作用的场所，巨噬细胞会充当"加油站"的角色，以便保持那些效应 T 细胞一直处于"开启"状态，从而继续参与战斗。因此，成熟的树突状细胞能够激活初始 T 细胞，而活化的组织巨噬细胞的主要功能则是反复刺激效应 T 细胞。

### 活化的 B 细胞

第三类 APC 是活化的 B 细胞。初始 B 细胞并不擅长提呈抗原，因为它低表达 MHC Ⅱ类分子，而且很少或者不表达 B7。但是，当 B 细胞被激活后，其细胞表面 MHC Ⅱ类分子和 B7 蛋白的表达水平会显著升高。因此，效应 B 细胞能够充当 Th 细胞的抗原提呈细胞。在感染的初始阶段，B 细胞并没有发挥出 APC 的作用，因为此时它们还处于初始状态——还没有被激活。然而，在感染后期或者有后续感染发生的时候，效应 B 细胞在提呈抗原过程中，就会扮演非常重要的角色。这是因为，与其他的 APCs 相比，B 细胞具有一种巨大的优势：B 细胞可以对被提呈的抗原进行浓缩。当 BCR 与其相应的抗原发生结合以后，整个 BCR-抗原复合物会从细胞的表面被拖入细胞内。在细胞内，抗原被加工处理后，会结合到 MHC Ⅱ类分子上，并再次被运送到细胞的表面得以提呈。

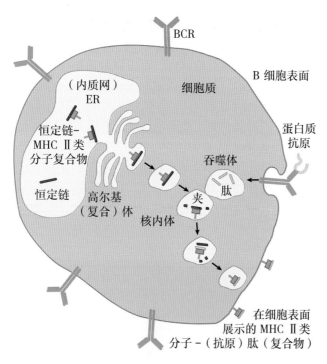

B 细胞受体对抗原具有高亲和力，因此它们就像"磁铁"一样，能够收集抗原并将其提呈给 Th 细胞。由于在 Th 细胞被激活之前，所提呈的抗原必须能够使 T 细胞受体交联达到阈值的数量。因此，据估计，在抗原相对较少的情况下，与其他的 APCs 相比，在激活辅助性 T 细胞方面，活化的 B 细胞具有 100 ~ 10 000 倍的优势。B 细胞提呈抗原的速度也是非常快的。从抗原被 B 细胞受体捕获开始，到抗原被 MHC Ⅱ类分子提呈到细胞表面所需要的时间不会超过半小时。

总结一下，当入侵者首次攻击时，所有能够识别此特定入侵者的 B 细胞还都是初始 B 细胞，所以此时重要的 APCs 是活化的树突状细胞。之后，在战斗激烈进行的过程中，活化的巨噬细胞在前线能将抗原提呈给交战中的 T 细胞，以保持其士气高涨。在感染后期，或者当相同的入侵者再次侵入时，效应 B 细胞就是极其重要的 APCs 了——因为它们能够通过浓缩少量的被提呈抗原，从而迅速激活辅助性 T 细胞。

## MHC Ⅰ类分子提呈的合理性

为了能够真正领会为什么抗原提呈是大自然母亲的最伟大"发明"之一，我们需要思考一些有关这一神奇行为背后的合理性。首先，我们需要提出的问题是这样的：为什么 MHC 提呈的过程如此麻烦？为什么不让 T 细胞受体就像 B 细胞受体那样，

抗原直接识别未提呈的抗原呢？这其实是两个方面的问题，因为我们正在讨论的是两种完全不同的提呈路径：Ⅰ类和Ⅱ类。所以我们先来看这两者中的一个吧。

需要Ⅰ类分子进行提呈的原因之一是，杀伤性 T 细胞只关注那些已经被感染的细胞，而不是那些存在于细胞外、血液和组织中的病毒和其他病原体。只要病原体还存在于细胞外，就能被抗体标记，进而被专业的吞噬细胞破坏；同时抗体还能与之结合，防止其引发感染。由于每个浆细胞每秒钟可以分泌大约 2 000 个抗体分子，因此这些抗体是"廉价"的武器，但却能有效地应对胞外的入侵者。但是，当微生物进入细胞后，抗体就无法接触到它们了。这时就需要杀伤性 T 细胞出马了——这是一种高科技的、"昂贵"的武器，是专门为了杀伤被感染的细胞而准备的。杀伤性 T 细胞只能识别感染细胞表面、由 MHC Ⅰ类分子提呈的抗原，这个要求能确保 CTLs 不会浪费时间去攻击细胞外的入侵者——通常情况下，抗体就能够非常有效地应对它们了。

此外，未被提呈的抗原向 T 细胞提供杀伤信号的行为也是极其危险的。比如，恰巧有些死亡病毒的碎片黏附在了未被感染细胞的表面，而杀伤性 T 细胞能够识别出这种未被提呈的抗原，并杀死这些"无辜的旁观者"细胞，想象一下这会有多么恐怖呀。当然这也不会被允许发生。

需要Ⅰ类分子进行提呈的另一个重要理由是，绝大多数在感染细胞产生的病原体蛋白质都会留存在细胞内部，它们是没有办法到达细胞表面的。因此，如果没有Ⅰ类分子的提呈，许多被病原体感染的细胞就不能被杀伤性 T 细胞察觉到。实际上，MHC Ⅰ类分子提呈的某些神奇之处在于，理论上来讲，入侵病原体的每一个蛋白质都可以被切成片段，并且被 MHC Ⅰ类分子提呈给杀伤性 T 细胞进行甄别。

最后要说的是，由于其受体识别的是那些没有被碎片化就被直接提呈的"原装"抗原，所以 B 细胞的识别实际上是有缺陷的。原因是，大多数蛋白质都必须被折叠起来以后才能发挥正常的功能。而折叠的结果是，可能会导致那些可以被 B 细胞受体识别的抗原表位，隐藏到折叠蛋白质分子的内部，而无法被观察到。相比之下，当一个蛋白质被切成小片段并被 MHC Ⅰ类分子提呈出来的时候，表位就不会被隐藏起来而逃避杀伤性 T 细胞的识别了。

因此，MHC Ⅰ类分子提呈的合理性很容易理解，但为什么 MHC 分子会具有如此的多态性呢？不管怎么说，由于我们当中绝大多数的人都遗传了6组不同的Ⅰ类分子的基因，因此在人类群体中会有很多不同的基因形式的存在。这看起来是不是有点多余了呢？

好吧，假设现在只有很少的几种不同的 MHC Ⅰ类蛋白。如果一种病毒发生了突变，它的肽不再能够与这些 MHC Ⅰ类分子中的任何一个发生结合了，现在想象一下会发生什么情况？这种病毒可能就会消灭掉整个人类了，因为不再会有杀伤性 T 细胞可以被激活去清除被这种病毒感染的细胞了。因此，当某个"聪明"的病原体入侵时，具有多态性的 MHC 分子至少为人群中的部分个体提供了生存的机会。

可是为什么我们会有6组编码 MHC Ⅰ类蛋白的基因呢？这看起来似乎已经非常多了，特别是由于 MHC Ⅰ类蛋白具有如此的多态性。答案是，"拥有"多达6种不同的 MHC Ⅰ类分子的可能性，会增加我们每个单独的个体，能够拥有至少一种可以与某种病原体的蛋白质片段相匹配的 MHC Ⅰ类分子的可能性。事实上，继承了最大数量的不同 MHC Ⅰ类分子（6个）的 AIDS 患者，比起那些只有编码5个或更少的不同Ⅰ类分子基因的患者来说，平均寿命是要长得多的。这里的猜测是，当 HIV 发生变异的时候，拥有更多不同类型的Ⅰ类分子，可以增加提呈变异病毒蛋白质的可能性。为什么是6组，而不是10组编码 MHC Ⅰ类分子的基因呢？我也不知道答案！

## MHC Ⅱ类分子提呈的合理性

好了，既然 MHC Ⅰ类的提呈具有重大意义，那么Ⅱ类分子的提呈又是如何呢？乍一看，抗原提呈细胞的这种"双重提呈"（Ⅰ类和Ⅱ类）似乎过于复杂了。然而，必须要知道的是，许多病原体并不会感染人类细胞：它们能很愉快地在细胞外的组织中或者血液中生活和繁衍。如果抗原提呈细胞只能提呈由感染机体细胞的病原体产生的蛋白质，那么许多有关最危险病原微生物的情报就永远都不会被送达到淋巴结里面的指挥中心了。通过利用 MHC Ⅱ类分子展示战斗前线总体环境中的某些状况，就可以把入侵者的所有相关情报都提供给辅助性 T 细胞了。

但是，难道说，辅助性 T 细胞不可以去识别未被提呈的抗原吗？毕竟，它们不是杀手，所以不存在误杀旁观者的问题。当然，确实如此，但是这里仍然存在着安全性的问题。抗原提呈细胞只有在战斗进行的时候，才能有效地提呈抗原，辅助性 T 细胞经过了严格的筛选以确保它们不会对我们自己的蛋白质发生应答。因此，在辅助性 T 细胞被激活之前，辅助性 T 细胞和抗原提呈细胞都必须"认定"确实已经发生了入侵事件。因此，辅助性 T 细胞只能识别被提呈的抗原，这个要求可以确保，启动有致命风险的适应性免疫系统的决定不会是由单一细胞草率做出的。

此外，和Ⅰ类分子一样，Ⅱ类分子提呈的也是蛋白质小片段。因此，辅助性 T 细胞在抗原提呈过程中能"看到"的靶点数量，远远超过了那些存在于巨大的、并被折叠起来的蛋白质中的可识别目标的数量。这种靶点数量增加的结果是导致了更加强烈、更加多样化的免疫应答。在免疫应答过程中，许多不同的辅助性 T 细胞将会被活化——这些辅助性 T 细胞的受体能够识别出构成入侵者抗原的许多不同的表位。

## 交叉提呈

虽然Ⅰ类和Ⅱ类提呈的通路分离是"固定的规则"，但已经有研究表明，某些特定的抗原提呈细胞亚群可以吞入外源性抗原，并能把其交叉到由 MHC Ⅰ类分子提呈的Ⅰ类通路中去。这种违规使用Ⅰ类提呈通路的行为被称为交叉提呈。这么做的打算是，如果一种聪明的病原体（如病毒）找到了一个可以避免感染抗原提呈细胞的方法，而仍然可以在机体其他细胞中感染、复制，此时交叉提呈将可以给免疫系统一个机会来激活针对这种病原体的 CTLs。迄今为止，调控交叉提呈的机制尚不明确，而且也不清楚从 APC 外部摄取抗原，并由 MHC Ⅰ类分子介导的交叉提呈，是否是人类免疫系统的一个重要的特征。

## 非经典 MHC 分子与脂类抗原的提呈

MHC Ⅰ类和Ⅱ类分子被称为经典的 MHC 分子。正如你所料，也有非经典的 MHC 分子。其中，研究得最充分的就是 CD1 家族的蛋白质了。这些非经典的 MHC 分子类似于 MHC Ⅰ类分子，因为它们都是由一个与 $\beta_2$- 微球蛋白配对的长重链蛋白所组成的。但是，与那些具有适合结合短肽沟槽的经典 MHC 分子相比，CD1 分子，非经典的 MHC 分子却具有适合结合脂类分子的沟槽。CD1 分子可以从细胞内的不同部位对脂类分子进行"取样"，并且可以将这些分子提呈到抗原提呈细胞的表面，在那里它们就可以激活 T 细胞了。因此，可以推测，这些非经典 MHC 分子可以使 T 细胞识别出细胞的脂类分子构成，就像 MHC Ⅰ 类分子可以让 T 细胞能够识别出细胞的蛋白质构成一样。

对于免疫学的每一个规则来说，似乎都会存在例外。现有的规则是，T 细胞只能识别出 MHC Ⅰ 类和 Ⅱ 类分子提呈的蛋白质片段。显然，CD1 将脂类提呈给 T 细胞的现象，是这个规则的一个例外。然而，迄今为止，我们还不清楚脂类抗原提呈对免疫防御的重要性。因此，我将"坚持原则"，即 T 细胞只能识别蛋白抗原。不过，请注意，随着对 CD1 提呈脂类现象的研究的不断深入，也许我这个观点也会随之发生变化。

# MHC 蛋白与器官移植

除了在抗原提呈过程中担当着"天然的"角色之外，MHC 分子在组织和器官移植这种"非天然"场景中也有着非常重要的作用。对于移植的研究，实际上是始于 20 世纪 30 年代的，包括涉及小鼠的肿瘤实验。在那个年代，诱发肿瘤通常要在老鼠皮肤上涂抹一些恐怖的化学物质，之后经过很长时间的等待才会形成肿瘤。由于诱发肿瘤非常麻烦，所以生物学家们希望在老鼠死后仍然能够保留那些活着的肿瘤细胞用于科学研究。于是，他们会把肿瘤细胞注射到其他健康的老鼠体内，以便让肿瘤细胞能够继续生长。可是，他们所观察到的结果却是，肿瘤细胞的移植只有在供者与受者来自同一个经过多次近亲繁殖的老鼠品系时，才能够获得成功。经历过近亲繁殖次数越多的品系，移植物存活的机会也就越大。这为培育出那些至今免疫学家们仍然十分依赖的许多种近交系的小鼠品系，提供了很大的助力。

当近交系小鼠的品系准备就绪以后，免疫学家们就展开了他们的科研工作，将正常组织从一只小鼠移植到另一只小鼠身上。他们马上就注意到了，如果将一只老鼠的一小块皮肤移植到另一只老鼠的皮肤上，这块新皮肤可以一直保持着健康的粉红色，并且能继续生长——只要这两只老鼠是来自同一个近交系的。相比之下，当这个实验在非近交系的老鼠之间进行的时候，移植的皮肤会在几个小时内变白（因为血液供应已经被切断），并且发生不可逆性坏死。免疫学家们认为，这种急性移植排斥反应的发生，一定是由于某些遗传不相容性造成的，因为这种现象不会发生在具有相同基因的近交系小鼠之间。为了确定那些参与"组织相容性"（组织相容性）的基因，免疫学家们培育出只有少数几个基因不同的小鼠品系，但是在它们之间进行的组织移植仍然会是不相容的。每当他们进行这样实验的时候，他们都会不断地鉴定那些位于小鼠 17 号染色体上的一组基因所组成的复合体——最终被他们称为"主要组织相容性复合体"或 MHC。

所以，我们在抗原提呈相关的内容中曾经讨论过的 MHC 分子，正是那些与引起器官移植急性排斥反应完全相同的分子。结果表明，杀伤性 T 细胞对"外源性"MHC 分子特别敏感，一旦遇到，就会攻击并杀死表达这些分子的细胞。它们最敏感的目标就是那些构成供者器官内血管的细胞。通过破坏这些血管，CTLs 可以切断移植器官的血液供应，通常就会导致其发生坏死。出于这个原因，移植科医生需要进行组织配型，以使供者与受者具有相同 MHC 分子。但是，寻找到这样的配型是很难的。实际上，据估计，如果你能够找到 1 千万个与你无关，且来自不同个体捐献的器官，那么，你能找到与你全部的 MHC Ⅰ 类和 Ⅱ 类分子完全匹配的器官的机会也仅有 50%。因此，MHC 分子的多样性，在保护我们免受新的或者变异的入侵者损伤方面发挥着重要作用的同时，也会造成器官移植的现实问题。很明显，免疫系统在进化的时候并没有考虑到器官的移植！

**总结**

MHC Ⅰ 类分子的功能是作为公告牌展示细胞内发生的情况。例如，当病毒感染细胞的时候，能利用宿主细胞的生物合成机制产生出新的病毒蛋白质。其中，某些蛋白质能被蛋白酶体切成小片（肽），并通过 TAP 运送到内质网（ER）内。在这里，这些肽将会接受 I 类分子的“面试”。只有那些具有适当末端、长度约为 9 个氨基酸的肽段，可以被结合到 MHC I 类分子的凹槽里面去，之后它们会被运送到细胞的表面。在这里，通过对被提呈出来的 MHC I - 肽复合物进行扫描，杀伤性 T 细胞就可以“看透细胞”，以确定其是否已经被感染，是否应该被清除了。

MHC II 类分子的作用也是公告牌，但它们的功能是，在战斗进行的过程中，警示辅助性 T 细胞。就像 I 类分子一样，II 类分子也是在 ER 中进行组装的，但是由于恒定链蛋白占据了结合的凹槽，因此 II 类分子并不在 ER 中与抗原肽发生结合，而是以 II 类分子 - 恒定链复合物的形式被运出 ER，并进入到另一个称为内体的细胞器中。在这里，它们会与通过吞噬作用进入到细胞内面，并且经过被酶切而成为多肽片段的蛋白抗原相遇，之后多肽会取代那些占据 II 类分子凹槽的恒定链的位置，最终这些 MHC- 多肽复合物会被运送到细胞表面提呈给 Th 细胞。通过这种巧妙的机制，II 类分子能选择性地结合源自细胞外摄入蛋白质的多肽，同时避免与那些源自细胞内蛋白质的多肽进行结合。

MHC 分子提呈被切成小片段的蛋白质，对比提呈完整蛋白质，具有以下几个优势。首先，大多数病毒蛋白质通常隐藏在被感染细胞的内部，并不会出现在细胞的表面上，因此，这些蛋白质永远都不会被杀伤性 T 细胞所发现，除非它们能够被 MHC I 类分子提呈。此外，蛋白质的折叠现象会使蛋白质中的很多部分（表位）被隐藏了起来。把蛋白质切成小肽片段之后，就可以提呈出许多潜在的 T 细胞靶点，而这些靶点在完整的蛋白质中是很难被发现的。因此，MHC 的提呈作用显著性地增加了 CTLs 识别被感染细胞，以及在发生微生物入侵时辅助性 T 细胞获得警报的可能性。

I 类和 II 类 MHC 分子都具有非常大的多态性，而且人类具有多个基因来编码这两类 MHC 分子。因此，很可能是，你的 MHC 分子可以提呈来自大多数病原体的抗原肽，而在整个人类种群当中，将至少总是会有部分个体的 MHC 分子，能够提呈来自任何病原体的抗原肽。

抗原提呈细胞是特殊的免疫细胞，可以提供 MHC I 类和 II 类的提呈作用以及共刺激信号。在机体被攻击的最初阶段，最重要的抗原提呈细胞是树突状细胞，因为这种细胞可以激活初始 T 细胞。当 DC 在战场上察觉到危险信号时，会开始成熟并携带着“战斗抗原（信号）”迁移至附近的淋巴结中。在那里，树突状细胞通过 MHC II 类分子来提呈其在组织中所收集到的蛋白质片段，而 MHC I 分子则负责提呈那些在战场上已经感染到树突状细胞内的病毒或细菌所产生的蛋白质片段。这样，树突状细胞对于前线的状况拍摄的快照，就会被带到富含 T 细胞的部位，并以“展示并通知”的方式来激活 T 细胞。

被危险信号激活的巨噬细胞，也能发挥抗原提呈细胞的功能。然而，活化的巨噬细胞不会迁移到淋巴结去提呈抗原。它们会留在组织中与入侵者进行战斗。因此，在适应性免疫系统被激活之后，才是最需要巨噬细胞进行抗原提呈的时候。此时，组织中活化的巨噬细胞可以保持效应 T 细胞的火力全开，延长其有效应对入侵者的战斗时间。

活化的 B 细胞是第三类抗原提呈细胞，但同样地，这些细胞在针对新的入侵者启动适应性免疫应答方面并没有什么用处。原因在于，在 B 细胞作为抗原提呈细胞发挥作用之前，它们必须首先要被辅助性 T 细胞活化，而 Th 细胞则必须等待先被树突状细胞进行激活。因此，B 细胞只有在适应性免疫应答已经被启动之后，才能获得作为抗原提呈细胞的“认证”。然而，一旦被激活，B 细胞比起 DCs 和巨噬细胞都具有更大的优势：B 细胞可以利用其受体作为“抗原采集器”，来将少量的抗原进行浓缩并提呈给辅助性 T 细胞。因此，在初次感染的相对后期，或者在同一种入侵者后续感染的早期阶段，B 细胞会作为抗原提呈细胞发挥着主要的作用。

## 汇总图

你会注意到，我们这里的汇总图中有抗原提呈细胞及其表达的 MHC 和 B7 分子。

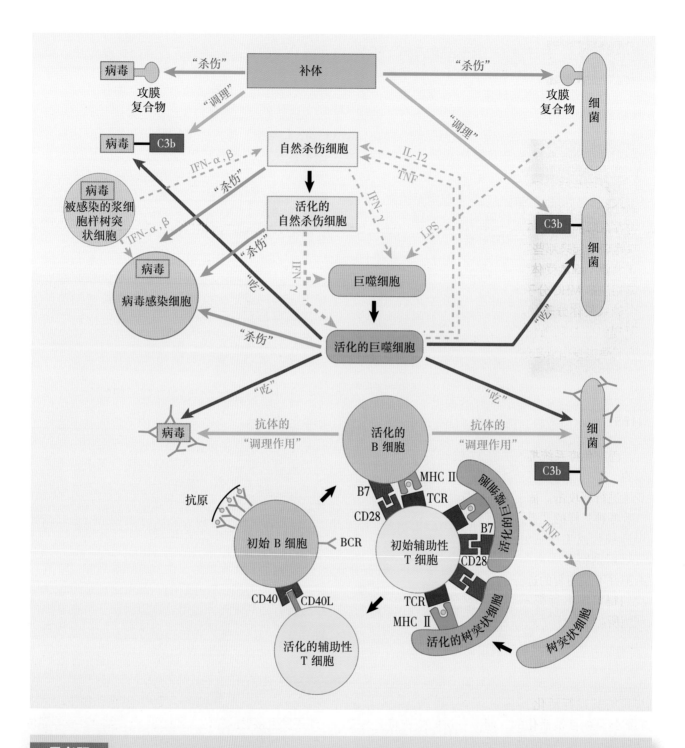

思考题

1. 请说出几条理由，来说明为什么 MHC Ⅰ 类分子对于适应性免疫系统的功能来说非常重要。

2. 为什么 MHC Ⅱ 类分子的抗原提呈作用是非常有意义的。

3. 请描述在感染期间，活化的树突状细胞、活化的巨噬细胞以及活化的 B 细胞在抗原提呈过程所扮演的不同角色。

4. 在树突状抗原提呈细胞的一生中，它们可以充当"采样器""旅行家""提呈员"3 种不同的角色，请分别描述在这三个阶段中，DCs 都做了些什么？

5. 比起其他的多肽，某些多肽会被更有效地进行提呈，那么影响 MHC Ⅰ 类和 Ⅱ 类分子提呈效率的因素是什么呢？

## 第五讲　T 细胞的活化

**本讲重点！**

　　只有先活化 T 细胞，才能使其发挥功能。这个条件的设置，有助于确保机体仅会在确实存在危险的时候，T 细胞才能够蓄势待发，而且只是调动起来那些有用的武器就够了。T 细胞活化需要 T 细胞受体识别出入侵者，辅助 TCRs 与其相应的 MHC 分子（Ⅰ类或Ⅱ类）分子相互结合的共受体分子，以及由活化的抗原提呈细胞所提供的共刺激信号。B 细胞和 T 细胞的活化方式有很多相似之处——但也有着明显的区别。

## 引言

　　固有免疫系统拥有大量的武器储备。这是有原因的，因为普通入侵者几乎会连续不断地对我们的身体进行着攻击。固有免疫系统的武器就必须能够打败各种各样的"日常"敌人。相比之下，每百万个 B 细胞或 T 细胞中只会有差不多一个细胞具有可以识别特定入侵者的受体。因此，储存 B 或 T 细胞并不是明智的选择，因为在整个生命周期中，我们很可能永远都不会遇到这个特定 B 细胞或 T 细胞所防御的那个入侵者。事实上，适应性免疫系统的一个重要特征就是，其武器是按需制造的：只有那些拥有能识别"当日入侵者"受体的 B 细胞和 T 细胞才会被调动起来。调动这些武器的第一步是将其进行活化，在本讲中，我们将重点介绍 T 细胞是如何被活化的。而下一讲的主题将会是 T 细胞活化后所执行的功能。

## T 细胞受体

　　T 细胞受体（TCRs）是 T 细胞表面的分子，发挥着细胞"眼睛"的作用。如果没有这些受体，T 细胞就会像瞎了一样，无法感知外面发生了什么。T 细胞受体有两种类型：αβ 和 γδ 型。每种类型的受体是由两种蛋白质所组成的，α 和 β 或 γ 和 δ。就像 B 细胞受体的重链和轻链一样，α、β、γ

和 δ 基因通过基因重排的方式组合而成的。实际上，在 B 细胞和 T 细胞中，均是由同样的蛋白质（RAG1 和 RAG2）通过在染色体 DNA 中制造双链的断裂来启动基因片段拼接过程的。随着基因片段的混合及匹配，一个"竞争"就会随之而来，（即）每个 T 细胞表面只能有一种受体，αβ 或者 γδ，而不会是两者同时拥有。一般来说，一个成熟 T 细胞上的所有 TCRs 类型都会是相同的——尽管也可能会有例外。

### 传统 T 细胞

　　循环中超过 95% 的 T 细胞都具有 αβ 型 T 细胞受体，并且表达 CD4 或 CD8 "共受体"分子。这些"传统"T 细胞的 αβ 受体能够识别细胞表面上由多肽和 MHC 分子组成的复合物。每个"成熟"的 T 细胞都有可以识别与 MHC Ⅰ类分子或 MHC Ⅱ类分子相结合多肽复合体的受体。重要的是，传统 T 细胞的 αβ 受体既要能识别出多肽又要能识别 MHC 分子，而且与 B 细胞不同，T 细胞无法通过进行高频突变的方式来改变 TCR 与相应抗原结合的亲和力。

### 非传统 T 细胞

　　除了传统 T 细胞以外，还有一些"非传统"T 细胞陆续地被发现了。具有 γδ 受体的 T 细胞被认为是非传统的 T 细胞。因为与传统 T 细胞相比，大多数 γδ 型 T 细胞既不表达 CD4 也不表达 CD8 共受体分子。具有 γδ 受体的 T 细胞存在于机体与外界发生接触的部位，如肠道、子宫和舌头等部位它们的数量最为丰富。有趣的是，老鼠皮肤的表皮层中有很多 γδ 型 T 细胞，但人类却没有。这提示我们，就免疫系统而言，人类不能被简单地当作是放大的老鼠。毕竟，人类和老鼠的演化分离大约在 6 500 万年前就已经完成了。而且相比之下，人类是寿命很长的大型动物，而老鼠的体型小且寿命短，大约两年就会进入"老年期"了。因此，我们可以预测，进化而来用以保护人类和老鼠的免疫系统虽然相似，但也会有所不同。它们确实也是这样的。

虽然，αβ TCRs 被认为与 BCRs 一样具有多态性，但 γδ 受体的多态性却要少得多。而且，舌和子宫中的 γδ 型 T 细胞受体在重排时会倾向于选择某些基因片段，而肠道中的 γδ 受体则会倾向于选择其他的基因片段的组合。可以这样认为，γδ 型 T 细胞像固有免疫系统的成员一样，带着被"调整好"能够识别出经常入侵某些特定部位的入侵者的受体，并站在"前线"监视着敌情。

关于 γδ 型 T 细胞，现在仍然存在着许多未解之谜。例如，这些细胞发育成熟的部位仍然是未知的。传统 T 细胞在胸腺中成熟，尽管，在胸腺中也发现了 γδ 型 T 细胞的身影，但是没有胸腺的裸鼠仍然也会产生出功能性的 γδ 型 T 细胞。在大多数情况下，γδ 型 T 细胞受体能识别什么信号（配体是什么[1]）还不是非常明确的，但可以确信的是，像 B 细胞一样，γδ 型 T 细胞也是主要识别未被提呈的抗原的。某些 γδ 型 T 细胞受体能识别出在应激状态下才会表达在细胞表面的蛋白质（如 MICA 和 MICB）。因此，可以推测 γδ 型 T 细胞能够用来杀死由于受到微生物感染而发生应激反应的细胞。尽管如此，γδ 型 T 细胞的确切功能仍然尚不明确。

还有另一种经常被提及但却鲜为人知的非传统 T 细胞：NKT 细胞。在人体血液中只有大约 1% 的 T 细胞是属于这种类型的。顾名思义，这种非传统 T 细胞具有介导固有免疫的自然杀伤（NK）细胞的一些特性，以及介导适应性免疫应答的传统 T 细胞的一些特性。NKT 细胞在胸腺中成熟并且具有 αβ 受体。然而，与传统 T 细胞的 αβ 受体具有极其丰富的多态性相比，NKT 细胞表达的受体库多态性是相当有限的。此外，NKT 细胞的受体识别由非经典的 MHC 分子即 CD1 分子呈递的脂类抗原，而不是由 MHC Ⅰ 类或 Ⅱ 类分子呈递的蛋白质片段。NKT 细胞被认为是，为了进化出旨在保护我们能够免受结核杆菌等能够产生出特殊脂类分子的微生物侵害而产生的一种防御武器。但是，正常小鼠和 NKT 细胞缺陷的小鼠同样对结核杆菌易感。到目前为止，NKT 细胞在保护人类免受细菌感染方面的功效仍不明确。

由于对传统 T 细胞的认知要远远多于对这些非传统 T 细胞近亲的认识，而且传统 T 细胞似乎是保护我们免受疾病侵袭的最重要的细胞，所以在

本书中，我们讨论的范围将仅限于传统 T 细胞。

## T 细胞受体是如何发送信号的

当 TCR 识别出由 MHC 分子提呈的相关抗原后，下一步就是将信号从 T 细胞的表面（识别发生的地方）传递到 T 细胞的细胞核里去了。为了让 T 细胞从静止状态切换到活化状态，就必须要改变其基因的表达，当然这些基因是位于细胞核内的。通常情况下，跨细胞膜的这种信号传导会涉及跨膜蛋白，该蛋白质具有两个部分：能与细胞外分子（称为配体）结合的胞外区，以及引发生物信号级联反应并将"配体结合"信号传递到细胞核的胞内区。在此，TCR 遇到了一个问题。就像 BCR 一样，αβ TCR 具有可以结合其配体（MHC 分子及其提呈多肽的复合物）的非常完美的胞外区，但 α 和 β 蛋白细胞质部分的尾部仅有约 3 个氨基酸的长度——太短了而无法启动信号的传导。

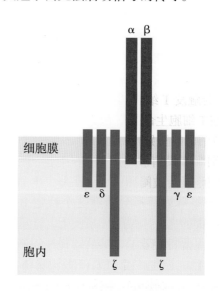

为了处理信号传递这样的杂务，就必须要给 TCR 添加一些花哨的东西了：一种统称为 CD3 的蛋白质复合物。在人类中，这个信号复合体是由 4 种不同的蛋白质所组成的：γ、δ、ε 和 ζ（gamma、delta、epsilon、zeta）。CD3 蛋白锚定在细胞膜上，并且有足够长的细胞质部分的尾巴用来发出信号。但是，需要注意的是，作为 CD3 复合物一部分的 γ 和 δ 蛋白与构成 γδ 型 T 细胞受体的 γ 和 δ 蛋白是不同的。

---

1　译者注。

整个蛋白质复合物（α、β、γ、δ、ε、ζ）会被当作一个单位运送到细胞的表面上。如果这些蛋白质中的任何一个不能被合成，就都不会在细胞表面上形成 TCR 了。因此，大多数免疫学家都认为有功能的、成熟的 TCR 应该是这整个蛋白质的复合物。毕竟，α 和 β 蛋白非常适合识别配体，但无法发出信号。γ、δ、ε 和 ζ 蛋白能够很好地发出信号，但是它们对细胞外所发生的事情又是完全看不到的，所以需要这两个部分联合在一起来完成信号的传递。与 BCR 一样，信号的传导需要将 TCR 聚集在 T 细胞表面的一个区域中。当这种情况发生的时候，CD3 蛋白在细胞质中的尾部，就会募集到达到阈值所需要的激酶量，使活化信号能够被传递到细胞核中。

当 TCR 的 α 和 β 链首次被发现的时候，TCR 被认为只是一个开 / 关的控制器，其唯一的功能就是把活化信号进行简单的开启。但是，现在你已经了解了 CD3 蛋白，我来问你：这看起来像一个简单的开关吗？肯定不是！TCR 发送的信号可能会导致不同的结果，具体要取决于触发的方式、触发的时间和触发的位置。例如，在胸腺，如果 T 细胞受体识别 MHC 及其提呈的自身抗原肽，TCRs 就会触发 T 细胞的自杀以防止发生自身免疫反应。在 T 细胞生命的后期（离开胸腺之后[1]），如果它的 TCRs 能识别 MHC 分子提呈的相关抗原，但该 T 细胞却没有获得所需要的共刺激信号，那么该 T 细胞就会被阉割（失能），从而不能发挥功能了。当然，如果可以满足 TCR 所需的相关抗原和共刺激信号，TCR 就可以发送活化信号了。因此，根据不同的情况，相同的 T 细胞受体能够发出死亡、无反应性或者活化等不同的信号。事实上，现在有的证据表明，在所提呈的多肽分子中，单个氨基酸的改变也可以将信号从活化改变为死亡！显然，这不是一个简单的开 / 关控制器，免疫学家们正在不懈地探究，以求揭示出 TCR 信号是如何进行"布线"设置以及还有哪些因素会影响到这个信号的结果。

## CD4 和 CD8 共受体

除了 T 细胞受体以外，还有两个分子参与了 T 细胞的抗原识别过程——CD4 和 CD8 共受体分子。这么来看，大自然母亲在创造 CD4 和 CD8 共受体的时候，是不是看起来有些得意忘形？我的意思是，已经有了 α 和 β，两种可以用于抗原识别的蛋白质，还有 γ、δ、ε 和 ζ 4 种用于信号传递的蛋白质，你不认为这就够了吗？显然不是，所以免疫系统一定存在需要用到 CD4 和 CD8 共受体的基本任务。我们来看看这些可能会是什么情况。

杀伤性 T 细胞（killer T cells）和辅助性 T 细胞执行着两种截然不同的功能，它们分别通过"查看"MHC Ⅰ类或Ⅱ类分子以获取不同的工作任务。但是，CTLs 是如何知道要识别 MHC Ⅰ类分子提呈的多肽，而 Th 细胞又如何知道查看 APCs 细胞以寻找那些通过 MHC Ⅱ类分子提呈的多肽呢？毕竟，如果 CTL 细胞错误地识别出 APC 细胞上的 MHC Ⅱ类分子与提呈肽的复合物，并杀死了抗原提呈细胞，那就不太好了。所以，这就是 CD4 和 CD8 的作用所在。

当 T 细胞在胸腺中开始成熟时，其表面会表达出两种类型的共受体，免疫学家把它们称为 CD4⁺CD8⁺ 细胞或"双阳性"细胞。重要的是，CD4 共受体只会去"钳住"MHC Ⅱ类分子，而 CD8 共受体则只会与 MHC Ⅰ类分子进行匹配结合。所以，CD4 和 CD8 共受体有助于 Th 细胞和 CTL 细胞与恰当的 MHC 分子发生结合。最新的观点认为，双阳性 T 细胞会扫描 APC 的细胞表面，寻找它们 TCRs 可以结合的 MHC 分子。如果 T 细胞受体的构型与 APC 表面的 MHC Ⅱ类分子相匹配并发生结合的话，CD4 共受体就会钳住这个 MHC Ⅱ类分子。相反，如果 TCRs 的构型适合与 MHC Ⅰ类分子结合，CD8 共受体就会去连接并结合 MHC Ⅰ类分子。

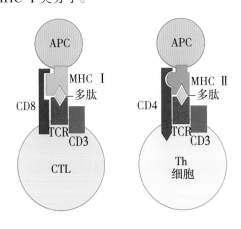

CD4 和 CD8 分子的尾部延伸穿过 T 细胞膜并进入细胞质。尽管两者的尾部序列不同，但是它们都有信号传递所必需的特征。当 CD4 分子钳住 MHC Ⅱ类分子时，共受体 CD8 的表达就会被下调，进而 T 细胞就变成"单阳性"的 CD4⁺T 细胞，其作用就是充当辅助性 T 细胞。相反，如果共受体 CD8 钳住了 MHC Ⅰ类分子，则 CD4 的表达就会终止，该细胞也就会成为杀伤性 T 细胞了。这是关于共受体功能的一个想法框架，至于这些共受体分子帮助"指导"T 细胞发挥辅助或直接杀伤功能的机制目前还尚不明确。

## 共刺激

在初始 T 细胞中，T 细胞受体与细胞核之间的"联系"不是很通畅。就像 T 细胞内有一个电气系统，在传感器（TCR）和它所调节的设备（细胞核中待转录的基因）之间放置了一个很大的电阻器。由于有了这个"电阻器"，来自 TCR 的很多信号在传递到细胞核的过程中，就可能会发生丢失了。这就会导致在到达细胞核的信号强度要足够强大以产生出效果，这就必须要有数量惊人的 TCR 与它们的相关抗原进行结合。但是，如果在 TCRs 结合抗原的同时，T 细胞还能够收到共刺激信号的话，那么 TCRs 传出的信号会被放大很多倍，所以此时只需要较少 TCRs（可能为 1/100 左右）的参与就能活化初始 T 细胞了。尽管，已鉴定出了许多不同的分子可以给 T 细胞提供共刺激信号，但是，其中研究得最好的例子无疑就是在抗原提呈细胞表面表达的 B7 蛋白（B7-1 和 B7-2）分子了。B7 分子可以通过插入 T 细胞表面上的称为 CD28 的受体分子，为 T 细胞提供共刺激信号。

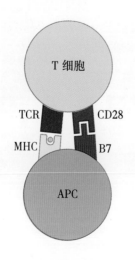

因此，在活化时，除了需要初始 T 细胞的受体与 MHC- 多肽复合物发生结合以外，它们还必须要获得共刺激信号。共刺激信号可以被认为是增强 T 细胞受体发出的"受体结合"信号的"放大器"，从而能够降低活化所需的与 MHC- 多肽复合物结合的 TCRs 的数量阈值。有趣的是，一旦激活了初始 T 细胞，其 TCRs 和细胞核之间的联系就会得到增强。就像效应 T 细胞已进行了"重新的布线"，从而可以绕过初始 T 细胞中存在的电阻器了。这就可以导致，对于效应 T 细胞来说，TCR 信号的放大不再像对初始 T 细胞那样重要了。因此，效应 T 细胞对共刺激信号的需求就会降低了。

## 辅助性 T 细胞活化时的快速播放情景

在淋巴结中，辅助性 T 细胞可以快速地对树突状细胞进行扫描，以查看其相关抗原是否被提呈。一个树突状细胞通常每小时可以接待大约 1 000 次这样的"访问"。如果，T 细胞确实发现了那些正在展示其相关抗原的树突状细胞，那么这些 T 细胞就会在其周围"徘徊"，因为初始辅助性 T 细胞的完全活化通常会需要几个小时的时间。在此期间，会有一些很重要的事情发生。首先，树突状细胞表面的黏附分子会与其在 T 细胞上的黏附分子伴侣发生结合，从而将两个细胞紧密地连接在一起。接下来，T 细胞表面的共受体分子 CD4 会像钳子一样夹在树突状细胞上的 MHC Ⅱ类分子上，从而增强两个细胞之间的相互作用。此外，结合了配体的 TCRs 能够上调 Th 细胞表面黏附分子的表达，从而进一步加强 APC 和 T 细胞之间的"黏合"。这是非常重要的，因为 TCR 和 MHC- 多肽复合物之间的初始结合力实际上是相当弱的——以方便进行快速的扫描。因此，这种像尼龙搭扣一样的黏附结合对于 T 细胞的活化非常重要。在 APC 和 T 细胞接触点上簇集的这些 TCRs 和黏附分子就形成了免疫学家们称为免疫突触的结构。

辅助性 T 细胞受体与配体的结合，也会上调 T 细胞表面 CD40L 蛋白的表达，当这些蛋白质插入到（结合）树突状细胞表面 CD40 蛋白分子中的时候，有些值得注意的事情就会发生了。虽然，成熟的树突状细胞在首次进入淋巴结的时候，会表达 MHC 和共刺激分子（如 B7），但当 APC 上的 CD40 蛋白与 Th 细胞上的 CD40L 蛋白结合以后，MHC 和共刺激分子的表达水平就会升高。此外，树突状细胞上 CD40 蛋白的参与能够延长树突状细胞的寿命。这种对"有用的"树突状细胞生命的延长具有非常重要的意义，它确保了提呈 T 细胞相关抗原的特定树突状细胞，能够在体内驻留足够长的时间从而帮助活化这些 T 细胞。因此，树突状细胞与初始辅助性 T 细胞之间的相互作用并不只有一种方式。这些细胞实际上是在进行一种相互刺激的活化"舞蹈"。这种互动最终可以导致树突状细胞变成更具潜力的抗原提呈细胞，而 Th 细胞则可以被活化从而表达出高水平的 CD40L，这对于辅助活化 B 细胞是非常必要的。

激活的过程完成后，辅助性 T 细胞与抗原提呈细胞的结合就要分开了。随后，APC 要去继续激活其他的 T 细胞，而新活化的 Th 细胞则会通过增殖以扩增其数量。当感染发生时，一个活化的 T 细胞，能够在增殖的第 1 周中产生大约 10 000 个左右的子细胞。这种增殖现象是由 IL-2 等生长因子所介导的。初始 T 细胞可以分泌一些 IL-2，但是在其表面没有 IL-2 受体，所以它们不能对这种细胞因子做出响应（也有人认为初始 T 细胞具有较低亲和力的 IL-2 受体[1]）。相反，活化的 Th 细胞不仅会分泌大量 IL-2，而且在其表面还会表达出这种细胞因子的受体。因此，新活化的辅助性 T 细胞可以刺激它们自身发生增殖。这种活化与生长因子受体上调的匹配，正是克隆选择的精髓：那些被选择活化的（TCR 能够识别出入侵者的）Th 细胞，会上调其生长因子受体并会增殖形成克隆。

因此，辅助性 T 细胞活化过程的顺序是：当 TCRs 与 APC 呈递的相关抗原将要发生结合的时候，先由黏附分子介导 Th 细胞与 APC 之间形成亲和力较弱的结合；随后受体之间进行结合，继而会增强两个细胞之间的黏附，并上调 Th 细胞表面 CD40L 蛋白的表达。CD40L 再与 APC 上的 CD40 结合，并刺激 APC 表面的 MHC 分子和共刺激分子（如 B7）的表达。APC 提供的共刺激信号，会放大"TCR 结合"信号，从而更易激活 Th 细胞。激活过程完成后，细胞会相互脱离，Th 细胞获得与其表面相应受体结合的生长因子信号，并开始增殖。这种增殖可以产生大量能够识别抗原提呈细胞所提呈的入侵者信号的辅助性 T 细胞克隆。

## 杀伤性 T 细胞是如何被激活的

辅助性 T 细胞要被激活，其受体必须识别出活化树突状细胞表面上 MHC Ⅱ类分子提呈的相关抗原，而且 Th 细胞还必须从同一个树突状细胞获得共刺激信号。只有两个细胞（Th 细胞和 DC）都一致认为存在着入侵的要求，是防止非相关抗原特异性的辅助性 T 细胞被活化的有力保障。这类 T 细胞（被错误激活的非抗原特异性 T 细胞）可能会对我们自己的组织发起攻击，从而导致自身免疫病。

虽然，关于辅助性 T 细胞活化的相关事件已经非常清楚了，但是，初始杀伤性 T 细胞是如何被激活的过程和机制仍不明确。直到最近，需要 3 种细胞参与初始杀伤性 T 细胞的活化，这个观点才被接受，这三种细胞是：带有能识别入侵者受体的 CTL 细胞；通过 MHC Ⅰ类分子将入侵者的蛋白质片段提呈给 CTL 细胞的活化的树突状细胞；还有一种是，为 CTL 细胞提供"帮助"的活化的辅助性 T 细胞。树突状细胞、Th 细胞和 CTL 细胞可能是以一种"三角关系"（原文 ménage à trois 来自法国电影《ménage à trois》的名字，是指恋爱中的"三角恋关系"，此处借指 3 种细胞的相互作用[1]）的方式来对 CTL 细胞进行活化的。然而，这种三角关系的情形存在着一个潜在的问题，即在感染的早期，在病灶周围的这些细胞数量都很少。因此，辅助性 T 细胞和杀伤性 T 细胞能够同时遇到一个提呈它们相关抗原的树突状细胞的概率是非常小的。

实验表明，为了应对能够感染宿主细胞的微生物入侵（该微生物被设计成为能够被 CTL 细胞专一性识别的），杀伤性 T 细胞在初始活化的过程中，是不需要辅助性 T 细胞帮助的，只要有初始 CTL 细胞和活化树突状细胞之间的相互作用就足够了。在这个过程中，CTL 受体能够识别树突状细胞上 MHC Ⅰ类分子所提呈的相关抗原，并获得来自同一树突状细胞的共刺激信号。这意味着，初始杀伤性 T 细胞的活化方式与初始 Th 细胞的活化方式是类似的：即需要遇到活化的树突状细胞。

仅仅需要两个细胞之间的相互作用，就可以活化初始 Th 细胞和 CTL 细胞，这对于机体能够在被入侵者完全侵占之前，就活化适应性免疫系统来说是非常有意义的。不过，虽然在无 Th 细胞辅助的

---

1 译者注。

情况下，活化的 CTL 细胞确实也能在一定程度上进行增殖以增加其细胞数量，并且可以杀死被感染的细胞，但这些"没有获得辅助"的 CTL 细胞却不仅无法高效地杀灭感染的细胞，而且它们自身的寿命也不会很长。因此，CTL 细胞的这种非受助性活化只会引发杀伤性 T 细胞在感染初期、发生的旨在快速应对入侵者的"小规模应答"。相反，在辅助性 T 细胞的协助下，被完全活化的 CTL 细胞则可以迅速而强烈地进行增殖，有效地杀伤靶细胞，而且还可以分化成为记忆杀伤性 T 细胞（这些细胞可以防御来自同一攻击者的再次入侵）。当然，这使我们又回到了上面的问题，即 CTL 细胞能够被 Th 细胞和 DC 细胞完全活化，但并不需要这三种细胞同时在一起进行相互的作用。

对于这个问题的一种可能的解释是，"顺序模式"，这个模式假设辅助性 T 细胞被活化后，活化这些辅助性 T 细胞的树突状细胞也就会"获得许可"（去激活 CTL[1]）。一旦获得授权，这些树突状细胞被认为就能够表达 MHC Ⅰ 类分子、细胞因子和细胞表面分子，这些分子就可以完全活化那些随后访问（接触到[1]）它们的 CTL 细胞。在这个事件的顺序中，DC 细胞和 Th 细胞是首先相遇的，然后获得授权的 DC 细胞会再去和 CTL 细胞进行结合，这也就回避了对 3 种细胞必须要同时相遇的这个苛求。

也有研究证明，当活化的树突状细胞和辅助性 T 细胞"结合"的时候，会产生出趋化因子，吸引初始杀伤性 T 细胞到它们正在发生结合的地点，从而可以更加有可能发生这种"三角恋"（ménage à trois）的状态。而且，活化的树突状细胞和辅助性 T 细胞之间的相遇过程通常会持续好几个小时。因此，趋化性细胞因子和 Th-DC 相互作用时间的延长，也就会给那些同样能识别入侵者的少数 CTL 细胞非常好的机会，以便加入到这个相互作用的群体中来。最后，在稍后的免疫应答阶段，淋巴结和其他次级淋巴器官中会出现许多活化的树突状细胞、Th 细胞和杀伤性 T 细胞——也许就会有充足的细胞数量，使这些细胞类型中每种细胞数量都能够达到使得三细胞发生相互作用的可能。我猜想，所有这些机制都是能够活化杀伤性 T 细胞的。至于更具体详细的机制，请大家继续关注！

## 活化过程的"防错保障"

无论是初始辅助性 T 细胞还是初始 CTL 要被活化，首先都需要 T 细胞识别出由抗原提呈细胞提呈的相关抗原（即相应的特异性抗原[1]）。即使对于非辅助性 T 细胞依赖性的 CTL 细胞活化来说也是如此。由于在活化过程中需要抗原的提呈，因此需要建立一个防错保障，在这个系统中，做出活化 T 细胞的决定总是需要多个细胞参与的。这有助于确保适应性免疫系统的强大武器只有在真正威胁出现的时候才会被使用，从而降低 T 细胞将该武器攻击的目标转向宿主自身的风险。

---

**总结**

B 细胞和 T 细胞的活化方式有很多相似之处。BCR 和 TCR 都有着延伸到细胞外的"识别"蛋白质，并且因为这些蛋白质都是由基因重排的基因片段所组成的，所以 BCR 和 TCR 的多样性是非常惊人的。就 BCR 而言，这些识别蛋白是组成抗体分子的轻链和重链。而对 TCR 来说，识别抗原的分子就是 α 和 β 蛋白。TCRs 和 BCRs 都有细胞质部分的尾部，但都因为太短而无法传递信号，因此需要额外的分子来执行信号传递功能。BCR 的信号传递蛋白被称为 Igα 和 Igβ。而对于 TCR 来说，信号传递需要一种被称为 CD3 的蛋白质复合物来介导。

为了激活 B 细胞或 T 细胞，它们的受体都必须被抗原所簇集，因为这种交联会使它们的许多信号分子聚集在细胞上的一个很小区域中。当信号分子的密度足够大时，就会引发酶促的连锁反应，将"受体结合"信号传递到细胞核。在这个细胞的"大脑中枢"，能够根据信号传递的结果，使参与活化的基因被关闭或者被打开。

尽管，受体的交联对于活化 B 细胞或 T 细胞都是必不可少的，但这还不够。初始 B 细胞和初始 T 细胞还需要获得非特异性的共刺激信号。这

---

1　译者注。

种活化的双信号需求建立了一个防错保障系统，从而可以阻止 B 细胞或 T 细胞被不恰当地激活。对于 B 细胞的活化来说，需要辅助性 T 细胞通过其表面 CD40L 蛋白与 B 细胞表面的 CD40 蛋白进行结合，从而提供共刺激信号。B 细胞也可以通过识别入侵者特异性的分子特征或战场上的细胞因子等这类"危险信号"的方式，来获得共刺激信号。对于 T 细胞来说，共刺激信号通常需要能够与 T 细胞表面 CD28 蛋白结合的活化树突状细胞上的 B7 蛋白来进行提供。

在感染的早期，B 细胞和杀伤性 T 细胞都可以在没有辅助性 T 细胞的帮助下被激活。未接受辅助的浆细胞只能分泌 IgM 抗体，因为它们不会转换并产生那些可能更适合防御特定入侵者的抗体。它们也不会经历体细胞高频突变的过程，因此它们的 BCRs 是没有被"优化"过的。并且它们的寿命都很短。同样地，未接受辅助的 CTL 细胞也不能迅猛地进行增殖，而且寿命很短，不能像获得过辅助性 T 细胞协助的 CTL 细胞那样有效地杀死靶细胞。虽然，未接受辅助的 B 细胞和 T 细胞存在这些缺陷，但是它们可以在"更高级的"B 细胞和 T 细胞被生产出来之前，对病原体做出快速反应，这是非常重要的。

BCRs 和 TCRs 都可以与共受体分子发生关联，这些分子可以放大 BCRs 和 TCRs 发送的信号。对于 B 细胞来说，这样的共受体能够识别被补体调理过的抗原。如果，BCR 识别出一个抗原，并且该抗原也被补体蛋白片段进行了"修饰"，那么该抗原就会像一个"钳夹"一样，使 BCR 和补体受体在 B 细胞的表面聚集一起，从而极大地放大了"受体结合"的信号。因此，B 细胞更容易被补体调理过的抗原所活化（活化所需要的交联 BCRs 的数量要少很多）。

T 细胞也有共受体。Th 细胞在其表面可表达 CD4 共受体分子，而 CTL 细胞则会表达 CD8 共受体分子。当 TCR 与 MHC 分子提呈的抗原发生结合时，T 细胞表面的共受体分子就会"钳夹"在 MHC 分子上。这有助于增强由 TCR 发送到细胞核的信号，这样 T 细胞可以更加容易地被活化（只需较少的 TCRs 进行交联）了。这些共受体只会作用于"正确的"MHC 类型：MHC Ⅰ 类分子与 CTL 细胞的 CD8 共受体发生作用，Ⅱ 类分子与 Th 细胞的 CD4 共受体发生作用。因此，共受体确实是"发挥聚焦作用"的分子。B 细胞共受体帮助 B 细胞聚焦于那些已经被补体系统识别为有害的抗原（已被补体调理过的抗原）。CD4 共受体将 Th 细胞聚焦在 MHC Ⅱ 类分子提呈的抗原上，而 CD8 共受体则会将 CTL 细胞聚焦到 MHC Ⅰ 类分子提呈的抗原上。

当然，B 细胞和 T 细胞在"识别"上存在一个非常重要的不同。BCR 识别"自然"状态下抗原——即未被处理、加工且没有与 MHC 分子结合的抗原。这种抗原可以是蛋白质，也可以是几乎任意一种其他有机分子（如糖类或脂类分子）。相反，传统 T 细胞的 αβ 受体只识别由经典 MHC 分子呈递的蛋白质片段。而且，B 细胞受体只与一种物质——也就是它的相关抗原进行结合，而 TCR 则需要与多肽及提呈该多肽的 MHC 分子两种蛋白质同时发生结合。由于被 BCR 识别的抗原包括蛋白质、糖类和脂类分子，所以相比 T 细胞，B 细胞能够对更多种类的入侵者进行应答。另一方面，因为 TCR 识别的是蛋白质小片段，所以它可以识别隐藏在完整的紧密折叠的蛋白质中的 BCR 识别范围之外的目标的表位。

B 细胞和 T 细胞的另一个区别是，在感染过程中，BCR 会经历体细胞高频突变和选择的过程。所以，B 细胞可以通过"从一副扑克牌中抽取更多的牌"的方式，来获得更好的牌。相反，TCR 不会发生高频突变，所以 T 细胞必须对它们所得到的"牌"感到满意（只能维持其基因重排后的 TCR 序列以应对抗原的挑战[1]）。

---

1 译者注。

## 思考题

1. 共受体和共刺激分子之间有什么区别？举例说明为什么它们之中的每一个信号对于 B 细胞或 T 细胞的活化来说都是很重要的。

2. 为什么说细胞黏附分子在 T 细胞活化过程中是很重要的？这些"黏性"分子不就是减慢了这个过程吗？

3. 当树突状细胞和辅助性 T 细胞"一起跳舞"时会发生什么？

4. 一般说来，固有免疫系统和适应性免疫系统团队的成员在"进入这个游戏（指进入免疫应答过程[1]）"之前都必须要被激活。请描述出起始于含 LPS 的革兰氏阴性菌侵入伤口，直到产生出能识别该细菌的抗体为止的这个"级联活化反应"过程中的所有步骤。

5. "防错保障"可以用于防止适应性免疫系统的不适当活化，你能举几个例子进行说明吗？

---

# 第六讲 T 细胞正在工作

**本讲重点！**

适应性免疫系统最重要的两种武器是辅助性 T 细胞和杀伤性 T 细胞，辅助性 T 细胞可以分泌正确的细胞因子组合，来组织协调恰当的防御，而杀伤性 T 细胞则可以直接"处死"被感染的细胞及其细胞内的病原体。然而，适应性免疫应答是需要接受固有免疫系统"指示"的，固有免疫会负责告诉适应性免疫需要调动哪些武器来防御特定的入侵者，以及这些武器应在体内的哪些部位进行部署。

## 引言

当辅助性 T 细胞和杀伤性 T 细胞被活化的时候，它们就已经准备好开始工作了——成为免疫学家们所说的效应细胞。效应 CTL 的主要作用是杀死被病毒或者细菌感染的细胞。效应辅助性 T 细胞有两个主要的职责：它们可以留在血液和淋巴循环中，并在淋巴结之间进行移动，为 B 细胞或者杀伤性 T 细胞提供帮助，或者它们也可以从战斗正在发生的位置离开血管，为固有免疫和适应性免疫系统的士兵们提供帮助。

## 辅助性 T 细胞是细胞因子的制造工厂

辅助性 T 细胞可以分泌许多不同的细胞因子——能够与免疫系统其他成员进行信息交流的蛋白质分子。作为免疫系统团队中的"四分卫"，辅助性 T 细胞可以利用细胞因子来"指挥队员"工作。这些细胞因子包括 TNF、IFN-γ、IL-4、IL-5、IL-6、IL-10、IL-17 和 IL-21。但是，单个 Th 细胞并不会分泌出所有这些不同的细胞因子。事实上，Th 细胞倾向于按亚群来分泌细胞因子，不同亚群分泌的细胞因子可能会更适合协调针对某种特定入侵者的免疫防御。迄今为止，（Th 细胞中的）3 个主要亚群已经被发现：Th1、Th2 和 Th17。但是，你不应该认为这意味着，Th 细胞

只有分泌细胞因子的这三种不同亚群的组合。实际上，免疫学家们最初很难在人类体内确切找到能够分泌 Th1 或 Th2 型细胞因子的辅助性 T 细胞。显然，有一些辅助性 T 细胞会释放出不符合 Th1/Th2/Th17 亚群型别的细胞因子组合物。但是，细胞因子"谱"这个概念在理解 Th 细胞分泌的细胞因子时，是非常有用的。除了这三种参与活化免疫系统的 Th 亚群之外，还有一种功能为抑制免疫应答的 Th 细胞亚群。我们会将在以后的讲授中，讨论这些"调节性 T 细胞"的细胞亚群。

当然，面对这些，我们不禁要问：辅助性 T 细胞是如何知道在某种特定情况下，分泌哪些细胞因子是合适的？好吧，正如每个球迷都会知道的那样，每一位出色的四分卫背后都会有一名优秀的教练员。

## 树突状细胞是免疫系统球队的"教练员"

对于辅助性 T 细胞来说，至少需要获得两条信息才能够来决定要分泌何种细胞因子。第一，必须要知道免疫系统正在应对的是哪种类型的入侵者，是病毒、细菌、寄生虫还是真菌？第二，需要确定入侵者在体内的位置，这是至关重要的，它们是在呼吸道、消化道还是在大踇趾呢？初始辅助性 T 细胞不能直接获取这两种信息，毕竟它们还忙着在血液和淋巴中进行循环，以试图找到它们的相关抗原。这时，就需要一个"观察者"。它必须要亲临战场，去收集实况的情报信息，并将这些信息传递给辅助性 T 细胞。那么，哪类免疫系统细胞有资格成为这样的观察者呢？当然就是树突状抗原提呈细胞了！

就像一个橄榄球教练需要侦察对方球队并制定比赛的计划一样，作为免疫系统球队"教练员"的树突状细胞，也要去收集有关入侵的信息，并决定免疫系统应如何进行应答。这就是树突状细胞非常重要的原因。它们不仅仅是要去启动初始辅助性 T 细胞和杀伤性 T 细胞的活化。实际上树突状细胞还发挥着免疫系统的"大脑"作用，加工处理有关

入侵的信息并制定作战计划。

树突状细胞能够对哪些入侵信息进行整合分析，并制定出作战计划呢？有两种类型的信息，第一类入侵信息是通过我们在第二讲中讨论过的树突状细胞通过模式识别受体获得的，这些细胞受体能识别出不同种类入侵者特有的保守分子模式。例如，Toll 样受体 4（TLR4）能够识别出脂多糖的存在，而脂多糖是革兰氏阴性细菌细胞膜的组成成分。TLR4 还能识别出某些病毒产生的蛋白质。TLR2 能特异性识别革兰氏阳性细菌的"特征"分子。TLR3 能够识别许多病毒感染过程中产生的双链 RNA。而 TLR9 识别的信息则是细菌 DNA 特有的非甲基化 DNA 二核苷酸 CpG。

虽然，TLRs 是第一个被鉴定出来的模式识别受体，但现在已经有更多的模式识别受体家族成员被发现了。因此，我们可以想象出这样一幅场景，不同类型的抗原提呈细胞（如树突状细胞或巨噬细胞）能够在身体的不同部位，显示出这些模式识别受体的不同组合，而这些受体会被"调整频道"，以便去识别各种常见微生物入侵者的结构特征。通过整合来自这些不同模式识别受体的信号，APC 细胞就可以收集到关于需要进行防御的入侵者类型的信息了。

树突状细胞在制定作战计划时使用的第二类"侦察报告"（入侵信息）是通过其表面的各种细胞因子受体获得的。因为不同的病原体在感染过程中，会诱导产生出不同的细胞因子，树突状细胞可以通过识别环境中的细胞因子来对入侵者进行了解。因此，在作战前线的树突状细胞可以通过模式识别受体和细胞因子受体收集有关入侵者的"情报"。然后，由树突状细胞对这些入侵信息进行"解码"，从而辨别出入侵的类型，并做出决定需要调动哪些武器。

身体不同部位的"普通"细胞（例如，皮肤细胞或肠道黏膜下的细胞）会根据入侵者的类型产生出特征性的细胞因子组合，这些细胞因子可以向树突状细胞提供有关身体受到攻击部位的信息。实际上，这些细胞因子会给树突状细胞留下"区域特征性"的印记。这种记住"来源"的能力，可以帮助树突状细胞将适应性免疫系统的武器部署到身体中需要它们的位置上。

但是，树突状细胞的作战计划是如何被传达给要指挥战役的 Th 细胞的呢？在这里教练会使用两种方式给四分卫布置战术。首先，活化的树突状细胞表面表达的共刺激分子的组合模式取决于 DC 细胞遇到的入侵者类型。这些共刺激分子可以"插入"辅助性 T 细胞表面的受体分子进而传递信息。虽然，B7 是研究得最为清楚的一种共刺激分子，但是，其他共刺激分子也已经被发现了，而且肯定还会有更多的共刺激分子将会被发现。

除了表面的共刺激分子以外，活化的树突状细胞还会分泌可传递信息的细胞因子给辅助性 T 细胞。所以，普遍公认的观点是：树突状细胞通过共刺激分子和细胞因子将"作战计划"传递给辅助性 T 细胞。而且，树突状细胞向 Th 细胞提供的共刺激分子和特定的细胞因子组合还将会取决于树突状细胞在战斗现场观测到的状况。为了能够更好地了解这一切是如何进行的，我们来一起仔细地了解一下 Th1、Th2 和 Th17 亚群的细胞因子组合。

## Th1 型辅助性 T 细胞

如果你的开放性伤口发生了细菌感染，或者组织被病毒侵袭并出现病毒复制，那么组织中驻留的树突状细胞就会通过其模式识别受体进行识别，以及接受巨噬细胞和炎症组织中其他细胞分泌的战斗性细胞因子，来获得入侵的警报。这些信号能活化树突状细胞，并将其标记上已观察到组织中发生了细菌或病毒感染的 APC 细胞的特殊标记。这个步骤是如何具体实现的细节目前还尚不清楚，但结果是，当这个树突状细胞离开战斗地点并且通过淋巴循环到达附近的淋巴结时，它就会分泌出细胞因子 IL-12。当分泌 IL-12 的树突状细胞将其已获得的战场上的抗原信息提呈给初始辅助性 T 细胞时，这个 Th 细胞就会被指导并分化成能够产生"经典"Th1 细胞因子：TNF、IFN-γ 和 IL-2 的辅助性 T 细胞。

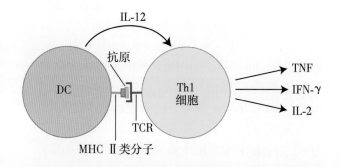

为什么要分泌出上述这几种特定的细胞因子来呢？我们来了解一下这些细胞因子的作用吧。Th1 型辅助性 T 细胞分泌的 TNF 有助于巨噬细胞和自然杀伤细胞的活化。随后，巨噬细胞只会在有限的时间内保持活化的状态。它们是一群懒惰的家伙，喜欢返回休息状态并去进行垃圾回收。幸运的是，Th1 细胞产生的 IFN-γ 也可以充当"激活物"，使巨噬细胞保持活跃的状态并投入战斗中。IFN-γ 还能促使 B 细胞发生抗体类别转换，产生人 IgG3 抗体。这些抗体在发挥对病毒和细菌的调理作用以及与补体结合的方面是非常有效的。

NK 细胞可以在大约 16 小时内杀死 3~4 个靶细胞，但随后它们就会发生"疲劳"。Th1 细胞产生的 IL-2 可以给 NK 细胞进行"充电"，使其能够继续去杀死靶细胞。此外，IL-2 还是一种可以刺激 CTL 细胞、NK 细胞和 Th1 细胞进行自身增殖的生长因子，这样机体就可以有更多的这类重要武器来应对入侵者的攻击。

总之，Th1 型细胞因子是帮助机体抵御感染组织中病毒或细菌攻击的完美组合。Th1 型细胞因子能够指导固有免疫和适应性免疫系统调动和集中细胞，并促进产生出针对这些入侵者的非常有效的抗体，同时这些细胞因子还能让免疫系统的战士们保持活跃，直到入侵者被击败。

## Th2 型辅助性 T 细胞

假设，现在你被寄生虫（如钩虫）感染了，或者你吃了一些被致病菌污染的食物，那么在你肠道的组织里，一场激烈的战斗就将会如火如荼地展开了。在这个区域（摄取到抗原）的树突状细胞将会迁移到附近的淋巴结，并将会激活那些具有能够识别出 DC 细胞提呈的蠕虫或细菌抗原的 T 细胞受体的辅助性 T 细胞。这会使辅助性 T 细胞被"编程"，并可以产生出 Th2 型细胞因子，包括 IL-4、IL-5 和 IL-13。

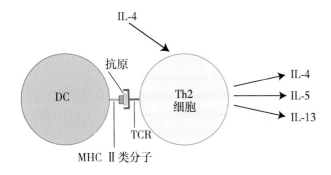

你会问为什么是 IL-4、IL-5 和 IL-13 呢？IL-4 是一种能够活化分泌 Th2 型细胞因子谱的辅助性 T 细

胞进行增殖的生长因子。像 Th1 细胞一样，Th2 细胞也可以产生自己的生长因子。IL-4 也是 B 细胞的一种生长因子，该细胞因子可以影响 B 细胞发生抗体的类别转换，并分泌 IgE 抗体——对付钩虫等寄生虫的强力武器。IL-5 是一种可以促使 B 细胞分泌 IgA 抗体的细胞因子，IgA 抗体对抵抗以消化道为入侵途径的细菌是非常有效的。IL-13 能促进肠道黏液的生成。这种黏液能够有助于防止更多的肠道寄生虫或致病菌突破肠道屏障进入到组织中。因此，如果需要抵御通过消化道入侵的寄生虫或致病菌，那么 Th2 型细胞因子谱就是产生适当免疫应答的最佳信号。

在上图中，你会注意到导致初始 Th 细胞分化成 Th2 细胞的 IL-4 并不是来自树突状细胞。当然，当辅助性 T 细胞分泌 Th2 型细胞因子谱时，周围就会出现大量的 IL-4——因为这是 Th2 细胞分泌的细胞因子之一。但是，最初分化为 Th2 时所需要的 IL-4 的来源还尚未得到确定。

## Th17 型辅助性 T 细胞

如果受到黏膜屏障保护的身体区域遭受真菌（如阴道酵母菌感染）或胞外寄生菌的攻击时，树突状细胞就会迁移到附近的淋巴结，去激活能识别其提呈的抗原多肽的辅助性 T 细胞。这些迁移过来的树突状细胞可以产生 TGF-β 和 IL-6 或 IL-23，这些细胞因子可以与共刺激分子一起，作用于新活化的辅助性 T 细胞，并诱导其产生包括 IL-17、IL-21 和 IL-23 在内的 Th17 型细胞因子。

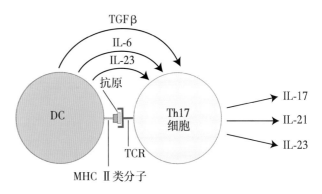

"标志性细胞因子"IL-17 的分泌会导致大量中性粒细胞被招募到感染的部位。这些中性粒细胞有助于防御真菌和一些胞外细菌的入侵，而 Th1 和 Th2 细胞招募的战士对防御这些病原体来说则是相对无效的。实际上，在 IL-17 分泌方面有遗传缺陷的患者，即使他们的 Th1 和 Th2 细胞功能都正常，

也会遭受到严重的真菌感染（例如，常见的酵母菌、白念珠菌的感染）。IL-23 是一种生长因子，它能使已经分化为 Th17 细胞的辅助性 T 细胞进行增殖以增加其数量。IL-21 可促使 B 细胞产生保护黏膜表面的 IgG3 和 IgA 抗体。IgG3 是一种抗体的同种型，在激活细菌表面发生的补体级联反应方面是非常有效的，而 IgA 抗体可以与入侵者进行结合并可以使其随着黏液排出到体外。因此，如果你遭受到了真菌或胞外菌的攻击，那么 Th17 细胞分泌的细胞因子就会为你提供保护。

## Th0 型辅助性 T 细胞

某些辅助性 T 细胞（Th0 细胞）在首次激活时是"无偏向性"的，保留了产生多种类型细胞因子的能力。这看起来像是树突状细胞告诉了这些辅助性 T 细胞应该去哪里，而不是告诉它们去做些什么。但是，当 Th0 细胞到达战场以后，它们在那里遇到的细胞因子环境（细胞因子组合类型[1]），会促使其担负起产生防御所需的细胞因子谱的责任。例如，当 Th0 细胞离开血液去抵抗组织中的细菌感染时，它们就会遇到富含 IL-12 的环境。这是因为已经与细菌进行对抗的 Th1 细胞会产生 IFN-γ，这种细胞因子可以与危险信号（例如细菌分子 LPS）一起激活组织巨噬细胞，后者则会分泌大量的 IL-12。当 Th0 细胞获得 IL-12 信号的时候，它们就会"辨认出"正在发生战斗的类型，并分化为 Th1 细胞——可以产生抵抗细菌感染所需细胞因子的辅助性 T 细胞。

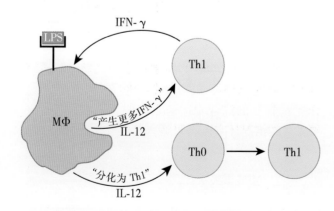

同样地，当 Th0 细胞到达富含 IL-4、IL-6 或 TGF-β 的战场环境中，它们就可以分别分化为 Th2

或 Th17 细胞。因此，之前"未承担具体职责"的 Th0 细胞就可以被战场中的细胞因子环境"转化"为 Th1、Th2 或 Th17 细胞了。

## 辅助性 T 细胞类型的锁定

一旦辅助性 T 细胞被确定产生出某种特定的细胞因子谱以后，它们就会开始分泌细胞因子，从而促进这种特定类型 Th 细胞的增殖——无论是 Th1、Th2 还是 Th17。这样，就建立了一个正反馈环路，从而能导致产生更多的"被选定的"Th 细胞。

除了正反馈以外，Th 细胞的分化中也存在着负反馈调节。例如，Th1 细胞分泌的 IFN-γ 实际上可以降低 Th2 细胞的增殖率，导致 Th2 细胞产生的数量减少。而 Th2 型细胞因子之一的 IL-10，则可以降低 Th1 细胞的增殖率。所有这些正反馈和负反馈调节作用的结果是，产生出大量有很强的特定细胞因子类型生成偏向性的辅助性 T 细胞。

我希望你能了解，对于辅助性 T 细胞的分化倾向来说，有一点是很重要的。细胞因子的效应范围是非常有限的。在被细胞受体捕获或降解之前，它们只能在体内进行短距离的扩散。因此，当我们谈论辅助性 T 细胞倾向于分泌某种细胞因子谱的时候，其实我们所谈论的是一些非常局部的东西。显然，你不会希望你体内的每一个 Th 细胞都是 Th1 型的，因为那样你就没有办法去抵御呼吸道的感染了。相反，你也不希望只有 Th2 细胞，因为如果你的大踇趾发生细菌感染，那么 Th2 型细胞因子诱生的 IgA 或 IgE 抗体对其也毫无用处。事实上，正是细胞因子信号的局限性才赋予了免疫系统的灵活性，使其能同时防御在身体不同部位的多种不同入侵者的威胁。

同样值得注意的是，树突状细胞也是固有免疫系统的成员。因此，固有免疫系统不仅在有危险的时候能够通知适应性免疫系统，它还能"指导"适应性免疫系统，以确保恰当的武器被送往正确的地方。

## 迟发型超敏反应

有一个令人感到有趣的关于 Th 细胞"信号呼

---

1　译者注。

叫"的例子，它被称为迟发性超敏反应（DTH）。它最早是由罗伯特·科赫（Robert Koch）在 19 世纪后期研究结核病时被观察到的。Koch 从引起结核病的细菌中纯化出了一种蛋白质——结核菌素，并利用这种蛋白质分子设计了著名的"结核菌素皮肤试验"。如果你做过这个皮肤测试试验，你应该就能回忆起护士会在你的皮下注射一些东西，然后告诉你在几天内要注意观察这个注射的区域。如果注射部位发生红肿，你就需要回到医院进行检查。下面就来介绍有关这个试验的全部细节啦。

你所注射的"东西"就是 Koch 发现的结核菌素蛋白。如果，你正在患有活动性结核病或过去曾经被结核菌感染过，那么，你的免疫系统中就会出现为了应对感染而产生的记忆 Th1 细胞。当护士给你注射结核菌素蛋白时，位于皮下的树突状细胞就会摄取这种蛋白质并将结核菌素肽提呈给这些记忆细胞，然后这些记忆细胞就会被重新激活了。现在，有趣的事情开始了，因为这些活化的 Th 细胞会分泌出 IFN-γ 和 TNF——Th1 型细胞因子，这些细胞因子能活化在注射部位停留的组织巨噬细胞，进而帮助招募中性粒细胞和其他巨噬细胞迁移到该区域中。结果会导致以发红和肿胀为主要表现的局部炎症反应：你的结核杆菌测试呈阳性反应的信号。当然，你要等几天才能让测试的红肿"发展"出来的原因是，记忆辅助性 T 细胞必须要被再次活化、增殖，并产生那些调节炎症反应的重要细胞因子。

另一方面，如果你从未接触过结核杆菌，你就不会有记忆辅助性 T 细胞的再次活化了。没有活化的 Th 细胞提供的这些细胞因子，就不会产生针对结核菌素蛋白的炎症反应，你的皮肤测试试验的结果也就会被评定为阴性了。

有趣的是，迟发型超敏反应既有特异性部分也有非特异性部分。特异性是指 Th 细胞在识别树突状细胞提呈的结核菌素多肽后，会直接介导免疫应答。反应的非特异性部分则包括由 Th 细胞分泌的细胞因子招募和激活的中性粒细胞和巨噬细胞所引发的免疫反应。这是适应性免疫系统和固有免疫系统之间进行协调合作的又一个例子。

你可能想知道为什么用于测试的结核菌素不能活化初始 T 细胞。如果能活化初始 T 细胞的话，

当下次测试的时候（指没有接触过结核杆菌的状态[1]），你就会出现阳性反应的结果了。原因在于，结核菌素蛋白本身在单独的时候，是不会引起炎症反应的（例如，一场战斗的情况），并且你应该还记得，树突状细胞只有在战斗进行的时候，才会成熟并将抗原信号携带到淋巴结里面去。因此，如果一种注射到皮下的蛋白质被固有免疫系统判断为不危险，那么适应性免疫系统就不会被活化了。这再次说明，固有免疫系统对于启动免疫应答是多么重要：如果你的固有免疫系统没有将入侵者识别为威胁并进行战斗，那么你的适应性免疫系统通常就会将这次入侵忽略掉了。

## CTL 细胞是如何进行杀伤的

到目前为止，在本讲中我们已经讨论了活化的辅助性 T 细胞的功能。现在，是时候关注杀伤性 T 细胞了。当 CTL 细胞被激活以后，它就会进行迅速地扩增以增加其数量。然后，这些效应 T 细胞就会离开淋巴结，进入血液，并到达可被其杀死的入侵者所在的机体区域中。当效应 T 细胞到达战斗地点的时候，它就会离开血液，并开始攻击被感染的细胞。CTL 细胞发动的大多数杀伤作用都需要 CTL 细胞和靶细胞之间的相互接触，而且 CTL 细胞有几种武器，是可以在这种"肉搏战"中发挥作用的。

其中，CTL 细胞使用的一种武器会涉及一种叫做穿孔素的蛋白质的产生。穿孔素是攻膜复合物中补体蛋白 C9 的近亲。像它的近亲一样，穿孔素也能附着在细胞膜上，并在其上进行打孔。要做到这一点，杀伤性 T 细胞的 TCR 就必须首先识别出靶标，然后 CTL 细胞上的黏附分子会紧紧抓住靶细胞，此时杀伤性 T 细胞就会将穿孔素和一种叫作颗粒酶 B 的混合物递送到靶细胞表面。接下来要发生的情况还有点不明确，但最新的认识是这样的：穿孔素能破坏靶细胞的外膜，当细胞试图修复这种损伤的时候，颗粒酶 B 和穿孔素就都会通过由靶细胞膜制成的囊泡进入靶细胞中。一旦进入靶细胞里面，穿孔素分子就会在进入的囊泡上进行打孔，从而使颗粒酶 B 被释放到细胞质中。因此，穿孔素可以帮助 CTL 细胞将颗粒酶 B 投递到靶细

---

1　译者注。

胞的细胞质中，而颗粒酶 B 则会在细胞质中引发酶联反应，导致靶细胞通过凋亡方式进行自杀。这种"辅助性自杀"的过程通常涉及靶细胞自身的酶破坏其自己的 DNA。这种杀伤方式的一个重要特点是它是"定向"的：CTL 细胞会将致命毒素直接投递到靶细胞上，这样该区域的其他细胞就不会在杀戮的过程中受到损伤了。当一个杀伤性 T 细胞与它的靶细胞发生接触以后，只需要大约半小时即可杀死这个细胞了，并且在每次攻击中，CTL 细胞只需要使用穿孔素和颗粒酶 B 的一部分就可以了。因此，一个杀伤性 T 细胞可以杀死多个靶细胞。你可能想知道，为什么 CTL 细胞在把这些致命的酶投递到靶细胞表面时不会杀死自己呢。但是，没有人知道！

CTL 细胞的第二种杀伤方法是，利用其表面一种称为 Fas 配体（FasL）的蛋白质，该蛋白质可以与靶细胞表面的 Fas 蛋白发生结合。当上述情况发生的时候，靶细胞内的一个自杀程序就会被启动，细胞再次通过凋亡的机制而死亡。有趣的是，自然杀伤性细胞也会使用这两种相同的机制（穿孔素／颗粒酶 B 或 FasL）来杀伤其靶细胞。

值得一提的是，一个细胞实际上会有两种不同的死亡方式：坏死或凋亡。尽管，最终结果是相同的（细胞死亡），但是这两个过程却是大不相同的。细胞通常会因为创伤（如割伤或烧伤）或被攻击性病毒或细菌杀死而死于坏死。在坏死的过程中，通常在活细胞内安全存在的酶和化学物质，会

被垂死的细胞释放到周围的组织中，进而对组织造成严重的损害。相比之下，凋亡导致的死亡要干净得多了。当细胞因凋亡而死亡的时候，其内容物会被包裹在由垂死细胞外膜制成的小"垃圾袋"（囊泡）中。这些囊泡随后会被附近的巨噬细胞内吞并销毁，这是巨噬细胞清道夫职责的一个部分——垃圾回收。所以，在细胞凋亡过程中，靶细胞的内容物不会泄露进入组织而引起组织损伤。因此，通过选择诱导细胞凋亡而不是坏死来杀死靶细胞，CTL 细胞就可以清除体内被病毒感染的细胞而不会引发因坏死性细胞死亡所导致的附带组织损伤了。

采取细胞凋亡的方式引发细胞死亡的另一原因是，这对于杀伤性 T 细胞消灭病毒感染的细胞来说是一种非常有效的方式。当病毒感染的细胞死于细胞凋亡时，未装配的病毒 DNA 和靶细胞 DNA 可以一起被破坏掉。此外，在细胞内处于不同组装阶段的 DNA 或 RNA 病毒都会被封装在凋亡小泡内，并且会被巨噬细胞吞噬和清除。正是因为具有这种可以通过诱导细胞凋亡来消灭被感染细胞及其中所包含病毒的能力，使得杀伤性 T 细胞成为了非常有效的抗病毒武器。

尽管，CTL 细胞的主要任务是杀伤受病原体感染的细胞，但杀伤性 T 细胞也可以分泌细胞因子。例如，CTL 细胞能够分泌 IFN-γ，一种可以上调邻近细胞上 MHC Ⅰ 类分子表达的细胞因子。这可以使细胞表面表达出更多的 MHC Ⅰ 类分子，从而使 CTL 细胞更容易识别出受到感染的细胞。

## 总结

在你的身体里，树突状抗原提呈细胞位于暴露于外界的所有屏障之下。由于其所处的位置，DC 细胞可以直接观察到入侵的发生。事实上，它们在战斗现场获得的情报，完全足以使它们能为免疫系统的其他成员制定出行动的计划。这些情报信息的一部分是通过树突状细胞的模式识别受体进行收集的，这些受体可以辨识出不同类型入侵者的"特征"。此外，树突状细胞表面还有可以感知其他参与战斗的免疫细胞所释放的细胞因子的受体。位于激烈战斗区域的非免疫细胞也会产生细胞因子，这些细胞因子可以给树突状细胞烙印上这个区域的特征——以便让树突状细胞能"记住"战斗的地点。

携带了关于入侵者类型和攻击位置的所有信息后，树突状细胞就会迁移到附近的淋巴结中，在那里激活 T 细胞。在激活过程中，树突状细胞通过表达共刺激分子和分泌细胞因子的方式，将作战计划部署给辅助性 T 细胞。该作战计划信息会告诉辅助性 T 细胞要产生哪些细胞因子，以协调针对特定入侵者进行适当的防御。从某种意义上来说，树突状细胞充当了免疫系统球队的教练，而 Th 细胞则扮演了四分卫的角色，指挥着教练设计的战术运作。树突状细胞是固有免疫系统的成员之一。因此，固有免疫系统不仅可以决定何时适应性免疫系统应该被活化以应对危险，而且它还能够指示适应性免疫系统要部署哪些武

器以及要将其送往何处。

为了响应树突状细胞发出的指令，辅助性 T 细胞会分泌一些细胞因子的组合，以调动能特异性应对正发动攻击的入侵者的武器。未明确分化方向的 Th 细胞也可以被派遣到战斗冲突的现场，接受战场中的细胞因子调控，使它们开始进行分泌特定的细胞因子谱的工作。一旦 Th 细胞因子谱被建立起来以后，正负反馈就会倾向于锁定这个特定的细胞因子谱。重要的是，辅助性 T 细胞分泌的细胞因子的作用效应范围很小，所以它们只能在"局部"发挥作用。这个特性使免疫系统能够抵御攻击身体不同部位的各种不同类型的入侵者。

当我们遭受到可感染人体细胞的病毒或细菌攻击的时候，树突状细胞就可以激活杀伤性 T 细胞并将它们输送至那些受到攻击的身体部位。CTL 细胞会通过启动一种叫作细胞凋亡的程序迫使被感染的细胞发生自杀来消灭它们。当细胞因凋亡致死的时候，其内容物会被包裹进入囊泡中，这些囊泡会被附近的巨噬细胞迅速摄取。这种垃圾处理系统可以防止垂死细胞内潜在的破坏性化学物质和酶被释放进入组织进而造成损害。而且，通过细胞凋亡来触发细胞死亡的方式具有的一大优势是，感染细胞内的病原体也会一起被包装起来并处理掉。

## 汇总图

这是最后的总结图，显示了固有和适应性免疫系统以及它们所形成的网络。你能识别出所有的成员，并了解它们之间是怎样相互作用的吗？

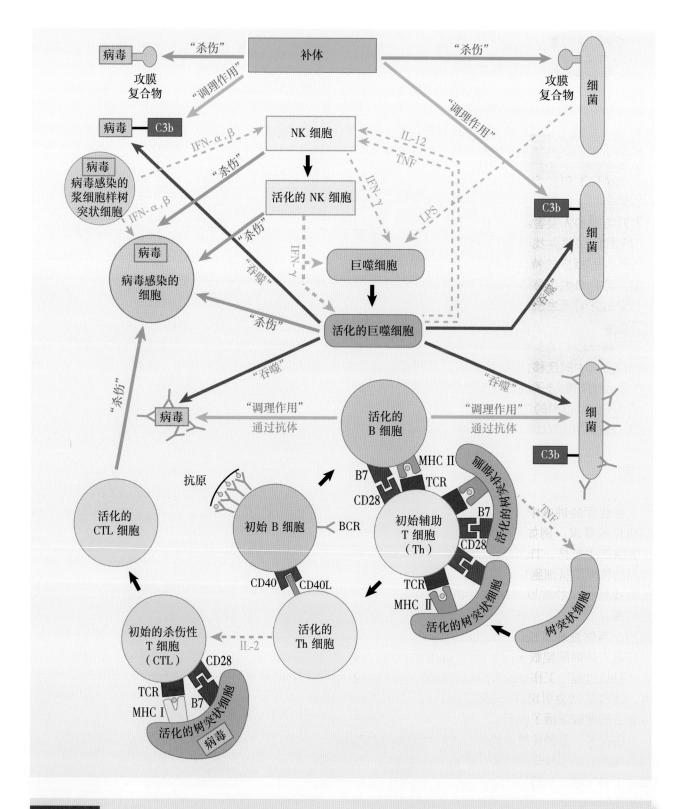

**思考题**

1. 辅助性 T 细胞怎么知道要产生哪种型别细胞因子谱的呢？

2. 辅助性 T 细胞是如何为 B 细胞"召集队员"的？

3. 辅助性 T 细胞是怎样策划固有免疫系统成员如巨噬细胞和 NK 细胞的行为的呢？

4. 细胞因子的作用效应范围小，为什么这是一件好事？

5. 坏死导致的细胞死亡和凋亡导致的细胞死亡有什么区别？

# 次级淋巴器官和淋巴细胞的迁移

## 本讲重点！

次级淋巴器官（周围淋巴器官[1]）非常巧妙地分布于体内，以便拦截那些穿透我们免疫屏障防御的入侵者。在感染过程中，为数不多的 T 细胞必须要找到提呈同源抗原（指其相关抗原，即相应的特异性抗原[1]）的抗原提呈细胞，而 B 细胞也必须要遇到那些为数不多的可以帮助它们产生抗体的辅助性 T 细胞。次级淋巴器官可以使抗原提呈细胞、T 细胞和 B 细胞在有利于活化的条件下发生相遇。免疫细胞在我们身体中的迁移，会受在这些细胞表面表达的适当的黏附分子的控制。初始状态和效应淋巴细胞会以不同的"交通"模式进行迁移。

## 引言

在前面的讲座中，我们讨论了 B 细胞和 T 细胞活化的要求。例如，为了使辅助性 T 细胞协助 B 细胞产生抗体，Th 细胞必须首先找到提呈相关抗原的抗原提呈细胞并活化自己。然后，B 细胞必须要找到相同的抗原并以交联 B 细胞受体的方式进行展示。最后，B 细胞还必须要找到活化的 Th 细胞。当你发现 T 细胞或 B 细胞的数量，仅仅只有普通人体内细胞数量的大约 1/100 亿的时候，这个"寻找过程"工作量的问题就变得很明确了。确实，这自然就会引出这样一个问题，"B 细胞怎么可能会居然被激活了呢？"

答案是，各种免疫系统参与者的行动都是经过精心编排的，不仅是为了提高活化的效率，而且也是为了确保将恰当的"武器"运送到身体内需要它们的部位。因此，要真正理解免疫系统是如何工作的，人们就必须对所有这些相互作用发生在身体的哪个部位，有一个清晰的图像认识了。因此，现在是我们关注免疫系统"地理学"（指发生场所的分布[1]）的时候了。

免疫系统对攻击者的防御实际上可以分为 3 个阶段：识别危险、生产针对入侵者的"武器"以及将这些"武器"运送到攻击地点。适应性免疫应答的识别阶段发生在次级淋巴器官中，包括淋巴结、脾和黏膜相关淋巴组织（简称 MALT）。你可能想要问：如果这些是次级淋巴器官，那么初级淋巴器官是什么呢？初级淋巴器官包括骨髓（B 细胞和 T 细胞的诞生地）和胸腺（T 细胞在胸腺中接受"早期训练"）。

## 淋巴滤泡

所有次级淋巴器官都有一个共同的解剖特征：它们都含有淋巴滤泡。这些淋巴滤泡对于适应性免疫系统的功能来说，是至关重要的，因此我们需要花一些时间来熟悉它们。淋巴滤泡源于"原始"淋巴滤泡：零散的滤泡树突状细胞（FDCs）植入到次级淋巴器官中富含 B 细胞的区域中所形成的结构。因此，淋巴滤泡实际上就是在 B 细胞海洋中的滤泡树突状细胞"岛屿"。

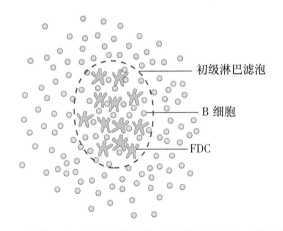

初级淋巴滤泡
B 细胞
FDC

虽然，滤泡树突状细胞确实具有海星一样的外形，但它们与我们之前讨论的具有抗原提呈功能的树突状细胞（DCs）有着很大的不同。这些树突状细胞是在骨髓中产生以后，迁移到组织中去占

---

1 译者注。

据"哨兵"位置的白细胞。滤泡树突状细胞（例如皮肤细胞或肝细胞）属于很早就出现的细胞，随着胚胎的发育，它们会在次级淋巴器官中选定最终所处的位置。事实上，滤泡树突状细胞在孕中期时就已经在那里了。滤泡树突状细胞和抗原提呈树突状细胞不仅起源有很大的不同，而且这两种海星状细胞的功能也大不相同。树突状 APC 的作用是通过 MHC 分子将抗原提呈给 T 细胞，而滤泡树突状细胞的功能则是将抗原展示给 B 细胞。下面介绍它们是如何进行工作的。

在感染的早期，补体蛋白与入侵者进行结合，一些被补体调理过的抗原会通过淋巴或者血液被输送到次级淋巴器官中。驻留在次级淋巴器官中的滤泡树突状细胞表面具有可以结合补体片段的受体，因此，滤泡树突状细胞能够"拾取"并保留被补体调理过的抗原。通过这种方式，滤泡树突状细胞可以被那些来自正在战斗的组织的抗原所"修饰"。此外，通过捕获大量抗原并将它们紧密拢在一起，FDCs 会以一种能够使 B 细胞受体发生交联的方式进行抗原的展示。在战斗的后期，已经产生出抗体的时候，被抗体调理过的入侵者也可以被保留在滤泡树突状细胞的表面，这是因为 FDCs 具有可以与抗体分子恒定区进行结合的受体。

因此，滤泡树突状细胞可以捕获已经被调理过的抗原，并以有助于活化 B 细胞的形式将这些抗原"展示"给 B 细胞。那些通过受体与其同源抗原发生交联结合的 B 细胞会悬挂在这些滤泡树突状细胞的"树杈"上，并通过增殖作用以增加其细胞的数量。当这种情况发生的时候，滤泡就会开始生长并成为 B 细胞发育的中心。这种活跃的淋巴滤泡被称为"外周淋巴滤泡"或者生发中心。补体调理过的抗原在触发生发中心发育方面的作用，是无论怎么强调也不为过的：补体系统存在缺陷的人的淋巴滤泡的发育永远都不会超过初级阶段。因此，我们就会再次注意到，要想使适应性免疫系统做出反应，固有免疫系统就必须要首先对即将发生的危险进行反应。

随着 B 细胞在生发中心中的增殖过程，它们会变得非常"脆弱"。除非它们能够获得到正确的"救援"信号，否则他们都将会自杀（死于细胞凋亡）。幸运的是，辅助性 T 细胞可以通过提供这些 B 细胞所需要的共刺激信号来拯救它们。当受体被抗原交联后的 B 细胞获得所需要的共刺激信号时，它就能暂时从细胞凋亡的过程中被解救出来，并继

续进行增殖。B 细胞在生发中心进行繁殖的速度确实是惊人的：B 细胞的数量每 6 个小时就会增加一倍！这些增殖的 B 细胞会将其他未被激活的 B 细胞挤到一边去，并在生发中心中建立起一个叫作"暗区"的区域——因为该区域中包含大量增殖的 B 细胞，所以在显微镜下看起来会比较暗。

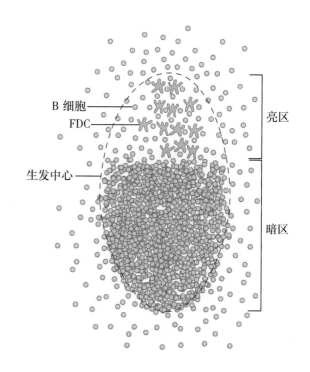

经过这段增殖期之后，一些 B 细胞会"选择"成为浆细胞，并离开生发中心去生产抗体。因为这些 B 细胞得到了 T 细胞的辅助，所以它们完全有能力产生出大量入侵者特异性的抗体。但是，这些抗体主要是 IgM 抗体，因为这些 B 细胞没有发生类别转换。它们也没有经历过体细胞高频突变从而增加其受体与其同源抗原结合的平均亲和力。因此，这些 B 细胞会产生出好的抗体，但并不是产生最好的抗体。不过没关系，在感染的初期，更好的抗体产生出来之前，这些 IgM 型的"未精制"的抗体也是非常有用的。

其他 B 细胞会继续驻留在生发中心，增殖并产生出更多的 B 细胞，并且会进行体细胞高频突变以增强其受体与抗原发生结合的亲和力。体细胞高频突变发生在生发中心的暗区，每轮高频突变发生以后，B 细胞都会迁移到亮区，在亮区测试其突变的 BCR 与抗原的亲和力。如果，突变后的 BCRs 与抗原没有足够高的亲和力，那么，这样的 B 细胞就会死于细胞凋亡，并被生发中心中的巨噬细胞吞噬。相反，如果 B 细胞受体的亲和力大到

足以与 FDCs 上展示的相关抗原进行有效地交联，并且它们还能够获得生发中心亮区中存在的活化 Th 细胞的共刺激信号，那么，这些 B 细胞就可以免于凋亡。图中是 B 细胞在暗区中的增殖与突变以及在亮区中的检测和再刺激期之间的"循环"。在所有这些活动中的某个时间点，可能是在暗区中，B 细胞还可以对它们所产生的抗体进行类别转换。

总之，淋巴滤泡是次级淋巴器官中的一个特别区域，在这个区域中的 B 细胞可以与渗透其中的滤泡树突状细胞形成网格，而这些滤泡树突状细胞会在其表面展示出其已捕获到的被调理的抗原。可以遇到同源抗原并获得 T 细胞帮助的 B 细胞就会免于死亡。这些"被挽救"的 B 细胞能够迅速地增殖，并经历体细胞高频突变和类别转换。显然，淋巴滤泡对 B 细胞的发育极为重要，这就是为什么在所有次级淋巴器官中都有它存在。

## 高内皮细胞小静脉

除了脾以外，所有次级淋巴器官都共有的第二个解剖学特征就是高内皮细胞小静脉（HEV）。HEV 如此重要的原因在于，它是 B 细胞和 T 细胞从血液进入到这些次级淋巴器官中的"门户"。大多数在血管内侧的内皮细胞会排列成为类似于一层层重叠的鹅卵石构成的结构，它们会紧紧地"粘"在相邻的细胞上以防止血细胞流失到组织中。相比之下，在大多数次级淋巴器官中，从毛细血管床负责收集血液的小血管（毛细血管后微静脉）内，会衬有一种特殊的内皮细胞，这些内皮细胞的形状更像是柱子而不是鹅卵石。

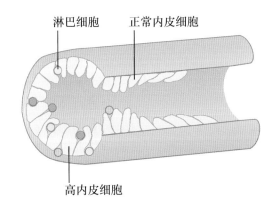

这些高高的细胞就是高内皮细胞，所以高内皮细胞小静脉是小血管（微静脉）中一个具有高

内皮细胞的特殊区域。高内皮细胞不是粘在一起，而是被"点焊"连接在一起的。因此，HEV 的细胞之间会有足够的空间让淋巴细胞可以蠕动通过。实际上，"蠕动"一词可能不太恰当，因为淋巴细胞在高内皮细胞小静脉处可以非常高效地离开血液，每秒大约会有 10 000 个淋巴细胞从血液中离开，并穿过高内皮细胞之间的空隙进入到一个普通淋巴结中。

现在，你已经对淋巴滤泡和高内皮细胞小静脉很熟悉了，我们就可以把一些次级淋巴器官串联在一起来进行学习了。在今天的这些关联的学习中，我们将会去了解淋巴结、派尔斑（MALT 的一个例子，派尔集合淋巴结）和脾。当我们探索这些器官时，一定要特别注意"管道"的问题。器官是如何与血液和淋巴系统相连接的，可为了解其功能提供重要的线索。

## 淋巴结

淋巴结是水管工们的梦想。这个豆状的器官具有可以将淋巴液引入淋巴结的输入淋巴管和使淋巴液流出的输出淋巴管。此外，它还有可携带滋养淋巴结细胞营养物质的血液的微动脉，以及能让血液离开淋巴结的静脉。仔细看这张图，你还可以看得到 HEV。

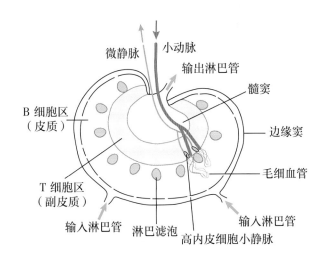

脑子里有了这张图之后，你能看得出淋巴细胞（B 细胞和 T 细胞）是如何进入到淋巴结里面的了吗？没错，它们可以在 HEV 细胞之间推开一条路，然后通过这条路，离开血液进入到淋巴结中。淋巴细胞还有另一种进入淋巴结的方式就是：通过淋巴液进入。毕竟，淋巴结就像是一个"约会酒吧"，被安置在淋巴重新汇入到上半身血液中的沿途路上。B 细胞和 T 细胞会积极地"逛酒吧"，顺着淋巴回流从一个淋巴结被带到另一个淋巴结里。虽然，淋巴细胞进入淋巴结可以有两种方式，但是它们只能通过淋巴液被排出，因为那些高内皮细胞小静脉不会让它们再重新返回到血液中去了。

因为淋巴结是淋巴细胞可以找到其相关抗原的地方，所以我们还是要讨论这种抗原是如何到达那里的。当驻留在组织中的树突状细胞受到战斗信号刺激的时候，它们就会通过淋巴液离开组织，并把在战场上获得的抗原携带到次级淋巴器官中。所以，这是抗原进入淋巴结的一种方式：作为 APC 上的"货物"。此外，经补体或抗体调理过的抗原，也可以通过淋巴液进入淋巴结。在淋巴结中，被调理的抗原将会被滤泡树突状细胞捕获并展示给 B 细胞。

当淋巴液进入到淋巴结的时候，它就会通过边缘窦上的孔（窦是表示"空腔"的一个用词），通过皮质和副皮质，最后进入到髓窦，在髓窦通过输出淋巴管离开淋巴结。

边缘窦的壁上覆盖着巨噬细胞，当病原体进入淋巴结的时候，这些巨噬细胞就会捕获并吞噬它们。这就会大大减少适应性免疫系统需要处理的入侵者的数量，并有助于防止病原体进入血液。这一点是非常重要的，因为血液会将入侵者带到全身，并有可能将局部的感染转变为全身性感染。因此，淋巴结的一个重要功能就是"淋巴过滤器"的作用。

高内皮细胞小静脉位于副皮质区，因此，在 B 细胞和 T 细胞从血液到达淋巴结的时候，会穿过这个区域。T 细胞倾向于在副皮质中进行聚集，并可以被黏附分子留置下来。这种 T 细胞的积累是很有意义的，因为在副皮质中也存在着树突状细胞。当然，这个活动的一个目的就是使 T 细胞与这些抗原提呈细胞结合在一起。另一方面，进入淋巴结的 B 细胞也会在淋巴滤泡所在的皮质中发生积聚。B 细胞的这种定位效果是很好的，因为展示调理抗原给 B 细胞的滤泡树突状细胞是位于淋巴结中这个区域的。因此，淋巴结具有一个高度组织化的结构，能分别给予抗原提呈细胞、T 淋巴细胞、B 淋巴细胞和巨噬细胞不同的特定定植区域。

## 淋巴结里的"舞蹈表演"（淋巴结内的生命活动[1]）

不同免疫细胞都倾向于在淋巴结中的特定位置"闲逛"，这种情况就引出了一个问题：这些免疫细胞是如何知道去哪里以及何时前往的呢？事实证明，这些细胞在次级淋巴器官中的运动是由一种叫作趋化因子（趋化性细胞因子的简称）的细胞因子精心"策划"的。下面就介绍它是如何工作的。

淋巴结中的滤泡树突状细胞能产生一种称为 CXCL13 的趋化因子。进入淋巴结的初始 B 细胞可以表达该趋化因子的受体，并被吸引到 FDCs 展示被调理过的抗原的淋巴结区域中。如果 B 细胞在该区域能发现其相关抗原，就会下调 CXCL13 受体的表达，并上调另一种趋化因子受体 CCR7 的表达。该受体能发现由活化 Th 细胞与 B 细胞相遇的淋巴结区域（即 B 细胞和 T 细胞区域之间的边界地带）中存在的趋化因子。因此，一旦 B 细胞发现了它的抗原，它就会被这种趋化因子的"气味"吸引到淋巴结中的特定位置，在那里它就可以获得活化 Th 细胞的帮助了。

同时，活化 Th 细胞也会下调那些使它们停留在 T 细胞区域的趋化因子受体的表达。同时，它们还会上调 CXCR5 趋化因子受体的表达，这些细胞因子能使它们被吸引到滤泡边缘，在那里被抗原激活的 B 细胞正等待着它们的辅助。因此，免疫细胞的运动是通过上调和下调趋化因子受体，以及可以被这些受体识别到的局部的趋化因子的产生来进行协调的。

当然，人体细胞不会像某些细菌那样配备着"小螺旋桨"（细菌的鞭毛），所以它们不能"游"向趋化因子源头的方向，人体细胞所做的运动方式是"爬行"。一般而言，能接触到最大趋化因子浓度的细胞末端会向趋化因子的源头"伸出触手"，而细胞的另一端则会发生回缩。通过重复这种运动，细胞就可以"沿着浓度梯度"，从而爬向细胞因子的源头。

此时，你可能会问，"活化 Th 细胞怎么会知道要帮助哪些 B 细胞呢？"这是一个很好的问题，答案也很有趣。最终发现，当 B 细胞识别出滤泡树突状细胞展示的同源抗原的时候，B 细胞的受体会

---

1 译者注。

与该抗原发生紧密地结合，受体和同源抗原的复合物会被带入到 B 细胞的内部。所以，B 细胞实际上是在从 FDC "树"上"摘取"抗原。一旦进入到 B 细胞内，抗原就会被酶消化，并负载到 MHC Ⅱ类分子上，然后提呈到 B 细胞的表面以便被 Th 细胞识别发现。然而，为了能够完全成熟，提取抗原的 B 细胞还需要共刺激信号，而活化 Th 细胞就可以提供这种共刺激信号，因为 Th 细胞可以表达高水平的 CD40L 蛋白，这些蛋白质可以插入 B 细胞表面的 CD40 蛋白中。但是，Th 细胞只会向提呈 Th 细胞相关抗原的 B 细胞提供这种刺激信号。

Th 细胞帮助 B 细胞

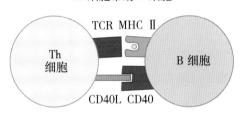

此外，通过识别其同源抗原而被激活的 Th 细胞也需要活化 B 细胞的帮助才能够完全成熟。这种帮助会涉及细胞间的接触，在细胞接触过程中，B 细胞表面的 B7 蛋白和被称为 ICOSL 的蛋白分子会分别与 Th 细胞表面上的 CD28 和 ICOS 蛋白进行结合。

B 细胞帮助 Th 细胞

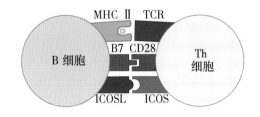

这意味着在淋巴滤泡的边界地带，活化 Th 细胞和活化 B 细胞会在一起"跳舞"，这对于它们彼此的成熟都是至关重要的。Th 细胞会向 B 细胞提供其所需的 CD40L，而 B 细胞则会提供辅助性 T 细胞完全成熟所需的被提呈的抗原、B7 和 ICOSL。这种完全成熟的 Th 细胞被称为滤泡辅助性 T (Tfh) 细胞。这些 Tfh 细胞现在已经被"授权"去营救生发中心里面的脆弱 B 细胞，并帮助这些 B 细胞进行类别转换或者体细胞的高频突变。

Th 细胞和 B 细胞之间的初次相遇通常要持续大约一天，相遇之后，一些 B 细胞就可以进行增

殖并开始产生亲和力相对较低的 IgM 抗体。尽管这些浆细胞没有通过类别转换或者体细胞高频突变而进行"升级"，但是它们依然是很重要的，因为它们对入侵提供了相对快速的应答。其他 B 细胞和它们的伙伴 Tfh 细胞会一起迁移到生发中心中，在那里发生类别转换和体细胞高频突变。确实，类别转换和体细胞高频突变通常都需要 Tfh 细胞上的 CD40L 蛋白与生发中心里 B 细胞表面上的 CD40 蛋白之间发生的相互作用。

体细胞的高频突变实际上是由生发中心 B 细胞和 Tfh 细胞之间的相互作用来"驱动"的。具有更高亲和力受体的 B 细胞能够从树突状细胞上"摘取"到更多的抗原，并通过 MHC Ⅱ类分子把更多的这类抗原提呈给 Tfh 细胞。作为回报，B 细胞会从这些 Tfh 细胞那里获得更大的帮助，使 B 细胞在进入生发中心暗区的时候，能够更快地进行增殖。这个过程能使 B 细胞库中的 BCR 亲和力更高的细胞数量增加的更多。

需要特别注意的是，在这个双向刺激的过程中，B 细胞识别的蛋白质表位（B 细胞表位）通常与 Th 细胞识别的蛋白质表位（T 细胞表位）有所不同。毕竟，B 细胞的受体能够直接与蛋白质区域中恰好具备"适合"B 细胞受体的正确结构进行结合。与之相反，T 细胞的受体结合的蛋白质片段则需要具有适合 MHC 分子凹槽的正确的氨基酸序列。因此，尽管 B 细胞表位和 T 细胞表位是"相关的"，因为它们来自相同的蛋白质，但是这些表位通常是不同的。

### 通过淋巴结的再循环

当 T 细胞进入淋巴结的时候，它就会疯狂地去检查数以百计的树突状细胞，试图从中找到一个正在提呈其相关抗原的树突状细胞。如果 T 细胞在此的搜索没有取得成功，它就会离开淋巴结并继续在淋巴和血液中进行循环。如果辅助性 T 细胞在副皮质中，确实遇到了正在提呈其同源抗原的树突状细胞，那么，Th 细胞就会被激活并开始在此进行增殖。这个增殖阶段会持续几天，在这段时间里，T 细胞会通过黏附分子的作用停留在淋巴结中。在此期间，T 细胞可以与提呈其同源抗原的 DC 发生多次连续性的接触，从而增加 T 细胞的活化程度。扩增后的 T 细胞群体，随后就会离开 T 细胞区。大多数新活化的 Th 细胞会通过淋巴离开淋巴结，并随着血液进行再循环，再通过高内皮细

胞小静脉进入到其他淋巴结中。这个再循环的过程速度很快，通常只需要一天左右的时间就能完成整个循环，而且这个循环也非常重要。下面会介绍为什么这个循环是如此的重要。

在适应性免疫系统产生抗体之前，必须要"混合"4种主要的参与成分：将抗原提呈给 Th 细胞的 APCs、具有识别提呈抗原的受体的 Th 细胞、被滤泡树突状细胞展示的被调理过的抗原，以及具有抗原识别受体的 B 细胞。在感染早期，这些成分几乎都不存在，初始 B 细胞和 T 细胞仅仅是随机性通过次级淋巴器官进行循环，在其中检查是否存在与其受体匹配的抗原。因此，能识别特定抗原但数量很少的 Th 细胞与对同一抗原具有特异性的数量很少的 B 细胞到达完全相同的淋巴结的可能性是非常小的。但是，当活化的 Th 细胞首先进行增殖从而增加其数量之后，再循环到很多淋巴结和其他次级淋巴器官的时候，具有正确受体的 Th 细胞就会进行四处扩散，从而使它们有更好的机会去遇到那些罕见的需要得到它们帮助的 B 细胞。

已经遇到过滤泡树突状细胞所展示的相关抗原的 B 细胞，会迁移到淋巴滤泡的边界处，在那里它们会遇到从副皮质区迁移来此的活化 T 细胞。正是在这次相遇的过程中，B 细胞会首先接受到活化所需要的共刺激信号。然后，B 细胞会和 Th 细胞一起进入到淋巴滤泡中，B 细胞开始增殖。此后，许多新产生的 B 细胞会通过淋巴液离开淋巴滤泡并分化成为浆细胞，这些浆细胞可以驻留在脾或骨髓中，并产生和分泌 IgM 抗体。其他活化的 B 细胞可以驻留在淋巴滤泡中，在那里它们会进行增殖从而产生出更多的 B 细胞，并且在离开滤泡之前，还能够进行类别转换和附加的体细胞高频突变。与活化 Th 细胞相反，活化 B 细胞通常不会通过淋巴液和血液再循环而进入到其他次级淋巴器官中。为什么要去四处流浪呢？这些 B 细胞已经找到了一个可以提供它们所需要的一切来帮助它们的次级淋巴器官了——在这里有滤泡树突状细胞上展示的抗原和 Tfh 细胞。

当杀伤性 T 细胞发现被树突状细胞提呈的相关抗原时，就会在淋巴结的副皮质区被激活。一旦被激活，CTL 就会进行增殖并且参加循环。这些 CTL 中的一部分，会进入到其他次级淋巴器官中，并不断地进行这个循环，而另一些则会从血液中，进入到感染的部位去杀死被病原体感染的细胞。

众所周知，感染部位的引流淋巴结往往会发生肿大。例如，如果你的上呼吸道感染病毒（如流感）时，脖子上的颈淋巴结就可能会发生肿大。实际上，在严重感染期间，淋巴结可能会肿胀到正常大小的 10 倍。肿胀的部分原因是淋巴结内部的淋巴细胞发生增殖导致的。此外，活跃淋巴结中的辅助性 T 细胞产生的细胞因子，还会募集来更多的巨噬细胞，而这些巨噬细胞往往会堵塞髓窦。这样就会导致液体滞留在淋巴结中，引发进一步的肿胀。

生发中心里面发生的疯狂活动，一般会在 3 周左右结束。到那时，入侵者通常已经被击退了，B 细胞从滤泡树突状细胞的"树"中也挑选了大量的调理过的抗原。此时，大多数 B 细胞就会离开滤泡或者在滤泡中死亡了，此时曾经是生发中心的这片区域就会看起来更像初级淋巴滤泡了。你的淋巴结也就不会再肿大了。

有趣的是，当外科医生从身体的某个器官中切除肿瘤的时候，他们通常会检查从该器官输出淋巴液的淋巴结。如果，他们在引流的淋巴结中发现了肿瘤细胞，那么，这就表明癌症已经开始通过淋巴系统转移到身体的其他部位了——转移的第一站就是附近的淋巴结。

总之，淋巴结作为"淋巴过滤器"，能够拦截那些来自被感染组织的抗原，无论它们是单独游离的形式，还是作为树突状细胞的"货物"。这些淋巴结为抗原、APCs、T 细胞和 B 细胞提供了集中性的有组织结构性环境，在这里初始 B 细胞和 T 细胞就可以被活化，并且效应 B 细胞和 T 细胞也可以被重新激活。在淋巴结中，初始 B 细胞和 T 细胞可以成熟分化为产生抗体（B 细胞）、提供细胞因子帮助（Th 细胞）和杀死被感染细胞（CTL）的效应细胞。简而言之，一个淋巴结就可以完成这一切了。

## 派尔斑

早在 17 世纪后期，瑞士解剖学家 Johann Peyer 就注意到小肠内侧被绒毛覆盖的细胞中，存在着光滑细胞斑块的嵌入。我们现在知道，这些派尔斑就是黏膜相关淋巴组织（MALT）中的一种，它发挥着次级淋巴器官的作用。派尔斑在出生前就已经开始发育了，一个成年人大约有 200 个派尔斑。下图展示了派尔斑的基本特征。

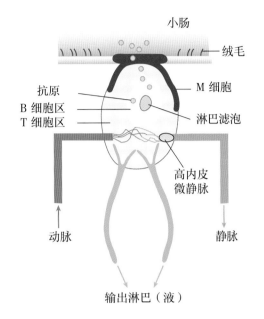

派尔斑内有高内皮细胞小静脉，淋巴细胞可以通过这些微静脉从血液中进入到派尔斑。当然，还有流出的淋巴管会将淋巴液从组织中排出去。然而，与淋巴结不同的是，派尔斑中没有淋巴管可以将淋巴液带入到派尔斑里面。那么，如果没有进入的淋巴管，抗原是如何进入这个次级淋巴器官里面的呢？

你看到派尔斑顶部那些没有绒毛的光滑细胞了吗？这就是所谓的 M 细胞。这些不寻常的细胞没有被黏液包裹，因此，按照这样的状态，它们很容易就可以接触到栖息在肠道的微生物了。M 细胞是一种"采样"细胞，专门负责将抗原从小肠腔内部转运给其下方组织中的细胞。为了完成这个工作，M 细胞会将肠道抗原包裹在囊泡内体中。然后，这些内体会通过 M 细胞的运输，将它们的内容物"吐"到小肠周围的组织中。因此，淋巴结从淋巴中"采集"抗原，而派尔斑会从肠道中"采集"抗原——通过 M 细胞将这些抗原转移到其中。

M 细胞收集的抗原，可以通过淋巴转运到引流派尔斑的淋巴结中。此外，如果收集的抗原可以被补体或者抗体进行调理，那么它就能被位于 M 细胞下面的淋巴滤泡中的滤泡树突状细胞所捕获。事实上，除了这种不同寻常的捕获抗原的方法以外，派尔斑与淋巴结的结构非常相似，都具有高内皮细胞小静脉来运输 B 细胞和 T 细胞，还有容纳这些细胞进行聚集的特殊区域。

实际上，M 细胞对它们所运输的抗原是非常有选择性的，它们并不仅仅只是无选择地"吮吸"当下肠道内的任何东西，那多恶心呀！不，M 细胞只是运输可以与其表面分子结合的抗原。这种选择

性是非常有意义的。M 细胞和派尔斑的总体功能就是，帮助启动针对通过肠道入侵的病原体的防御性免疫应答。而一个制造麻烦的病原体，它必须是能够与肠道内细胞结合并且能够进入黏膜下组织的。事实上，我们吃的大部分食物都只会在消化的不同阶段通过小肠，而不会与任何的东西进行结合。所以，具有危险性的微生物，其最低要求就是它必须能够与肠道细胞的表面进行结合。因此，通过忽略所有"非结合性物质"的方式，M 细胞就可以将派尔斑的作用聚焦在潜在的病原体身上，并帮助人体避免为应对无害的食物抗原来活化免疫系统了。

## 脾

我们学习的最后一个次级淋巴器官是脾。这个器官位于动脉和静脉之间，发挥着血液过滤器的作用。每次心脏跳动的时候，大约有 5% 的血液输出会通过你的脾。因此，你的脾只需要大约半个小时，就可以过滤出你体内全部血液中的病原体了。

与派尔斑一样，脾中没有淋巴管用于引入淋巴液。但是，与淋巴结和派尔斑不同的是，来自血液的 B 细胞和 T 细胞仅能通过高内皮细胞小静脉进入到淋巴结和派尔斑中，而脾本身就像一个"开放式的聚会"，血液中的所有物质都会被邀请进入到脾中。下图就是构成脾中一个过滤单元的示意图。

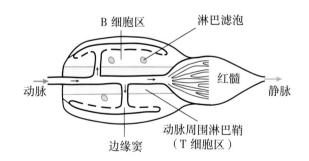

当血液从脾动脉进入到脾以后，它就会被转移到边缘窦中，从边缘窦通过渗透的方式穿过脾，然后被收集到脾静脉中。当初始 B 细胞和 T 细胞与血液一起流动的时候，它们会暂时驻留在脾的不同的区域中。T 细胞位于围绕在中央小动脉周围的称为动脉周围淋巴细胞鞘（PALS）的区域里，而 B 细胞则位于 PALS 和边缘窦之间的区域中。

当然，由于脾没有淋巴管负责运输来自组织中的树突状细胞，你可能会问："脾中的抗原提呈细胞是从哪里来的呢？"答案是，边缘窦作为血液

首先进入脾的地方，是"驻留"树突状细胞们的家园。这些树突状细胞会从血液中含有的入侵者那里"吸收"抗原，并用它们来制备展示的 MHC II 类分子。脾驻留树突状细胞也可以被血液中的病原体感染，并会使用它们的 MHC I 类分子来展示这些抗原。一旦被激活以后，驻留树突状细胞就会前往 T 细胞聚集的 PALS。因此，虽然将抗原提呈给脾中 T 细胞的树突状细胞是"旅行者"，但与从组织中战斗中运输抗原前往淋巴结的它们的表亲相比，它们的旅程是相对较短的。已经被 PALS 中 APC 活化的辅助性 T 细胞随后就会进入脾的淋巴滤泡，为 B 细胞提供帮助。下面就是这个故事的其余部分！

一些最危险的血源性病原体，如肺炎链球菌和流感嗜血杆菌，会被多聚糖胶囊包裹。辅助性 T 细胞只能被蛋白抗原所活化，因此这些带有糖类外衣的细菌对辅助性 T 细胞来说是"隐形的"。这时，如果脾中的 B 细胞不能被激活并产生抗体来抵御这些危险的入侵者，那么，我们就会遇到麻烦了。幸运的是，脾是身体中在没有 Th 细胞帮助的情况下，也可以活化 B 细胞的主要部位之一。这些"无助"的 B 细胞被称为边缘区 B 细胞，它们驻扎在边缘窦中，在这里它们会与进入脾的血液发生接触。而且，由于这些边缘区 B 细胞不必等待 T 细胞来活化它们，所以它们可以在那些被糖类包裹的细菌有机会繁殖使数量达到危险水平之前，就能迅速做出反应。失去脾的人（例如，由于外伤），会处于被碳水化合物包裹的细菌严重感染的危险之中，这个事实表明了不依赖 Th 细胞辅助的 B 细胞活化的重要性。

这些边缘区 B 细胞在没有 T 细胞帮助的情况下，是如何被活化的，现在仍然是个谜。它们可能利用细菌"胶囊"是由许多重复的碳水化合物分子所组成的状态，这种状态会有许多表位聚集在一起使 BCR 发生聚集和交联。不依赖于 T 细胞的活化，也可能是由于 B 细胞利用了它们的模式识别受体和补体受体来识别出这些细菌是真正危险的入侵者。但没有人知道答案。

## 次级淋巴器官的工作逻辑

到现在为止，我相信你已经了解到在次级淋巴器官里发生的事情了。每个次级淋巴器官都会被巧妙地安置以拦截通过不同途径进入身体的入侵者。如果皮肤被刺破并且感染组织，那么在引流这些组织的淋巴结中就会产生免疫应答。如果，你吃了受到污染的食物，那么小肠内的派尔斑就会启动免疫应答。如果，你被血液传播的病原体入侵，那么，你的脾就会将它们过滤掉并激活免疫应答。如果，入侵者是通过你的呼吸道进入的，那么，包括你的扁桃体在内的另一组次级淋巴器官就会对你进行保护。

次级淋巴器官不仅被巧妙地安置在不同的部位，而且它们还提供了一个有利于调动的适当的武器，以应对最有可能遇到的入侵者。但是，具体是如何运作的，还尚不清楚。然而，在各种次级淋巴器官中，都能发现不同细胞因子决定了免疫应答的各自局部特征。例如，派尔斑有专门可以产生并分泌 Th2 细胞因子谱的 Th 细胞以及分泌 IgA 抗体的 B 细胞，这都是抵御肠道入侵者的完美武器。相比之下，如果你的脚趾被扎在上面的碎玻璃片上的细菌入侵并感染了，那么，膝盖后面的淋巴结会产生 Th1 细胞及其相关的细胞因子、分泌 IgG 抗体的 B 细胞，它们都是防御这些细菌的理想武器。

毫无疑问，次级淋巴器官最重要的功能是将淋巴细胞和抗原呈递细胞聚集在一起，以便使适应性免疫细胞被活化的可能性达到最大。确实，次级淋巴器官能使免疫系统有效应答成为可能，即使对特定抗原具有特异性的 T 细胞只有百万分之一。在前面，我将次级淋巴器官比喻为约会酒吧，其中 T 细胞、B 细胞和 APC 混合在一起，都在试图找到它们的伴侣。但事实上，它做得甚至比这更好。次级淋巴器官实际上更像是在做"约会中介服务"。下面来解释我的意思。

当男人和女人使用约会中介服务寻找配偶的时候，他们首先会填写一份调查问卷，记录有关他们的背景和心仪目标的信息。然后，计算机就会浏览所有这些问卷并尝试去匹配那些可能会互相匹配的人。就这样，一个男人找到一个"合适"的女人的概率也就大大增加了，因为她们是已经被预先筛选过的了。这种类型的预选也会发生在次级淋巴器官中。这些器官是"（内部）分隔开的"，初始 T 细胞和 B 细胞会被分配到不同的区域里面。当数十亿个 Th 细胞通过次级淋巴器官的 T 细胞区域时，这些细胞中只有一小部分会被活化，这部分细胞的同源抗原正是被同样存在于 T 细胞区域的抗原提呈细胞所展示的。找不到抗原的 Th 细胞会离开次级淋巴器官并继续着它们的循环。只有那些在 T 细胞区被活化的幸运 Th 细胞才会进行增殖，然后前往发育中的生发中心为 B 细胞提供帮助。这是完全符合逻辑的：允许那些无用的、尚未活化的Th 细胞进入到 B 细胞区域，只会使事情变得复杂混乱，并且会降低"正确"的 Th 细胞和 B 细胞彼此在一起的机会。

与之相似，许多 B 细胞会进入到次级淋巴器官的 B 细胞区域中，去寻找由滤泡树突状细胞所展示的同源抗原。大多数 B 细胞只是匆匆通过，而没有找到它们的受体可以识别的抗原。那些能够找到"伴侣"的很少的 B 细胞，就会停留在次级淋巴器官中，并被允许与活化的 Th 细胞进行相互作用。因此，淋巴细胞在各自的次级淋巴器官区域的"预选过程"，能确保当 Th 细胞和 B 细胞最终相遇的时候，它们将会有最大的机会找到它们的"伴侣"，就像约会中介服务一样。

## 淋巴细胞的转运

到目前为止，我们已经讨论过了在次级淋巴器官中 B 细胞和 T 细胞的相遇及其活化的相关内容，但是我还没有说过太多关于这些细胞是怎么知道要去次级淋巴器官的问题。免疫学家们把这个过程称为淋巴细胞的转运。在每个人体内，每天大约有 5 000 亿个淋巴细胞会通过各种次级淋巴器官进行循环，但是这些细胞并不是在四处乱逛。正好相反，它们都在遵循着精心设计的转运模式，以最大限度地增加遇到入侵者的机会。重要的是，初始淋巴细胞和效应淋巴细胞的转运模式是不同的。让我们先来看看初始 T 细胞的旅行过程吧。

T 细胞在骨髓中开始了它的生命，并在胸腺中被驯化培养（在第九讲中会有更多关于该主题的内容）。当它们离开胸腺的时候，初始 T 细胞会在其表面表达出种类多样的细胞黏附分子。这些细胞黏附分子就是可以作为初始 T 细胞前往任何次级淋巴器官的"护照"了。例如，初始 T 细胞表面有一种叫做 L- 选择素的分子，可以与存在于淋巴结高内皮细胞小静脉上的黏附伴侣分子 GlyCAM-1进行结合。这就是是它们的"淋巴结护照"。初始T 细胞还会表达一种整合素分子 α4β7，它的黏附伴侣分子 MadCAM-1 存在于派尔斑的高内皮细胞小静脉和引流肠道周围组织的淋巴结（肠系膜淋巴结）中。所以，这个整合素分子是他们进入肠道区

域的护照。当拥有了一系列不同的黏附分子之后，缺乏经验的 T 细胞就会在所有的次级淋巴器官中进行循环。这是很有意义的：T 细胞受体的基因是通过随机选择基因片段进行组装而成的，因此无法确定特定的初始 T 细胞可能会在体内的哪个地方才能遇到其相关抗原（指相应的特异性抗原[1]）。

在次级淋巴器官中，初始 T 细胞需要通过 T 细胞区域中的抗原提呈细胞区。这些 T 细胞在那里会检查数百个树突状细胞上的"广告牌"。如果它们没有看到它们的相关抗原的"广告"，那么它们就会通过淋巴或直接（在脾中）重新进入血液，并继续进行再循环。一般而言，初始 T 细胞大约可以每天循环一次，每次循环在血液中只会停留大约30 min。一个初始 T 细胞会在很长的一段时间内继续着这种循环，但大约 6 周以后，如果 T 细胞还是没有遇到 MHC 分子提供的相关抗原，那么它就会死于细胞的凋亡——孤独而不满足的离去。相比之下，那些找到抗原的幸运 T 细胞会在次级淋巴器官中被活化，这些就是现在"有经验的"T 细胞了。

有经验的 T 细胞也携带着"护照"，但它们的"护照"是"受到限制的护照"，因为在活化的过程中，T 细胞表面某些黏附分子的表达会增加，而其他黏附分子的表达则会减少。这种细胞黏附分子表达的改变并不是随机的。而是一个有计划的行为。事实上，活化 T 细胞黏附分子的表达取决于这些 T 细胞是在哪里被活化的。通过这种方式，T 细胞就会被"烙"上它们来自哪里的记忆印迹。例如，派尔斑中的 DC 可以产生视黄酸，能够诱导 T 细胞在派尔斑中被激活并表达出高水平的 α4β7（肠道特异性整合素）。这样的结果就是，在派尔斑中激活的 T 细胞会趋向于返回派尔斑。同样，在引流皮肤的淋巴结中活化的 T 细胞能够上调那些有利于它们返回引流皮肤的淋巴结的受体分子的表达。因此，当活化的 T 细胞进行再循环的时候，它们通常会离开血液并重新进入到那些与它们最初遇到抗原时类型相同的次级淋巴器官中。这种受到限制的转运模式是非常合乎逻辑的。毕竟，如果你的肠道已经被侵入了，那么有经验的辅助性 T 细胞再循环到腘窝淋巴结中是没有用的，而且当然是没有用的。你希望的是，那些有经验的辅助性 T 细胞能够立即返回到位于你

1 译者注。

肠道下方的组织中，被重新刺激（活化）并继续为免疫应答提供帮助。为活化 T 细胞配备"受到限制的护照"可确保这些细胞能够回到最有可能再次遇到其同源抗原的地方，不管是在派尔斑、淋巴结还是扁桃体中。

当然，你并不希望 T 细胞去四处游荡。但是你还是希望它们会在感染部位离开血液。这样，CTL 就可以去杀死那些被病原体感染的细胞了，而 Th 细胞也可以提供细胞因子，去放大免疫应答并从血液中招募到更多的战士。为了实现这一切，有经验的 T 细胞还需要携带"战斗护照"（黏附分子），而"战斗护照"可以引导它们离开血液进入到入侵者开始感染的部位中。这些 T 细胞采用与中性粒细胞离开血液并进入炎症组织相同的技能，即"滚动、嗅探、停止、离开"。例如，在黏膜中获得经验的 T 细胞可以表达一种整合素分子 αEβ7，它的黏附伴侣分子是一种在发生炎症的黏膜血管（内皮细胞[1]）上表达的地址素分子。所以，那些经过正确"训练"以应对黏膜入侵者的 T 细胞将会去寻找已经被感染的黏膜组织。在这些组织中，前线士兵释放的趋化因子，可以通过与活化过程中 T 细胞表面表达的趋化因子受体相互结合，帮助引导 T 细胞参加战斗。当 T 细胞在组织中识别出它们的同源抗原时，它们就会收到通知它们停止迁移并开始进行防御的"停止"信号。

总之，初始 T 细胞拥有允许它们访问所有次级淋巴器官的护照，但不能去访问炎症部位。因此，所有初始 T 细胞群体通过次级淋巴器官，可以大大增加这些 T 细胞被激活的可能性。初始 T 细胞没有携带前往战场"护照"的原因是，它们在那里做不了任何事情——它们必须要首先被活化。

与初始 T 细胞相反，有经验的 T 细胞具有限制性的"护照"，可以引导它们返回到与它们获得经验时的器官相同类型的次级淋巴器官中。通过优先循环到这些器官中，T 细胞就很有可能被重新刺激或找到那些也遇到过相同入侵者并需要它们进行帮助的 CTL 和 B 细胞了。

当然，有经验的 T 细胞也拥有允许它们在感染部位离开血液的"护照"，使 CTL 能够杀死那些被病原体感染的细胞，并使 Th 细胞提供适当的细胞因子来指导战斗。这个奇妙的"邮政系统"是由细胞黏附分子和趋化因子所组成的，它能够确保将正确的武器运送到需要它们的地方。

B 细胞的转运与 T 细胞的转运是大致相似的。与初始 T 细胞一样，初始 B 细胞也有允许它们进入整个次级淋巴器官的"护照"。但是，有经验的 B 细胞并不像有经验的 T 细胞那样具有迁移性。大多数有经验的 B 细胞只是能够在次级淋巴器官或骨髓中安顿下来，产生出抗体，然后让这些抗体去"旅行"。

## 为什么母亲会去亲吻她们的宝宝

你有没有想过为什么妈妈会去亲吻她们的宝宝吗？你知道这是她们都会做的事情。大多数农场动物也会去亲吻它们的宝宝，虽然在这种情况下我们会将其称为舔。我会告诉你她们为什么要这样做。

新生儿的免疫系统不是很发达。事实上，直到出生后的几个月，IgG 抗体的产生才会开始。幸运的是，来自母亲血液的 IgG 抗体可以穿过胎盘进入到胎儿的血液中，因此新生儿拥有这种来自母亲的"被动免疫"，来帮助他渡过难关。新生儿还可以获得另一种被动免疫：来自母乳的 IgA 抗体。在哺乳期间，浆细胞会迁移到母亲的乳房并产生出一些能够分泌到乳汁中的 IgA 抗体。这是很有效的，因为婴儿遇到的许多病原体都是通过他的口腔或者鼻子进入的，可以经过肠道并导致腹泻。通过饮用富含 IgA 抗体的母乳，婴儿的消化道就能充满可以拦截这些病原体的抗体了。

然而，想象一下，一位母亲在一生中会接触过许多不同的病原体，她对其中大部分病原体而产生的抗体对婴儿是没有任何用处的。例如，母亲很可能具有可以识别出导致单核细胞增多症的 EB 病毒的抗体，但她的孩子可能要到十几岁才可能会接触到这种病毒。那么，如果一位母亲能够以某种方式提供识别婴儿正在遭遇的特定病原体的抗体，而不提供那些对婴儿毫无用处的抗体，那不是很好吗？嗯，正在发生的事情就是这样的。

当母亲亲吻她的婴儿时，她会对婴儿脸上的病原体进行"采样"——就是那些婴儿可能即将摄入的病原体。这些样本会被母亲的次级淋巴器官（例

---

1　译者注。

如她的扁桃体）所捕获，并且使对这些病原体具有特异性记忆的 B 细胞被重新活化。然后，这些 B 细胞就会进入母亲的乳房，在那里它们会产生大量的抗体——这正是婴儿需要的保护性抗体！

## 总结

在本讲中，我们了解了 3 个次级淋巴器官：淋巴结、派尔斑和脾。次级淋巴器官巧妙地分布在体内的不同部位，以拦截突破物理屏障并进入组织和血液的入侵者。由于次级淋巴器官分布的位置，它们可以通过创造出一个抗原、抗原提呈细胞和淋巴细胞能够聚集在一起，以便启动免疫应答的环境，并在免疫中发挥出关键性的作用。为了帮助实现这个目标，次级淋巴器官内部被"分隔"成为了多个特定区域。在这些区域中，可以允许 T 细胞或 B 细胞在相遇之前进行"预先选择"。

B 细胞和 T 细胞从血液中（通过在特化的高内皮细胞之间穿行的方式）或者通过淋巴进入到淋巴结中。抗原可以通过从组织中引流的淋巴液进入到淋巴结中，因此淋巴结发挥着拦截入侵者的淋巴"过滤器"的作用。此外，抗原还可以作为抗原提呈细胞上的"货物"被携带到淋巴结中。在淋巴结内，淋巴细胞和树突状细胞的运动是通过利用细胞黏附分子的作用而被精心"编排"的，当细胞在淋巴结内移动时，这些黏附分子会被上调或者下调。其结果就是，在 T 细胞区被活化的辅助性 T 细胞能够移动到 B 细胞区的边界上，与那些能够识别出滤泡树突状细胞展示的相关抗原的 B 细胞发生相遇。T 细胞和 B 细胞会在那里"共舞"，在此期间，辅助性 T 细胞会获得完全的"许可"以帮助 B 细胞产生抗体。这些获得许可的 Th 细胞被称为滤泡辅助性 T 细胞（Tfh 细胞）。

抗原可以通过专门的 M 细胞被转运到派尔斑中，这些 M 细胞能够从肠道中采集抗原。这种抗原可以与那些通过高内皮细胞小静脉进入到派尔斑中的 B 细胞和 T 细胞发生相互作用，或者可以与淋巴一起迁移到负责引流派尔斑的淋巴结。因此，派尔斑是一种次级淋巴器官，其旨在处理那些破坏肠黏膜屏障的病原体。

最后，我们讨论了脾，这是一种与淋巴结或派尔斑完全不同的次级淋巴器官，因为它没有输入淋巴管，也没有高内皮细胞小静脉。由于这种"管道式设计"，所以，抗原和淋巴细胞必须要通过血液才能进入脾。这种结构使脾成为了拦截血液中传播病原体的理想的血液过滤器。

初始辅助性 T 细胞可以通过血液进入次级淋巴器官。如果 Th 细胞在 T 细胞区没有遇到 APC 所展示的相关抗原，那么它就会通过淋巴或者血液（取决于器官的类型）离开该器官，并去访问其他次级淋巴器官以寻找到其相关抗原。另一方面，如果在访问次级淋巴器官期间，Th 细胞确实在树突状细胞上发现了由 MHC II 类分子展示的相关抗原时，它就会被激活并发生增殖。然后，它的大部分后代会离开次级淋巴器官并再次通过淋巴和血液进行迁移。这些"有经验的" Th 细胞表面具有的黏附分子，会促进它们重新进入到与它们被活化时类型相同的次级淋巴器官（例如，派尔斑或外周淋巴结）中。这种在初始活化并进行增殖后发生的受限制的再循环，会将活化的 Th 细胞扩散到那些可能存在着正在等待它们去帮助的 B 细胞或 CTL 所在的次级淋巴器官中。再循环的 Th 细胞也可以在流经炎症部位的时候，离开血管。在那里，Th 细胞能够提供强化先天和适应性免疫系统攻击反应的细胞因子，并帮助从血液中募集出来更多的免疫细胞。

初始杀伤性 T 细胞也通过血液、淋巴和次级淋巴器官进行循环。如果，它们在次级淋巴器官的 T 细胞区，遇到了由抗原提呈细胞表面 MHC I 类分子展示的同源抗原时，它们就会被激活。与有经验的 Th 细胞一样，有经验的 CTL 也可以进行增殖并再循环到次级淋巴器官中，被重新激活，或者离开循环并进入到炎症组织中，去杀死被病毒或者其他病原体（例如细胞内细菌）感染的细胞。

初始 B 细胞也会前往次级淋巴器官内，去寻找它们的相关抗原。如果，它们没有取得成功，那么它们就会继续在血液、淋巴液和次级淋巴器官中进行循环，直到找到伴侣或"孤独"而死。在次级淋巴器官的淋巴滤泡中，幸运的 B 细胞找到其受体可以结合的抗原后，就会迁移到淋巴滤泡的边缘。在那里，如果它可以从活化的辅助性T细胞那里获得到所需要的共刺激信号，那么B细胞就会被激活，并进行增殖产生出更多的可以识别相同抗原的B细胞。所有这些活动都会使初级淋巴滤泡（滤泡树突状细胞和B细胞的松散集合）转化成为B细胞增殖和成熟的生发中心。在生发中心中，B细胞可能会进行类别转换而产生IgA、IgG或IgE抗体，并且它们可能会经历体细胞高频突变以增加其受体对抗原的平均亲和力。这两个"升级"通常都需要Tfh细胞上CD40L蛋白与成熟B细胞上CD40分子进行结合。然后，这些B细胞中的大部分会变成浆细胞并进入到脾或骨髓中，在那里生产出抗体。其他B细胞则会留在生发中心，并进行进一步的增殖和选择。

## 思考题

1. 各种次级淋巴器官的功能是什么？
2. 制作一张我们讨论过的各个次级淋巴器官（淋巴结、派尔斑和脾）的表格，列出抗原、B细胞和T细胞是如何进入和离开这些器官的。
3. 为什么初始T细胞和B细胞可以聚集在次级淋巴器官的不同区域？
4. 在次级淋巴器官的T细胞区，活化的树突状细胞和Th细胞会发生相互作用。它们在这场"舞会"中都发生了什么？
5. 在次级淋巴器官的淋巴滤泡边缘处，B细胞和Th细胞会发生相互作用。在那场"舞会"中发生了什么？
6. 让初始B细胞和T细胞在所有次级淋巴器官中进行循环，会有什么好处？
7. 让有经验的B细胞和T细胞在选定的次级淋巴器官中进行循环的好处是什么？

# 第八讲 免疫系统的调节

**本讲重点！**

在某些情况下，强烈的免疫应答并不是最理想的，免疫系统必须能够克制自己以避免过度的活跃，并且在免疫系统战胜入侵者之后，必须终止那些用于防御入侵者的武器的生产，这些武器中的大多数也必须要进行销毁。

## 引言

免疫系统进化形成了对入侵者快速和具有压倒性的反应能力，毕竟大多数病毒或细菌进攻所导致的急性感染很快（在几天或几周内）就能被免疫系统处理好，或者宿主的免疫系统被病原体压制而导致死亡。免疫系统本身存在着正反馈的机制，这种机制的存在能够使免疫系统的各个成分进行协调工作，火力全开。然而，入侵者一旦被清除，正反馈机制就必须被打断，此时的免疫应答必须被关闭。此外，在大多数情况下，对外来入侵做出剧烈的应答并不是恰当的，而此时免疫系统就必须能够管控自身的反应，以避免对机体造成不可逆的损伤。

迄今为止，免疫学家们耗费了大量的精力去试图理解免疫系统是如何启动的，并且在这个方面取得了很大的进展。然而，现在还有很多免疫学家集中在研究免疫学中另一个同样非常重要的问题，即免疫系统是如何管控自身的作用的。

## 减弱免疫应答

我们一般认为，辅助性 T 细胞在激活免疫应答的过程中是非常重要的。然而，另外一种 CD4$^+$T 细胞被发现是可以使免疫应答发生减弱的，这种细胞被称为诱导性调节性 T 细胞（iTreg）。这些 T 细胞被定义为诱导性 T 细胞，正如初始辅助性 T 细胞可以分化为 Th1、Th2 或者 Th17 细胞一样，初始辅助性 T 细胞在富含 TGF β 的环境中，也可以被诱导变成 iTreg。iTreg 之所以被称为调节性，是因为调节性 T 细胞可以通过分泌 IL-10 和 TGFβ 等

细胞因子辅助限制免疫系统的应答，而不是通过分泌 TNF 或 IFN-γ 等细胞因子去活化免疫系统。

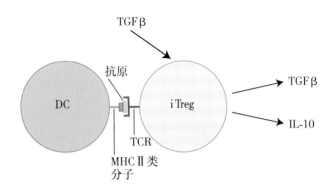

当 IL-10 与抗原提呈细胞表面上的受体进行结合时，抗原提呈细胞表面模式识别受体的表达就会被下调，使抗原提呈细胞更加难以被活化。同样，IL-10 与抗原提呈细胞的结合，会导致在抗原提呈细胞表面共刺激分子 B7 的表达水平降低，使抗原提呈细胞更加难以激活 T 细胞。此外，调节性 T 细胞产生的 TGF β 会降低 T 细胞的增殖速度，这还会使杀伤性 T 细胞的杀伤能力减弱。最终的结果就是，iTreg 产生的细胞因子能够减弱免疫应答的强度，从而防止过度的免疫活化。

防止免疫过度活化，对我们机体中的肠道组织极为重要。我们的肠道是数以万亿无害微生物的家园，调节性 T 细胞在保护这些能够维护肠道正常功能的微生物免受过度反应的过程中，发挥着主要的作用。肠道免疫将是第十一讲讨论的主题。

人们认为，iTreg 在避免机体免疫系统对环境中常见的抗原发生过度反应而造成过敏反应的方面是非常重要的。在这种情况下，我们相信 iTreg 至少在某种程度上，抑制了肥大细胞的脱颗粒作用，而这种脱颗粒作用正是过敏反应发生的关键因素。我们将会在第十三讲中讨论更多有关过敏反应的问题。

## 关闭免疫系统

即使在免疫系统已经对入侵者做出了强度适当的应答的情况下，一旦赢得了战斗，免疫战士们也

仍然必须要受到约束。在入侵的过程中，随着免疫系统占据上风，入侵者被消灭，入侵者的抗原也会越来越少。因此，被活化的固有免疫细胞会减少，并且分化成熟并携带外来抗原运送到次级淋巴器官的树突状细胞也会减少。所以，随着外来抗原的被清除，固有免疫和获得性免疫系统的活化水平也都会降低。这是关闭免疫系统的第一步。

虽然，清除外来抗原是非常重要的，但是，随着战争趋于结束，其他机制也有助于降低免疫系统的活化水平。在第四讲中，我们已经讨论了B7共刺激蛋白。T细胞的活化，除了需要T细胞受体的交联，还需要APC表面的B7蛋白结合T细胞表面的CD28分子。这种共刺激信号极大地提高了T细胞活化的效率。然而，除了T细胞表面的CD28分子，APC表面的B7蛋白还可以结合T细胞表面的另一个受体CTLA-4。虽然，人类的大部分T细胞表面会持续性表达CD28分子，但是大部分初始T细胞的CTLA-4却会被存储在细胞内部。然而，在初始T细胞首次被激活的两天以后，越来越多的CTLA-4分子就会从细胞的细胞质中转移到细胞的表面。重要的是，抗原提呈细胞表面的B7分子与CTLA-4结合的亲和力是其结合CD28分子的数千倍。因此，随着时间的推移，CTLA-4和B7的结合就会超过CD28。因此，在感染早期B7和CD28分子结合可以作为T细胞活化共刺激信号，而随着一段时间的战斗，APC上有限的B7分子将会主要和CTLA-4进行结合，而不是CD28，这就使得T细胞很难被重新激活了，进而就会有助于关闭适应性免疫应答了。

另一个分子（有着特别棒名字），程序性死亡受体-1（PD-1），它也可以帮助T细胞不被活化。与CTLA-4一样，PD-1的表达会在T细胞活化后进行增加。PD-1的配体——PD-L1，在受到攻击的组织（炎症组织）中的不同细胞表面都会表达。当炎症组织中的PD-L1，与已经工作了一段时间的T细胞上的PD-1进行结合时，T细胞就会"昏昏欲睡"，不能很好地发挥功能了。这有助于最大限度地减少在感染得到控制以后，未受到抑制T细胞所造成的附带损伤。

总之，在感染晚期，CTLA-4能结合位于APC表面的B7共刺激蛋白，降低T细胞再激活的效率，PD-1的结合能够抑制已经被活化的T细胞的功能。CTLA-4和PD-1都可以作为**免疫检查点蛋白**，在战斗结束时帮助T细胞"退役"。这些免疫检查点蛋白可能应该被称为负性免疫调节蛋白，因为它们确实有这样的作用。

## 生命是短暂的

由于外来抗原被清除，随后的活化就会被终止，免疫系统也就不会再生产那些防御已经被清除的入侵者的武器了。尽管如此，许多在战斗中生产的武器仍会被遗留在战场上，必须以某种方式清除这些武器。幸运的是，制造这些武器时使其寿命较短，就可以解决部分这样的问题。

在发生重大入侵事件的时候，血液中的大量中性粒细胞会被募集，但是，这些细胞在被编程的几天以后就会死亡。同样，自然杀伤细胞的半衰期也只有1周左右。因此，一旦停止募集，聚集的中性粒细胞和自然杀伤细胞很快就会被清除掉了。此外，由于自然杀伤细胞能够提供IFN-γ来帮助巨噬细胞发挥作用，因此当自然杀伤细胞死亡以后，巨噬细胞通常也会回归到静息的状态。

一旦树突状细胞到达淋巴结以后，它们只能存活大约1周，而短寿命的浆细胞在发挥作用的5天以后也会死亡。随着辅助性T细胞和B细胞的活化趋于结束，入侵者特异性浆细胞的数量就会随之减少。此外，浆细胞分泌的抗体寿命也很短，寿命最长的抗体IgG的半衰期大概也只有3周左右。因此，一旦浆细胞停止生产抗体，那么，入侵者特异性抗体的数量就会发生迅速地下降。

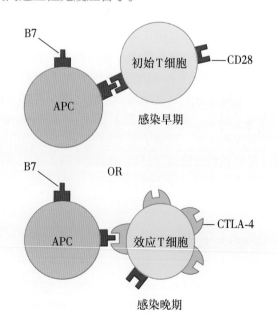

感染晚期

## 免疫细胞的耗竭

虽然，免疫系统的很多武器都是短效的，但 T 细胞是这个规则的重要例外。与中性粒细胞等被编程发挥作用后就自我破坏的细胞不同，T 细胞被设计成可以存活很长时间。这样设计的原因是初始 T 细胞必须一次次地循环通过次级淋巴器官，寻找那些存在于次级淋巴器官中的特定抗原。因此，如果 T 细胞寿命很短，这就非常浪费。另一方面，面对外来的进攻，T 细胞一旦被激活发生扩增，并击败入侵者以后，长寿的 T 细胞也可能会成为一个重要的问题。事实上，在某些病毒感染的高峰期，我们体内的 T 细胞大概有 10% 以上都可以识别出某一种特定的病毒。如果这些细胞中的大部分不会被清除，那么，我们的身体很快就会被陈旧的 T 细胞充满了，但是，这些 T 细胞却只能够保护我们免受过去入侵者的侵害。幸运的是，这个问题可以通过活化诱导的细胞死亡（AICD）来进行解决，这个方法可以清除战斗中被多次刺激而活化的 T

细胞。下面就讲一讲它们是如何工作的。

CTL 细胞有一种叫做 Fas 配体的蛋白质，主要分布于 CTL 细胞的表面，它们能通过 Fas 配体与分布于靶细胞表面的 Fas 蛋白相结合而完成杀伤的过程。当这两种蛋白质发生结合的时候，靶细胞会通过凋亡而引发自杀。初始 T 细胞处于"连线"状态，因此它们对自身 Fas 蛋白的结合并不敏感。然而，当 T 细胞被活化以后，在战斗中被多次激活的时候，它们的连线方式就会发生变化。在这个过程中，它们对 Fas 蛋白与自身 Fas 配体或其他 T 细胞上 Fas 配体的结合就会变得越来越敏感。这个特性会使这些耗竭的 T 细胞成为 Fas 介导的杀伤目标——无论是自杀，还是他杀。通过这种机制，活化诱导的细胞死亡可以清除那些被重复激活的 T 细胞，为新的 T 细胞腾出空间，让这些新的 T 细胞保护我们免受下一个试图伤害我们的微生物的侵害。事实上，一旦入侵者被清除以后，90% 以上对其能够做出反应的 T 细胞都会死亡。

---

**总结**

iTreg 是辅助性 T 细胞，当我们不再受到危险入侵者威胁时，它们会通过分泌细胞因子保持免疫系统的"平静（静息）状态"。并且，当处理了真正的危险后，机体关闭免疫系统，销毁陈旧的武器就变得很重要了。免疫系统持续性的活化必须要依赖于外来抗原的存在，因此当入侵者被消灭后，免疫系统的活化水平就会随之降低。此外，被重复激活的 T 细胞会在其表面表达免疫

检查点分子。这些负性调节因子会使 T 细胞的再次活化变得更加困难（CTLA-4）或者使 T 细胞的功能出现下降（PD-1）。此外，很多战士的寿命都很短，这有助于清除那些不再需要的武器，并且可以使发挥作用后的耗竭型 T 细胞，通过活化诱导的细胞死亡的方式而被清除。在每次感染以后，这些机制会结合起来发挥"重置"系统的作用，以便为处理下一次的攻击做好准备。

---

**思考题**

1. iTregs 是如何对免疫应答发挥负性调节作用的？
2. 为什么抗原提呈细胞上的 B7 蛋白和初始 T 细胞上的 CTLA-4 蛋白之间进行的相互作用不能阻止这些 T 细胞的活化？
3. 为什么 CTLA-4 和 PD-1 免疫检查点系统的相互配

合，能够在感染晚期关闭适应性免疫系统？

4. 你能否想象，为什么会有人想通过阻断 CTLA-4 与 B7 或者 PD-1 与它的配体之间的相互作用，来帮助 T 细胞杀伤癌症呢？

# 第九讲　自身耐受和 MHC 限制性

**本讲重点！**

T 细胞识别自身的 MHC 分子必须受"限制"，以便这些细胞能够将注意力集中在 MHC-肽复合物上，而不是那些未被提呈的抗原身上。另外，可能攻击我们自己身体的那些 T 细胞、B 细胞，必须要通过筛选过程而得以被清除。防止发生自身免疫反应的保护措施是多维度的，每一个维度的设计都是为了捕捉那些潜在的自身反应性细胞，让这些细胞在上述维度中，以"从缝隙中走过"的方式通过筛选。自然杀伤细胞也需要通过测试，以确保它们不会引起自体免疫病。

## 引言

这个章节的内容是免疫学中最令人兴奋的话题之一。兴奋的原因一部分是因为，尽管人们已经进行了大量有关自身耐受和 MHC 限制性的研究，但仍然存在着许多不能解答的问题。但正因为这个话题非常重要，所以才是大家的兴趣所在。B 细胞和 T 细胞必须要学会不去识别自身抗原，因为这是非常危险的。否则，我们就都会死于自身免疫病。

## 胸腺

胸腺是位于颈部下方的一个小器官，T 细胞会首先在这里学习自我耐受，这个过程通常被称为中枢（免疫）耐受的诱导。与脾一样，胸腺是没有输入淋巴管的，所以，细胞是从血液进入胸腺的。与脾不同，脾是可以接纳血液中所有细胞的，而进入胸腺的细胞则是受到严格限制的。据认为，骨髓来源的未成熟 T 细胞会一波一波地进入胸腺，并定位在其中间。然而，这究竟是如何发生的目前还不

清楚，可以允许血液中的淋巴细胞流出并进入次级淋巴器官的高内皮细胞却在胸腺这里消失了（在胸腺中并不存在[1]）。

已经知道的是，骨髓来源的 T 细胞是"裸体"进入胸腺的：它们不表达 CD4、CD8 或者 TCR。进入胸腺后，这些细胞会迁移到胸腺的外部区域（皮质）并开始增殖。

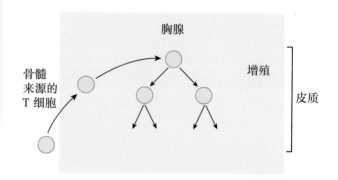

大约就在这个时候，一些编码 T 细胞 TCR 的基因片段开始重排了。如果重排成功，T 细胞将可以开始低表达 TCR（含 CD3 复合体）以及共受体 CD4 和 CD8。结果是，之前赤裸的 T 细胞很快就在其表面"穿上"了 CD4、CD8 和 TCR 分子"制成的衣服"。由于这些 T 细胞会同时表达 CD4 和 CD8 两种分子，所以它们被称为双阳性细胞（DP）。

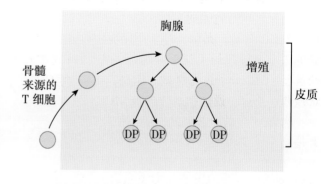

在这个"逆向脱衣舞"的过程中，还发生了另一个重要的变化。当 T 细胞赤裸时，它对细胞

凋亡具有抵抗力，因为它极少表达或不表达 Fas 抗原（与其配体结合后可诱发细胞的死亡），但却高表达 Bcl-2（一种防止细胞发生凋亡的细胞蛋白）。反之，位于胸腺皮质"穿戴齐全"的 T 细胞表面会高表达 Fas，但却只少量表达 Bcl-2。因此，这样的细胞对于诱导凋亡的信号极其敏感。就是在这样极易受到损伤的条件下，来测试 T 细胞的 MHC 限制和自身的耐受性。所以无论是哪项测试失败了细胞都会惨死！

## MHC 限制性

测试 T 细胞 MHC 限制过程，通常被称为阳性选择。这里的"考官"是胸腺皮质区域的上皮细胞。胸腺皮质的上皮细胞（cTEC）对 T 细胞提出的问题是：你是否具有能够识别出表达在我们这些细胞表面的自身 MHC 分子的受体？正确的答案是，"是的，我有！"因为如果接受测试的 T 细胞的 TCR 不能识别出这些自身的 MHC 分子，它就会死去。

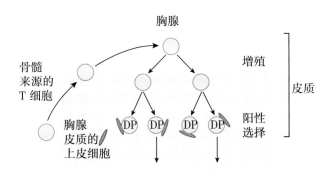

当我提及"自身"MHC 的时候，我是在指那些"拥有"这个胸腺的人类个体（或者老鼠）所表达的 MHC 分子。是的，这似乎像是一个不用动脑筋的说法——我的 T 细胞将在我的胸腺里内被我的自己 MHC 分子进行测试。但是，免疫学家们喜欢强调这一点，说这就是"自身 MHC"。

胸腺皮质的上皮细胞表面的 MHC 分子实际上是结合了多肽的，因此，TCR 真正识别的是自身 MHC 分子及其结合相关肽所形成的复合体。由 cTEC 的 MHC Ⅰ类分子提呈的肽体现了细胞内正在合成的蛋白质的特征。这是一个正常的Ⅰ类分子提呈过程。胸腺皮质的上皮细胞会利用 MHC Ⅱ类分子来提呈它们从胸腺环境中摄入的蛋白质片段。这也是一个正常的 MHC Ⅱ类分子提呈过程。然而，免疫学家们最近发现，胸腺皮质的上皮细

胞也可以利用它们的 MHC Ⅱ类分子来提呈许多不是来自这些细胞之外的肽。你可以将其称为 MHC Ⅱ类分子的"异常"行为。下面就说说它的工作原理吧。

细胞已经进化出几种机制来帮助它们度过饥荒的时期——当合成细胞成分所需的原材料受到限制的时候。有一种生存手段被称为自噬的过程。当细胞饥饿的时候，它们可以将细胞质的一部分包裹在膜中，之后使其与溶酶体融合。然后，将细胞质的成分（例如蛋白质）通过溶酶体酶进行分解，使它们可以被再次利用。值得注意的是，胸腺皮质的上皮细胞也可以通过自噬方式捕获细胞内的蛋白质，然后将其消化成短肽，并利用 MHC Ⅱ类分子将其呈递到细胞的表面。通过自噬产生的这种异常表达方式，能够使胸腺皮质的上皮细胞大大增加可以提呈给胸腺中 T 细胞的自身肽的范围。据推测，这会使 T 细胞更有可能接触到 MHC Ⅱ类分子以及与之结合肽所组成的复合体，如果可以进行结合，那么 T 细胞就会通过阳性选择而存活下来了。

## MHC 限制性的逻辑

让我们在考试之间暂停一下，来问一个重要的问题吧：为什么 T 细胞需要接受测试以确保它们能够识别出自身 MHC 分子提呈的多肽片段呢？毕竟，大多数人一辈子都不会遇到"外来的"MHC 分子（例如，在移植器官上的），所以，MHC 限制性并不能区分你和我的 MHC 分子。并不是这样的，MHC 限制性与外源的还是自身的 MHC 没有任何关系——这是 T 细胞专注于什么的问题。正如我们在第四讲中讨论的那样，我们希望所建立的系统，可以使 T 细胞专注于由 MHC 分子提呈的抗原。与 B 细胞的受体相同，T 细胞受体也是通过重排和匹配后的基因片段所编码的，因此，它们具有高度的多样性。结果表明，可以肯定的是在 T 细胞表达的 TCRs 库中，有很多可以识别未被提呈的抗原，就像 B 细胞的受体一样。这些 T 细胞必须要被消除。否则，这个由 MHC 分子介导的完美的抗原提呈系统就将会无法工作了。因此，阳性选择（MHC 限制性）之所以如此重要，是因为它建立了一个系统，在这个系统中，所有的成熟 T 细胞的 TCR，都必须能够识别出自身 MHC 分子提呈的抗原信号。

## 自身耐受的胸腺测试

在胸腺皮质区，阳性选择发生的过程中及其刚刚结束之后，T 细胞不再表达共受体 CD4、CD8 之中的一个了。你可以预知，这个阶段的细胞开始成为了单阳性细胞（SP）。T 细胞是如何"选择"只表达共受体 CD4 或者 CD8 当中的一个，其确切的机制还在探索之中。无论如何，新的进展提示 T 细胞对于共受体表达的选择，依赖于这个 T 细胞识别的与之匹配的抗原肽，是在胸腺皮质的上皮细胞表面被 MHC Ⅰ类分子，还是 MHC Ⅱ类分子所提呈。例如，如果一个 T 细胞能够识别出 MHC Ⅰ类分子提呈的抗原，那么，这个 T 细胞表面的共受体 CD8 将"参加这个聚会"，并与 MHC Ⅰ类分子进行结合。这种情况一旦发生，这个 T 细胞表面 CD4 分子的表达就将会被下调。同样道理，如果一个 T 细胞可以识别出 MHC Ⅱ类分子提呈的抗原肽，那么，这个 T 细胞就会发育成为 CD4$^+$T 细胞，其共受体 CD8 的表达将会被终止。这种策略是可行的，因为共受体 CD8 只能与 MHC Ⅰ类分子结合，而共受体 CD4 也只能与 MHC Ⅱ类分子进行结合。

能够识别出自身 MHC 和抗原肽的那些幸存的 T 细胞，在会其细胞表面开始表达趋化因子 CCR7 的受体，并从胸腺的皮质区迁移至富含 CCR7 配体的位于胸腺中央部位的髓质区。在胸腺的髓质区将会进行第二个测试——自身耐受的测试。这个测试过程通常被称为阴性选择。

在阴性选择的过程中，T 细胞面临的问题是：你是否能识别自身细胞表面的由 MHC 分子所提呈的自身抗原肽？正确答案是："不可以！"因为那些带有能识别 MHC 分子和自身抗原肽复合物的受体的 T 细胞将会被清除。第二个测试是至关重要的，因为它将清除那些可能会对我们自身抗原发生应答反应的 T 细胞。事实上，如果这些自身反应性 T 细胞不被删除，那么，就可能会导致自身免疫病的发生。例如，识别自身抗原的 Th 细胞可以辅助 B 细胞产生抗体，这种抗体会靶向并损伤我们自身体内的分子（如血液中的胰岛素蛋白），或者产生 CTLs 攻击我们自己的细胞。

### 胸腺髓质的上皮细胞

有两种类型的细胞会被用于筛选自身抗原的耐受性，这两种类型的细胞不同于能够检测 T 细胞 MHC 限制性（阳性选择）的胸腺皮质的上皮细胞。

参与测试 T 细胞自身耐受性的一类细胞是胸腺髓质的上皮细胞（mTEC）。这些细胞是检测 MHC 限制性的胸腺皮质的上皮细胞的表亲，它们具有两个特征，从而非常适合作为"耐受性的检测者"。首先，像胸腺皮质上皮细胞一样，mTECs 可以利用自噬来消化它们自己的"内脏"，并加工和处理这些蛋白质用于 MHC Ⅱ类分子的提呈。这种打破常规的提呈方式，即 MHC Ⅱ类分子提呈细胞内产生的蛋白抗原的方式，可以提供多样化的自身抗原的来源，用于在阴性选择中去消除绝大多数自身反应性的辅助性 T 细胞。

然而，还有个问题，除了所有细胞合成的"共享"蛋白质之外，还有许多蛋白质（估计大约有几千种）是"组织特异性的"，这些组织特异性蛋白质赋予了每个组织器官所独有的特征。例如，心脏细胞所合成的蛋白质就是该器官所独有的。此外，由肾细胞合成的蛋白质具有肾的特异性。因此，在胸腺中为了完成耐受性的测试，组织特异性蛋白也需要包含在用于检测发育中 T 细胞的"材料"中。否则，杀伤性 T 细胞离开胸腺之后，其中必定会有一些细胞可以遇到那些其非耐受的组织特异性蛋白，于是它们就会开始破坏你的肝、心脏或肾了。这可就不妙了。

幸运的是，胸腺髓质区上皮细胞能够合成出一种称为 AIRE 的转录因子，它可以促使许多组织特异性的抗原进行表达。因此，胸腺髓质区上皮细胞除了可以表达通常共享的蛋白质之外，还能够表达出超过 1 000 种组织特异性蛋白。这当然会有助于解决和清除那些具有可识别自身组织特异性蛋白受体的 T 细胞的问题了。然而，围绕着对组织特异性抗原的耐受性问题仍然存在着不确定性。例如，目前尚不清楚 mTECs 是否会表达出在体内发现的所有组织特异性蛋白，亦或只是其中的绝大部分。

### 胸腺树突状细胞

还有第二种类型的细胞与胸腺自身抗原耐受性的测试有关：胸腺树突状细胞（TDC）。尽管，TDCs 具有特征性的海星样形状，但是，它们与我们以前讨论过的"迁移性"树突状细胞有所不同。髓质区 TDCs 是胸腺髓质的"居民"，并且其骨髓来源的前体细胞也是在那里发育的。TDCs 的有趣之处在于，除了通常从胸腺环境中捕获抗原以外，它们提呈的一些抗原也是由 mTECs "供给"

的。事实上，来自 mTECs 的 MHC 肽复合物似乎会以某种方式"传递给"胸腺树突状细胞，让它们用来测试 CD4[+] 和 CD8[+] 细胞对自身抗原的耐受性。这种交接过程是如何完成的，以及其重要性，至今仍然是一个谜。显然，有关胸腺的阴性选择过程，还有很多有待阐明的问题！

## 毕业啦！（T 细胞的完全分化成熟[1]）

在胸腺中，所有这些测试的最终结果就是：获得这样的 T 细胞，它们的受体能够识别出胸腺皮质的上皮细胞所提呈的自身 MHC- 肽复合物，但又不能识别胸腺树突状细胞或胸腺髓质区上皮细胞的 MHC 分子提呈的自身抗原。

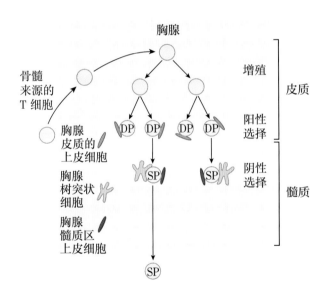

通过测试的"胸腺毕业生"，其细胞表面会高表达很多分子（如 T 细胞受体），再加上 CD4 或 CD8 两种共受体中的一个。在一个年轻人的胸腺中，每天大约会有 6 000 万个双阳性细胞能够被检测出来，但是只有大约 200 万个单阳性细胞可以从胸腺中被输出。其余的细胞会因凋亡而死，并很快被胸腺中的巨噬细胞所吞噬并清除。大多数学生对于超过 1 个小时的考试不感兴趣，因此，我认为你们应该要知道这些"考试毕业"大约需要持续两个星期！我们在这里讨论的是非常重要的考试，每个 T 细胞的一生都是处于吉凶难卜状态的。有趣的是，免疫学家们仍然不能确定这些毕业生是如何离

开胸腺的，但是，据认为这些细胞是从皮髓交界处经过血液而离开的。

## 引发 MHC 限制和耐受的谜题

现在，如果你一直在密切关注着我们的讨论，你可能会很想知道一个 T 细胞怎么可能能够通过这两个考试呢。毕竟，要通过 MHC 限制的测试，他们的 TCR 必须能够识别 MHC 分子 - 自身肽。然而，要通过耐受性测试，他们的 TCR 又必须不能去识别 MHC- 自身肽。看起来两种测试是相互否定的，难道真的不允许任何一个 T 细胞能够通过测试吗？有些细胞当然可以通过测试，这就是自身耐受之谜的实质：一个 T 细胞受体与配体的结合，是怎么能够同时导致阳性选择（MHC 限制性）和阴性选择（诱导耐受）同时发生的呢？事实上的情况甚至比这还要更加复杂，因为一旦 T 细胞已经通过了胸腺中的两项测试，当它们遇到由自身 MHC 分子提呈的外来入侵抗原肽时，其 TCR 还必须能够发出活化的信号。

### "金发女孩"假说

众所周知，引发 MHC 限制性和耐受的过程与 T 细胞活化的过程具有相似性：细胞 - 细胞黏附、TCR 聚集和共刺激作用。然而，困扰免疫学家的问题是：同样的 TCR，当它与 MHC- 肽复合物结合时，如何会导致 3 种完全不同的结果——阳性选择、阴性选择或者活化呢？很不幸，我还无法回答这个问题（否则，我就可以去瑞典拿我的诺贝尔奖了），但是，免疫学家们倾向于"亲和力说"或者称为"金发女孩"假说。这个假说指出，如果希望在胸腺的阳性、阴性选择中存活下来的话，那么，T 细胞就必须有"适当"的受体。事实上，据估计在胸腺中，T 细胞的阳性选择（存活）是由于 TCRs 与胸腺皮质的上皮细胞提呈的 MHC- 自身肽之间存在着相对较弱的相互作用——这种相互作用必须要强到足以确保 TCRs 能够专注于被提呈的抗原。之后，TCRs 与胸腺髓质区上皮细胞或胸腺树突状细胞提呈的 MHC- 自身肽之间的相互作用也不能太强，否则，就会导致细胞的死亡（阴性选择）。最后，T 细胞离开胸腺后，它们的 TCRs 与

---

1 译者注。

专职性抗原提呈细胞所提呈的 MHC-肽之间的相互作用必须要强到足以触发 T 细胞的活化。

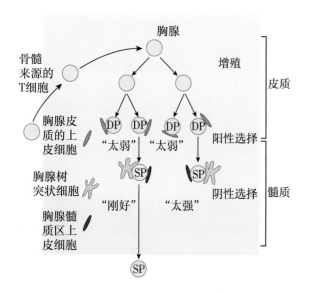

当然，由于 TCR 在所有的 3 种情况下都是相同的，问题是什么原因使得相同的 T 细胞受体与 MHC-肽之间相互作用的结果会如此的不同：生存、死亡或被活化呢？一个关键因素出现了——"发送"信号细胞的特征。在形成 MHC 限制性的时候，这个细胞是胸腺皮质的上皮细胞。在诱导自身耐受形成的时候，这个细胞则是骨髓来源的树突状细胞或者胸腺髓质区上皮细胞。当 T 细胞被活化的时候，信号的发送者是专职的抗原提呈细胞。这些发送信号的细胞是截然不同的。例如，胸腺皮质的上皮细胞的蛋白酶体——是水解蛋白质的机器，制造出的多肽为 MHC Ⅰ 类分子提呈所用——与负责阴性选择的细胞的蛋白酶体有着微妙的不同。这会影响到那些测试细胞的 MHC Ⅰ 类分子提呈的自身肽。还有，在胸腺皮质的上皮细胞中，可以制备出能够提供给 MHC Ⅱ 类分子提呈的抗原肽所需的酶，与胸腺髓质的测试细胞中所需的酶也有所不同。

不同的信号发送细胞也可能会在它们表达的细胞黏附分子和它们表面提呈的 MHC-肽复合物的数量或类型上有所不同。这种差异可以显著性地影响通过 T 细胞受体发送的信号强度。此外，不同类型的信号发送细胞，还可能表达不同的共刺激分子的混合物，共刺激信号也可以改变由 TCR-MHC-肽相互作用而产生的信号内容。

不仅发送信号的细胞不同，"接收者"（T 细胞）也可能会在测试的过程中发生变化。众所周知，T 细胞表面的 TCR 数量会随着测试而增加，而且

T 细胞内的"连线"也有可能会随着 T 细胞的成熟而改变。不同的 TCR 密度和信号处理过程，可能会影响到对不同类型的信号发送细胞所发出的信号内容产生不同的解读。

虽然，许多 MHC 限制 / 诱导耐受之谜的线索已经被发现了，但是，免疫学家们仍然不能将这些线索拼凑成为一幅完整的画面，还有很多的工作需要进一步展开。

## 忽视导致耐受

值得庆幸的是，大多数带有能够识别自身蛋白的受体的 T 细胞在胸腺中就已经被清除了。然而，胸腺中产生的中枢耐受并不是万无一失的。如果中枢耐受是万无一失的，每个 T 细胞都必须要与所有的自身抗原进行过测试——这个工作量实在是太大了。极有可能的是，胸腺中只有与大量表达的自身抗原具有高亲和力结合的受体的 T 细胞会被清除。然而，那些具有与自身抗原发生低亲和力结合的受体的 T 细胞，或者带有只能够在胸腺中识别罕见的自身抗原的受体的 T 细胞，就不太可能被阴性选择掉了。它们就有可能从中枢耐受的"裂缝中溜走"。幸运的是，免疫系统已经有了处理这种可能性的办法了。

初始 T 细胞可以循环到次级淋巴器官中，但是不会被允许进入到组织中。这种运输模式会将这些初始 T 细胞带到身体中最可能遇到 APCs 并被其活化的部位。然而，阻止初始 T 细胞进入组织的旅行限制，对于维持自我耐受也是很重要的。原因通常来讲就是，初始淋巴细胞被激活的场所——次级淋巴器官中，富含着自身的抗原，同样在 T 细胞产生耐受的胸腺中也是富含（自身抗原）的。因此，由于初始 T 细胞所遵循的这种交通模式，绝大多数有可能会在次级淋巴器官中被富含的自身抗原所激活的 T 细胞，会因为在胸腺中就曾经遇到相同的大量表达的自身抗原时，就已经被清除了。

相反，胸腺中那些带有可以识别罕见的自身抗原的受体的 T 细胞，可以逃过被清除的命运。然而，这些相同的自身抗原通常在次级淋巴器官中的浓度也会很低，以至于不能活化这些潜在的自我反应性 T 细胞。因此，尽管次级淋巴器官中存在着罕见的自身抗原，尽管 T 细胞确实也具有可以识别它们的受体，但是这些 T 细胞通常会处于对自身抗原的功能性"忽视"状态——因为自身抗原实

在是太少了，以至于不能启动对其进行应答的活化。由此看来，这样的淋巴细胞运输模式，不仅能够确保高效活化适应性免疫系统的需要，而且在保持对自身抗原的耐受性方面也发挥了关键的作用。

## 次级淋巴器官的耐受诱导

虽然对于初始 T 细胞来说，限制性的运输模式通常可以保护它们不会因暴露在自身抗原的面前而被活化，但是这种避免活化的屏障并不是绝对的。在偶然的情况下，在胸腺中某种自身抗原确实太少了而没有引发对潜在的自身反应性 T 细胞的清除，而这种抗原会被释放到血液和淋巴系统中（例如，由于外伤导致组织损伤），其浓度足以激活先前正处于忽视状态的 T 细胞。但是同样地，免疫系统也是有办法处理这个潜在问题的。

直到最近，人们还认为，胸腺在防止自身免疫反应发生的唯一作用就是消除潜在的自身反应性 T 细胞。但是，现在已经很清楚了，胸腺还有一个额外的功能，有助于保护我们避免发生自体免疫病，即产生自然调节 T 细胞（nTregs）。在胸腺中，免疫系统会选择 CD4⁺T 细胞的一个亚群使之分化成为 nTregs。这种选择发生在胸腺的髓质中，需要 mTECs 和 TDCs 的作用。目前是这样认为的，具有与这些细胞提呈的自身抗原能够发生高亲和力结合的受体的 CD4⁺T 细胞就会被消除。具有与 mTECs 或 TDCs 提呈的自身抗原发生弱亲和力结合的受体的 T 细胞会被选择存活，成为辅助性 T 细胞。而具有能够与自身抗原发生"适中"亲和力结合的受体的 CD4⁺T 细胞则会被"诱导"成为自然调节 T 细胞。然而，在这种情况下，"适中"的确切含义以及这些 T 细胞如何被"诱导"的具体细节还尚不明确。

关于 CD4⁺T 细胞被选择分化为 nTregs 的过程中，一件事情是人们已经知道的，这些细胞会以某种方式被诱导表达出一个叫做 Foxp3 的基因，这个基因有助于赋予 nTreg 细胞产生调节的特性。天然的 Treg 细胞在胸腺中产生以后，它们就会有通行证（黏附分子），允许它们能够进入到淋巴结和其他次级淋巴器官中。事实上，约 5% 的循环 CD4⁺T 细胞是调节性 T 细胞。如果，在次级淋巴器官中，天然 Treg 细胞遇到抗原提呈细胞提递的同源自身抗原，则可以被激活。一旦被激活以后，nTreg 细胞就能够抑制潜在的自身反应性 T 细胞的活化。究竟免疫系统是如何做到这一点的，目前还不清楚。一种可能

的机制是，当 Treg 细胞识别出抗原提呈细胞展示的同源抗原时，它的作用就是减少共刺激分子在 APC 上的表达。这会使 APC 更加难以活化那些可以识别相同自身抗原的、潜在的自身反应性效应 T 细胞。

在上一讲中，你们已经遇到了另一种调节性 T 细胞：诱导性调节性 T 细胞。诱导性和自然调节 T 细胞均会表达 Foxp3 蛋白，但其抑制作用的靶点却有所不同。自然调节 T 细胞的作用是为机体提供保护，抑制潜在的可能与自身抗原发生反应的 T 细胞并避免引起自身免疫病。而诱导性调节性 T 细胞的主要功能则是，防止免疫系统对外来入侵物做出过度的应答反应。

虽然，还有很多关于天然 Treg 细胞的事情需要继续被发掘，但是很明显，它们在保护我们免受自身免疫病的侵害方面发挥着重要的作用。事实上，具有 Foxp3 蛋白功能的缺陷的人会深受严重自身免疫病的折磨，并会在很年轻的时候就去世了。

## 外周（免疫）耐受的诱导

当然，初始 T 细胞并不是完美的，它们有些确实会偏离规定的运输模式，进入组织中去冒险。事实上，潜在的自我反应性 T 细胞存在于每个正常人的组织中。在那里，这些"违法者"可能会遇到自身抗原，而这种抗原在胸腺中确实太罕见了，以至于不能引发清除的作用，但是在组织中却又足够丰富可以去激活这些 T 细胞。为了应对这种情况，还存在着另一个层次的来避免发生自身免疫反应的保护性作用机制：外周（免疫）耐受的诱导。

由于 T 细胞的活化需要两个关键要素，初始 T 细胞不仅要有足够多的被提呈出来的抗原聚集于它们的受体上，而且还必须要获得来自抗原提呈细胞的共刺激信号。这就是活化的抗原提呈细胞发挥作用的地方了。这些特殊的细胞表面会表达大量的用于提呈抗原的 MHC 分子，同时它们也能够表达共刺激分子，如 B7。相反，普通细胞，如心脏或肾细胞通常不会高水平地表达 MHC 分子或者不表达共刺激分子，或者两者兼而有之。因此，带有识别肾抗原受体的初始 T 细胞可能只会与肾细胞擦肩而过而不被其活化。实际情况会比这还要好。当初始 T 细胞识别到另一个细胞提呈的同源抗原，但没有获得所需的共刺激信号时，该 T 细胞会表现为"中立性的"，它看起来像是一个 T 细胞，但却没有免疫应答功能。免疫学家们说这个细胞发生

失能了。在许多情况下，失能的细胞最终会走向死亡，所以，诱导外周耐受会导致细胞失能或者死亡。因此，在T细胞活化的过程中，对第二活化信号，共刺激信号这个"钥匙"的需求，可以保护我们免受因初始T细胞的违规而引发的风险。

## 活化诱导的细胞死亡导致的免疫耐受

好吧，如果T细胞逃脱了在胸腺中被清除的命运，而且又违反了交通规则，冒险进入了组织。再假设这个T细胞碰巧遇到了一个细胞，这个细胞表面的MHC分子所提呈的同源抗原密度足够的高，能使其受体发生交联，并且这个细胞恰好又能够提供活化T细胞所需要的共刺激信号。然后会怎么样？还好，没有损失，因为还有另一个"层面"的诱导耐受机制存在，在这种不太可能出现的

情况下可以对我们进行保护。

在上一讲中，我们讨论了活化诱导的细胞死亡（AICD），其可以作为入侵者被消灭以后，消除活化的T细胞的一种方式。这种相同的机制也会有助于防止那些违反交通规则且被组织中自身抗原活化的初始T细胞导致的伤害。当受到自身抗原一次又一次地持续性刺激的时候，自身反应性T细胞一般会通过活化的诱导细胞死亡途径被清除。这就像是免疫系统感觉到了这种持续性反应是很"不自然"的一样，于是就清除了那些敌对的、自我反应性的T细胞了。

因此，T细胞耐受性诱导是一个多层次的过程。免疫系统并不会试图去测试每个单一的T细胞的自我反应性，而是采用了至少5种机制来进行诱导免疫耐受的。这种多层次的策略，确保了对于绝大多数人来说，自体免疫病是永远不会发生的。

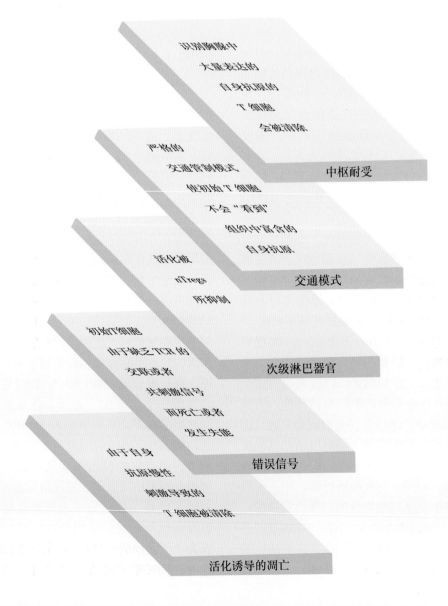

## B 细胞的免疫耐受

免疫学家们曾经认为，可能没有必要去清除那些具有识别自身抗原受体的 B 细胞。产生这种想法的理由是，那些帮助激活潜在的自我反应性 B 细胞所需要的 T 细胞已经被杀死或发生失能了。因此，B 细胞的耐受性应该可以被 T 细胞的耐受性所"覆盖"。然而，业已明确的是，体内也存在着导致潜在的自我反应性 B 细胞产生免疫耐受的机制。

骨髓是 B 细胞诞生的地方，大多数 B 细胞也会在此形成免疫耐受，发育中的 B 细胞在骨髓中能够遇到的抗原几乎全部都是自身抗原。这种自我耐受的测试与 T 细胞在胸腺中形成耐受过程中的测试大致是相同的。在 B 细胞重排并匹配基因片段用以构建其受体的基因之后，测试就开始进行了，测试这些受体是否能够识别骨髓中存在的抗原。如果其受体能够识别出自身抗原，那么，编码这个 B 细胞轻链的基因就可能会进行重排，而形成不能结合自身抗原的新受体。这种"救赎"的尝试过程被称为受体编辑，在小鼠体内，至少会有25% 的 B 细胞受益于这样的"二次机会"。然而，即使它们再次去尝试形成可以被接受的受体，也仅有大约 10% 的 B 细胞能够通过耐受性的测试。其余的 B 细胞都会在骨髓中死去。

经过测试以后，受体不能与骨髓中大量表达的自身抗原发生结合的 B 细胞，就会被释放到血液和淋巴循环中。当然，在骨髓中诱导 B 细胞的耐受和在胸腺中诱导 T 细胞的耐受有着同样的问题：那些带有能够识别骨髓中罕见的自身抗原的受体的 B 细胞可以通过存在的漏洞溜出去。幸运的是，次级淋巴器官也是初始 B 细胞活化的场所，而骨髓中大量表达的自身抗原与次级淋巴器官中所发现的自身抗原也大致相同。因此，骨髓中因为表达太少而不能有效地清除 B 细胞的自身抗原，通常情况下在次级淋巴器官中也会因为该自身抗原表达太少而不能够去活化这些 B 细胞。所以，初始 B 细胞的运输模式会限制它们要通过次级淋巴器官进行循环，从而有助于保护它们避免与骨髓中不存在的表达较多的自身抗原之间发生相互的作用。

此外，还存在一些其他的机制，可以使那些违反交通规则的 B 细胞产生免疫耐受。例如，那些偶尔进入组织的初始 B 细胞，即使能够识别出其相关抗原，但如果不能获得到 T 细胞的辅助，那么它们仍然会发生失能或者被清除掉。因此，B 细胞在组织中，被诱导产生自身耐受所涉及的机制与 T 细胞是相似的，不完全相同。

## 生发中心中维持 B 细胞免疫耐受的机制

在胸腺中，T 细胞一旦通过测试，其受体就不再会发生变化了，而与之相反，B 细胞在次级淋巴器官中被活化以后，还有机会通过体细胞高频突变对其受体进行改造。所以，这里会产生疑问了，经历过体细胞高频突变的 B 细胞，最终是否会产生出能够识别自身抗原的受体呢。如果是这样的话，那么这些 B 细胞就可能会产生出引发自身免疫病的抗体了。幸运的是，这种情况通常是不会发生的，原因如下。

如果，B 细胞在生发中心因为发生高频突变而使其受体变得能够识别出自身抗原了，这样的细胞是非常罕见的，也很难被滤泡树突状细胞所提呈的自身抗原刺激而活化。毕竟，FDC 只会提呈被调理过的抗原，而自身抗原通常是不会被调理的。在生发中心里，潜在的自我反应性 B 细胞面临的第一个困难就是缺乏被滤泡树突状细胞提呈的调理后的自身抗原。并且它们还存在着另一个问题——缺乏共刺激信号。

在次级淋巴器官的 T 细胞区，滤泡辅助性 T 细胞被激活后，它们会迁移到淋巴滤泡去辅助 B 细胞。这种辅助的作用发生在滤泡辅助性 T 细胞（Tfh 细胞）与 B 细胞相互进行刺激的舞蹈之中。参与这个舞蹈过程的 B 细胞可以内吞与其受体发生结合的抗原，然后使之与自身的 MHC Ⅱ类分子结合并提呈给 Tfh 细胞。B 细胞还要能够提供可以使 Tfh 细胞保持活性所需要的共刺激分子（如 B7）。作为回报，Tfh 细胞会向 B 细胞提供其所需要的共刺激分子（如 CD40L）。这里的重点是为了使这种双向刺激发挥作用，Tfh 细胞的受体和 B 细胞的受体必须是识别相同抗原的；更确切地说，是识别相同抗原的某些表位。如果，因为 B 细胞发生过超突变，使其 BCR 可以结合、内吞并提呈出自身抗原，那么，这个新抗原也不会被其"所需要的"Tfh 细胞的受体所识别。结果是，B 细胞和 T 细胞之间将不再能够进行协同作用了，因为它们失去了"共同的兴趣点"。由于 B 细胞需要 Tfh 细胞的辅助才能在生发中心生存，所以，B 细胞和

Tfh 细胞之间的相互依赖性会使 B 细胞在经历体细胞超突变后仍然可以"步入正轨"。因此，B 细胞在超突变过程中仍然可以保持耐受性的原因有两个：一个是缺乏有效激活 BCR 信号传导所需的调理过的自身抗原，另一个则是缺乏在生发中心能够辅助 B 细胞识别自身抗原的 Tfh 细胞。

## 自然杀伤细胞的阳性选择

许多病毒都在试图通过下调被感染细胞的 MHC Ⅰ 类分子的表达来逃避免疫系统的监视。这种肮脏的伎俩是为了防止杀伤性 T 细胞可以"看透"这些细胞，并确定它们是否已经受到了感染。为了对抗这种行为，自然杀伤细胞可以通过调查与之接触的细胞，并杀伤那些表面不表达 MHC Ⅰ 类分子的细胞——这个过程称为识别丧失自我的模式。能够做到这一点，是因为 NK 细胞表面表达有"抑制性受体"，这种受体能够识别正常细胞表达的 MHC Ⅰ 类分子，并释放出"不要杀伤"的信号，因此潜在的靶细胞会得以生存。但是，有一个潜在的问题，就是 MHC 分子具有极强的多态性（例如，人群中每个人的 MHC 基因形式都是略有不同的）。因此，我的 NK 细胞上的抑制性受体有可能不能识别出我自己的 MHC Ⅰ 类分子。如果，

这种情况发生了，我的 NK 细胞就可能会认为我的正常细胞，已经被病毒感染了而将它们杀死，这可就不妙了。

我认为，解决这个问题的一个方案是，可以让每个 MHC Ⅰ 类分子都可以与其匹配的 NK 细胞的抑制性受体一起共表达，但事实上并非如此。相反，每个人都有多个编码 NK 细胞抑制性受体的基因，这些基因也具有很大程度的多态性。因此，每个人都继承了一个抑制性受体的基因组合，而这些基因通常是因人而异的。此外，由于这些基因的表达似乎是随机选择的，不同的抑制性受体序列实际上在同一个人体内不同细胞之间也是不同的。

目前认为，在 NK 细胞能够充分发挥功能（如导致细胞死亡）之前，它们必须要获得"杀手执照的授权"，为了获得这个授权，我们的 NK 细胞必须要表达能够识别出我们细胞上至少一种 MHC Ⅰ 类分子的抑制性受体。那些不具有可以结合自身 MHC 分子的抑制性受体的 NK 细胞就会失能，而不再发挥作用了。以这种方式对 NK 细胞进行筛选，可以避免发生由 NK 细胞所介导的自身免疫反应。那么，NK 细胞的自身耐受性是如何进行筛选的，以及这种"测试"发生在体内的什么部位呢？没有人确切地知道。关于我们的免疫系统是如何工作的，还有很多内容有待去发现和探索！

### 总结

在本讲中，我们讨论了免疫学中最重要的一个谜题：同一个 T 细胞受体是如何介导阳性选择（MHC 限制性）、阴性选择（诱导耐受）和被活化的呢？目前的观点认为，在胸腺中，阳性选择（生存）是 T 细胞的 TCRs 与胸腺皮质的上皮细胞表面提呈的 MHC- 自身肽之间发生相对较弱的相互作用所导致的。这种"测试"旨在使 T 细胞关注 MHC 分子所提呈的抗原，确保识别过程仅限于提呈的自身抗原，而非"天然"抗原。在胸腺中，阴性选择（死亡）是 T 细胞的 TCR 与胸腺髓质区上皮细胞或胸腺树突状细胞提呈的 MHC-自身肽之间发生强烈的相互作用而引起的。这种"测试"旨在消除可能导致自身免疫病的 T 细胞。最终，T 细胞在离开胸腺之后，可以通过其 TCRs 与专职性抗原提呈细胞所提呈的 MHC- 肽之间的强烈相互作用，使 T 细胞活化，以保护我们免受

疾病的侵袭。

虽然，胸腺（中枢）耐受的诱导做得相当好，但是并不是完美无缺的。作为应对在胸腺里从被清除机制中逃逸的 T 细胞的方案之一是，严控初始 T 细胞向血液、淋巴和次级淋巴器官的运输。具有识别次级淋巴器官中大量表达的抗原受体的 T 细胞通常会在胸腺中被有效地清除掉——因为胸腺中也有相同的大量表达的抗原。相反，胸腺中那些罕见的自身抗原由于过于稀少以至于未能使自身反应性 T 细胞被清除而让其得以逃脱，但在次级淋巴器官中这些抗原也是非常罕见的，不足以激活初始 T 细胞。因此，受到限制的运输模式，在通常情况下，能够使初始 T 细胞对于胸腺中罕见的自身抗原处于免疫忽视状态。

次级淋巴器官中的自然调节 T 细胞也能够提

供针对自身免疫的保护，而且很可能是通过干扰潜在的自身反应性T细胞的活化而发挥功能的。由此，当初始T细胞溢出血液-淋巴液-次级淋巴器官系统的时候，通常会在遇到自身抗原的情况下，发生失能或者死亡，而不是被激活。此外，那些因为能够识别组织中的自身抗原而被激活的极少数的T细胞，通常会由于受到慢性反复性的刺激而发生死亡。

诱导T细胞产生中枢耐受的场所是一个独立的器官——胸腺，但与此有所不同的是，诱导B细胞产生中枢耐受的场所是其诞生之地——骨髓，那些带有识别骨髓中大量表达的自身抗原的受体的B细胞都会被清除。在这个筛选过程中，自我反应性B细胞可以获得第二次机会来"编辑"它们的受体，去尝试表达出不能识别自身抗原的BCRs。

与T细胞相比，诱导B细胞的免疫耐受性的机制是多层次的。初始B细胞的运输主要经过血液、淋巴和次级淋巴器官。因此，与T细胞相同，初始B细胞的运输模式通常可以保护它们避免与富含的自身抗原发生接触，而这些自身抗原是在骨髓免疫耐受诱导的过程中未被检测到的。游离于血液/淋巴交通模式之外的初始B细胞，通常不会与那些可以使其BCRs发生交联的大量表达的自身抗原发生相互作用。此外，那些受体可以在组织中被自身抗原交联的初始B细胞通常也不能获得其活化所需的共刺激信号，并且缺乏共刺激信号的交联可以导致其发生失能或者死亡。

当B细胞在生发中心进行成熟的过程中，它们可以发生体细胞超突变从而提高其受体的亲和力。在这个过程中，产生突变的BCR也许能够识别出自身抗原。幸运的是，通常这不会是个问题，因为为了使B细胞在生发中心进行增殖，它们的受体必须要能识别出由滤泡树突状细胞提呈的调理过的抗原，而自身抗原通常是不会被调理的。更重要的是，生发中心内部的滤泡辅助性T细胞也不会去识别突变BCR正在识别和提呈的自身抗原。而B细胞是需要依靠Tfh细胞的辅助才能得以生存的。

你应该知道的是，所有有关B细胞或者T细胞产生免疫耐受的机制都不是完美的——它们都会有些"漏洞"。然而，由于有多重免疫耐受诱导机制的存在，用以找出那些潜在的自我反应性细胞，并且整个系统的运行非常良好，只有相当少的人才会为严重的自身免疫病所累。

自然杀伤细胞也会接受测试以避免自身免疫反应的发生。如果NK细胞不具有至少能够识别一个自身体内的MHC Ⅰ类分子的抑制性受体，那么这个NK细胞就会失去功能。这个过程可以防止NK细胞去攻击健康细胞并引发自身免疫反应。

**思考题**

1. 为什么对T细胞进行测试以确保它们能够识别自身的MHC分子是非常重要的？直接取消这项测试不是更简单吗？

2. 在胸腺中对于T细胞进行测试的过程中，自身的定义是什么（例如，T细胞会认为什么才是自身肽）？

3. T细胞的MHC限制性（阳性选择）和自我耐受性（阴性选择）两方面的需求都要满足，其潜在的难题是什么？

4. 当T细胞离开胸腺以后，为什么还需要T细胞产生耐受的机制？

5. 试述为什么初始T细胞的运输模式在维持自身免疫耐受方面发挥着重要的作用。

6. 为什么对B细胞进行自身耐受性的筛查也是非常重要的？

7. 到目前为止，我们已经遇到了4种类型的树突状细胞：浆细胞样树突状细胞、抗原提呈树突状细胞、滤泡树突状细胞和胸腺树突状细胞。作为一种总结的方式，试述每种类型树突状细胞的功能。

# 第十讲　免疫记忆

**本讲重点!**

固有免疫系统有一个固有的记忆，使它能够记得住之前遭遇的入侵者。适应性免疫系统则具有一个"可更新"的记忆，可以记住我们一生中所遇到的特异性的入侵者。记忆 B 细胞和 T 细胞得到了"升级"，比起 B 细胞和 T 细胞对初次入侵时所做出的反应，它们能更好地应对第二次入侵。一些固有免疫细胞也可以获得"训练"，以针对后续的威胁做出更加强烈的反应。

## 引言

免疫系统最重要的特质之一就是，它能够记住以往与攻击者的遭遇。这些记忆有助于抵御未来的挑战。固有免疫系统和适应性免疫系统都是有记忆的，但这两个系统的记忆是完全不同的。

## 固有免疫记忆

固有免疫系统有一个"固有"的记忆，在保护我们抵御日常入侵者方面是极其重要的。这种记忆是千百万年经验的积累，在此期间，固有免疫系统慢慢地进化形成了能够编码检测到常见入侵者特征的受体的基因。这些受体（如 Toll 样受体）通常会去识别分子的结构，而这些分子的结构是入侵者进行生活的基本模式状态，并具有各类微生物病原体的通用特征（例如，所有细菌的细胞膜都包含有脂多糖成分）。此外，这些受体的基因会代代相传，在人的一生中都不会发生改变。长期以来，这种古老的记忆使得人类在对付入侵者时能够做出快速有力的反应。重要的是，虽然固有免疫记忆是"调整好"针对之前的入侵者的，但固有免疫系统依然可以保护我们抵御新的入侵者（例如，那些源自野生动物而感染人类的病毒），只要这些新的病原体与古代的入侵者具有共同的结构特征就可以了。

固有免疫系统中的一些细胞（如巨噬细胞和 NK 细胞）可以在第一次接触病原体时，接受"培训"，以便对随后的入侵者做出更加快速、有效的反应。巨噬细胞的过度活化就是接受这种培训的例子。虽然，管控这种"被培训出来的免疫力"的规则仍在制定中，但是在人类，这种类型的免疫记忆通常应该是非特异性的。也就是说，对某一种病原体的初始防御，可以培训出一批固有免疫系统的斗士，这些斗士对于后续相同的或不同病原体的入侵都会做出更加有力的反应。通过这种方式，经过培训而产生的免疫力可以提供较为普适性的、非特异性的免疫保护来抵御未来会遇到的微生物的攻击。培训出来免疫力通常是短暂的，只能持续几周或几个月，而且是局部的，只有在原位感染区的天然免疫细胞才能够获得培训。

有实验证据表明，对人类巨细胞病毒感染做出反应的自然杀伤细胞也可以获得培训，能够对这种病毒后续的攻击做出特异性的反应。当然，人类巨细胞病毒比泥土的年代还要古老，它已经感染人类很长时间了。即便这种病毒出现在 NK 细胞的古代入侵者"名单"中，我们也不应该对此感到惊讶。然而，这种特异性的培训机制仍然存在着疑问，因为人类的 NK 细胞能够识别出的巨细胞病毒抗原还是尚不明确的。

## 适应性记忆

固有免疫系统能够利用其固有的受体，来"记住"那些一直在困扰着我们祖先的多种病原体。相比之下，适应性免疫系统是用来记住我们一生中遇到过的特异性入侵物的。虽然，B 细胞和 T 细胞的受体种类繁多，基本上可以识别出所有的入侵物，但是，能够识别各种特定进攻者的初始 B 细胞和 T 细胞是相对较少的，无法迅速进行防御。所以，实际上，B 细胞和 T 细胞的生命是始于空白记忆的。在初始的攻击中，病原特异性 B 细胞或 T 细胞会进行增殖以增加其数量。当入侵者被制服后，这些细胞大多数都会死亡，但是，有些（通常只有百分之几）会作为记忆 B 细胞或 T 细胞被保留下来，以抵御同一种入侵者的后续攻击。

### B 细胞免疫的记忆

很明显，B 细胞和它们产生的抗体对于感染的免疫能够持续终身。例如，在 1781 年，瑞典商人把麻疹病毒带到了与世隔绝的法罗群岛。1846 年，当另一艘载有感染麻疹水手的船访问这些岛屿时，大多数 64 岁以上的人并没有感染麻疹，因为他们仍然有麻疹病毒的抗体。即使是寿命最长的抗体（IgG）的半衰期也只有不到 1 个月，因此，免疫系统必须能够在很多年的时间里持续性地产生抗体，才能提供这样持久的保护作用。

当 B 细胞因为应对入侵物发生初次反应而被活化的时候，会产生 3 种 B 细胞。首先，在次级淋巴器官的淋巴滤泡中会产生**短寿浆细胞**。这些细胞进入骨髓或者脾，并产生出大量针对入侵物的特异性抗体。尽管，它们只能存活几天，但是，短命的浆细胞所产生的抗体，在保护我们对抗那些适应性免疫系统在此前从未遇到过的敌人，发挥着至关重要的作用。

除了短寿命的浆细胞之外，机体被入侵的时候，在生发中心里还会产生两种类型的记忆 B 细胞。重要的是，这两种类型记忆细胞的产生都需要得到 T 细胞的辅助。第一种记忆 B 细胞就是**长寿命的浆细胞**。与那些感染后迅速产生的，并在发挥重要功能几天后就会死亡的短寿浆细胞相比，长寿浆细胞可以在骨髓中定居，而这里会为浆细胞提供一个能够支持其长期生存的环境。重要的是，长寿浆细胞会不断地产生适量的抗体，这些抗体可以为后续可能遇到的感染提供终身的免疫。因此，短寿和长寿浆细胞可以提供即时的和长期的抗体保护，从而共同抵御机体受到的攻击。

第二种记忆 B 细胞是**中枢记忆 B 细胞**。这些细胞主要存在于次级淋巴器官中，它们的任务并不是产生抗体。中枢记忆 B 细胞的功能很像是记忆"干细胞"，它们能缓慢地进行增殖以维持中枢记忆 B 细胞库的稳定，并取代那些衰老死亡的长寿命浆细胞。此外，如果机体再次受到攻击的时候，中枢记忆细胞可以迅速地产生出更多的短寿浆细胞。

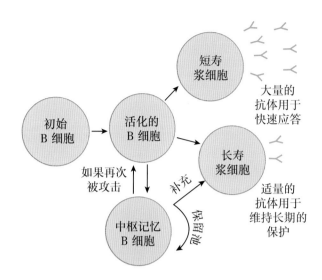

这种由 3 种类型 B 细胞参与形成免疫记忆的策略是很有成效的。当入侵物第一次攻击机体的时候，需要快速生成抗体来靶向入侵物并将其摧毁。这就是短寿浆细胞的行为。如果之后，相同的病原体再次侵犯机体的时候，那么机体中存在着现成的针对入侵物的特异性抗体，使得它们可以立即进行防御，这就很重要了。这就是长寿浆细胞的任务了。在每次对入侵物的攻击间隙，准备工作是由中枢记忆 B 细胞来执行的。它们可以更新长寿浆细胞，也在随时准备着爆发式地产生短寿浆细胞——这些细胞可以迅速合成大量的针对入侵物特异性的抗体。幼 B 细胞在"成长"的过程中，是如何"决定"成为一个短寿浆细胞、长寿浆细胞还是中枢记忆 B 细胞的呢，具体原因还不清楚。

### T 细胞的免疫记忆

T 细胞也是能够记住其之前遇到的入侵者的。虽然，T 细胞在有或者没有辅助性 T 细胞的辅助下，都可以进行活化，但是，只有在依赖于 Th 细胞的 T 细胞活化的过程中，才能够产生出记忆 T 细胞。

T 细胞的记忆与 B 细胞的记忆是相似的，但也不是完全相同的。初始 T 细胞因为应对初次攻击而被活化以后，经过增殖，它们的数量会增加 10 000 倍，其中很多的细胞获得了通行证可以前往组织与敌人进行作战。这些就是**效应 T 细胞**。战斗结束以后，约 90% 的效应 T 细胞会死于凋亡，但其中一些细胞，即**组织驻留记忆 T 细胞**，仍然可以残留在与病原体作战部位附近的组织中。在那里，它们会等待着后续感染的发生，这种感染指的是同一种病原体再次突破屏障防御，并进入组织中。如果这种情况发生了，它们就会迅速地被重新活化，然后进行少量增殖，并去摧毁它们记忆中的入侵者。另一种对首次感染可以进行应答的 T 细胞会分化成为**效应记忆 T 细胞**。这些细胞可以在血液和淋巴液中循环，时刻"警惕"着在机体各处是否发生了后续的侵袭。最后，还是有一些记忆 T 细胞会被保留在次级淋巴器官中。这些细胞就是中枢记忆 T 细胞。在后续的攻击中，**中枢记忆 T 细胞可以快速活化**。经过短暂的增殖期以后，大多数中枢记忆细胞会成熟分化成为效应细胞，在战场上加入到效应细胞的队伍中。其余的中枢记忆 T 细胞则会保留在次级淋巴器官中，等待着相同入侵者的再次攻击。

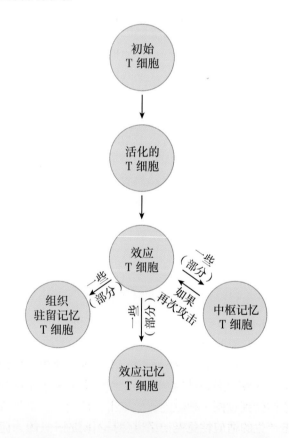

这种三管齐下的策略是行之有效的。如果，入侵物再次回到身体感染的同一个部位，组织中驻留的记忆 T 细胞正好就会在那里等待着迎接它们的到来。另一方面，如果入侵物从不同的部位再次攻击机体的时候，那么，效应记忆 T 细胞则会正在那里巡逻而提供着保护。而中枢记忆 T 细胞则会在次级淋巴器官中待命，做好备份的工作。目前，尚不清楚每种类型的记忆 T 细胞会在一次攻击后能够存活多久，但总的来说，T 细胞的记忆通常能够持续大约 10 年。

Th1、Th2 和 Th17 细胞具有启动免疫系统应答的功能，它们具有很长时间的记忆。相比之下，iTreg 细胞一旦战斗胜利之后就会去关闭免疫系统，它的记忆是非常短暂的。这是一件好事。因为长寿记忆 iTregs 会让免疫系统处于"关闭"状态，由此，就可能会妨碍免疫系统在后续感染的过程中迅速发挥作用。

## 适应性记忆细胞的特性

适应性免疫系统对特异性入侵者的记忆是非常清晰的，对其后续的感染，甚至通常在我们自己都还不知道已经被再次感染的情况下，就可以产生非常强烈的应答。有很多理由可以解释，为什么记忆细胞针对再次入侵者的应答效应，要优于那些缺乏经验的 B 细胞和 T 细胞针对初次入侵者进攻所做出的反应。首先，它们的数量更多。事实上，当我们第一次受到攻击的时候，通常只有 1/100 万的 B 细胞或 T 细胞能够识别出这种入侵者。相比之下，战斗结束后，病原体特异性的记忆细胞库将会扩大，因此，通常情况下，大约有 1/1 000 的 B 细胞或 T 细胞能够识别出这种入侵者。因此，适应性免疫系统对后续入侵的反应要比最初的反应强烈得多，部分原因是有更多的入侵者特异性细胞会在"值班"。

记忆 B 细胞和 T 细胞除了会比它们的那些缺乏经验的前体细胞数量更多之外，还更加容易被活化。例如，可以使 MHC- 肽激活记忆 T 细胞的浓度仅仅是激活初始 T 细胞所需浓度的 1/50。此外，在记忆细胞再次被活化的过程中，虽然也需要识别同源抗原，但是，至少在某些情况下，共刺激信号不再是必需的了。

第一次活化 B 细胞和 T 细胞是很困难的，但是，再次激活它们却是相对容易的，这样的一个系统为什么会是有益的呢？显然，我们都希望严格控制初始细胞的活化，因为我们只想在真正受到威胁的时候，才启动适应性免疫系统。因此，对于防止初始 B 细胞和 T 细胞被错误地激活的需求就显得非常重要了。另一方面，一旦这些细胞通过了那两个严格的关键选择并被初次活化之后，我们则会希望它们能够迅速活化应对相同入侵者的后续攻击，那么，此时让它们能够更加容易被活化才会是一个好的主意。

还有第三个原因，可以解释为什么记忆B细胞是比初始B细胞更好的防御者：大多数记忆B细胞都是原始的初始B细胞的"升级版"。这样的升级有两种形式。首先，在进攻过程中，B细胞可以将它们产生的抗体类别从"保守"的抗体类别IgM转换为其他的类别（IgG、IgA或IgE），这些类别的抗体可以更加有针对性地去应对具有不同特征的入侵者。这种类别转换会被印刻在攻击后存留下来的B细胞的记忆中。因此，记忆B细胞可以凭借其记忆，产生出恰好能够对付它们记忆中入侵者的抗体类别以保护机体免受侵犯。

此外，在攻击的过程中，B细胞能够利用体细胞高频突变，来调整其受体及其产生的抗体。体细胞超突变可以导致B细胞受体的升级，以便在反应初期，就能够识别出少量的外来抗原。这样，就可以使中枢记忆B细胞在发生后续感染的时候，能够被快速激活。体细胞高频突变也可以使长寿浆细胞能够产生出升级的抗体，从而更加牢固地与入侵者进行结合（指抗体亲和力成熟[1]）。

## 比较B细胞和T细胞的免疫记忆

B和T细胞的记忆都是相似的，因为两个系统都是在围绕着干细胞样的中枢记忆细胞这个核心运行的。这些中枢记忆细胞占据着次级淋巴器官中非常重要的战略位置，以便拦截进入机体的入侵者。与初始细胞相比，记忆B细胞和记忆T细胞是更有效的武器，因为它们当中的绝大部分都是对记忆中入侵者具有针对性，更容易被活化。

然而，B细胞和T细胞记忆的其他方面却是不尽相同的。作为对入侵行为的反应，B细胞可以通过体细胞高频突变来对其受体进行微调，T细胞却不能。此外，机体内并没有与长寿浆细胞相当的T细胞存在。当我们暴露于病原体的时候，长寿浆细胞能够持续产生保护性抗体，而且常常可以持续终生。因此，即使在入侵被击退之后，B细胞制造的武器（抗体分子）仍然可以继续进行部署。这是非常好的，因为抗体是非常特异性的和无害的。只有当它们对入侵者进行标记的时候，其余的免疫系统成分才会警觉并采取行动。因此，如果它们识别的入侵者不再对机体进行攻击了，那么，长寿浆细胞产生的抗体就不再会发挥作用了，当然也不会造成任何麻烦了。

相比之下，活化的T细胞会产生出能够对正常组织造成严重损伤的细胞因子和其他非特异性的化学物质。因此，一旦入侵被击退之后，如果T细胞依然保持着活化的状态将是非常危险的。因此，在敌人被击败以后，组织驻留记忆T细胞和效应记忆T细胞并不会像长寿浆细胞那样继续发挥着作用，而是进入了"休眠"的状态。如果，入侵者没有再回来，它们就不会造成任何的麻烦。但是，如果敌人再次发动攻击的时候，这些细胞就会很快被重新活化，并开始行动。

## 固有与适应性免疫记忆

虽然，固有免疫系统和适应性免疫系统都会进行记忆，但是，认识到这些免疫记忆系统的不同之处是非常重要的。固有免疫系统的记忆要依赖于其固有免疫受体对于入侵者的识别。因此，固有记忆是一种静态的记忆：它是不可更新的——至少是在人的一生中是不可更新的。尽管，人与人之间会存在着细微的遗传差异，但所有人类个体基本上都会有相同的固有免疫记忆，这反映了人类这个物种与那些困扰过我们数百万年的常见入侵者之进行斗争的经历。

相比之下，适应性免疫系统具有可拓展性的记忆，可以记住我们接触过的所有的特异性入侵者，无论是常见的还是罕见的。此外，适应性免疫系统的记忆是个性化的：我们每个人都会有不同的适应性免疫记忆，其取决于我们一生中所遇到过的不同的特定入侵者。不仅我们会有不同的"清单"以记录那些我们遇到过的入侵者，而且即使两个不同的个体受到过同一种微生物的攻击，他们对于这种攻击产生的适应性免疫记忆也会是不同的——因为应对入侵者特异性的B细胞和T细胞受体是会因人而异的。事实上，由于B细胞和T细胞受体的形成是依赖于混合-匹配（指基因重排[1]）机制的，因此，不可能会有两个人拥有相同的适应性免疫记忆。

---

1 译者注。

固有免疫系统和适应性免疫系统都能够记住曾经遇到过的入侵者。固有免疫系统的记忆是与生俱来的，且依赖于其模式识别受体，它们是数百万年以来与常见入侵者之间进行斗争的过程中进化而来的。这些受体可以识别出各种类型入侵者所共有的特征，并可以聚焦于那些不容易发生突变的分子结构。相反，适应性免疫系统中的B细胞和T细胞具有可更新的记忆，可以记住我们一生中遇到过的每一位入侵者，无论其是常见的还是罕见的。因此，从这个角度上来讲，适应性免疫记忆是个性化的，每个人的适应性免疫记忆都是不同的。

记忆B细胞和T细胞能够更好地应对入侵者的再次攻击，因为此时参与应答的细胞数量会比第一次入侵发生之前要多得多，而且，会比初始B细胞和T细胞更容易被活化。此外，记忆B细胞的受体已经在体细胞高频突变的过程中发生了微调，并且记忆B细胞通常可以通过类别转换而产生出针对记忆中的入侵者最适合的抗体分子类型。这些升级的结果，会使记忆B细胞在应对反复袭扰的方面，比它们那些初始的前体细胞更为有效。

在第一次攻击发生以后，存在于骨髓中的长寿浆细胞将会持续性地产生出适量的病原体特异性抗体。如果，我们再次受到攻击，那么，这些抗体会立即提供保护。在入侵间歇的期间，中枢记忆B细胞可以在次级淋巴器官中进行缓慢的增殖，不断地对长寿浆细胞库进行补充。如果，相同的病原体再次进行入侵，那么，这些中枢记忆B细胞就会迅速活化、增殖，其中绝大多数会成熟并分化为能够产生大量病原体特异性抗体的浆细胞。

组织驻留记忆T细胞保存在原始战斗过的区域，随时准备对再次入侵进行"突袭"，同时效应记忆T细胞在血液和淋巴液中循环，巡查从身体不同部位出现的再次入侵，在一次入侵之后产生的中枢记忆T细胞会被保留在次级淋巴器官中。这些细胞缓慢增殖以维持入侵者特异性T细胞库的存在。中枢记忆T细胞对于再次入侵可以迅速反应，增殖并成熟分化为效应T细胞，并被转运至入侵部位，消灭入侵者。

某些固有免疫细胞可以经过培训后，对后续的攻击作出更为有力的应答。在人类中，这种培训出的记忆通常是非特异性、局部的和非持久性的。

1. 固有（免疫）系统的记忆和适应性（免疫应答）系统的记忆有什么本质的区别？
2. 记忆B细胞和记忆T细胞具有的哪些特性，使它们比那些在初次感染中进行应答的细胞"更好、更强、更快"呢？
3. 业已明确，共有3种记忆T细胞：中枢记忆T细胞、效应记忆T细胞和组织驻留记忆T细胞。分别说明它们各自的作用？并说明为什么三者是缺一不可的？
4. 为确保在应对记忆中病原体在未来的攻击时，可以有"全覆盖式"的保护作用，记忆B细胞和T细胞各自的战略会有什么不同？为什么这些差异是非常重要的？
5. 固有免疫细胞被训练出来的免疫与T细胞和B细胞的记忆有何不同？
6. 为什么有些人似乎有一个"好"的免疫系统（例如，他们永远都不会生病），而另一些人似乎是每每遇到问题的时候就会生病？换句话来问就是：免疫系统的哪些组成成分是因人而异的？

# 第十一讲　肠道免疫系统

## 本讲重点！

肠道是数以万亿计细菌的家园，其中一些细菌会"渗漏"到周围的组织中。如果，保护这些组织的肠道免疫系统对细菌的免疫应答过于强烈，那么就会导致肠道疾病。但是，如果免疫应答太弱了，那么就有可能会发生严重的细菌感染。肠道免疫系统是如何知道应该做出温和反应还是强烈反应的呢？

## 引言

免疫学最有趣的一个方面就是，在免疫学中仍然有许多概念没有被充分阐明，甚至完全没有揭示出来！在本讲中，我想介绍一个重要的领域——肠道免疫系统，目前关于这个领域，我们未知的东西可能比已知的要多得多。这个主题也会让我们有机会回顾在之前的讲座中讨论过的一些概念。

胃肠道系统及其在人体健康中的作用，是目前许多学科研究的热点。这是因为现在人们已经认识到，许多疾病的产生，至少在一定程度上，是由于肠道内微生物数量或类型的不平衡，或者是由于免疫系统对这些微生物的错误反应，如糖尿病、过敏、肥胖、某些癌症和炎症性肠病（溃疡性结肠炎和克罗恩病）所造成的。所有寄居在我们肠道内的微生物（细菌、病毒、真菌和寄生虫）的总合被统称为肠道微生物群（肠道微生态[1]）。到目前为止，肠道微生物群中被发现数量最多的是细菌（其实噬菌体的数量是细菌总数量的 100 倍[1]）。为了解肠道微生物群与免疫系统之间的相互作用所做的大部分研究工作都会涉及到细菌，因此这一讲我们将会重点关注细菌。

我们的肠道中生活着至少 1 000 种不同类型的大约 100 万亿个细菌。其中，大多数是共生细菌（来自拉丁语，意思是"在同一张桌子上吃饭"）。共生体对我们的消化功能是很重要的，因为它们产生的酶可以分解我们所吃下去的食物中含有的复杂碳水化合物，靠人体细胞产生的酶是无法分解这些碳水化合物的。一些共生细菌还可以产生我们赖以生存的维生素。此外，因为这些"友好的"细菌非常适合生活在我们的肠道内，它们能够通过与有害细菌竞争有限的可获得的资源以及占据物理生态位置（机械占位效应[1]）并战胜那些有害细菌的方式来保护我们，使我们免受致病菌的伤害。从某种意义上来说，共生体就是我们的微生物"伙伴"。

尽管，共生细菌能与它们的宿主保持一种有益的共生关系，但是它们也会带来一个问题：将它们与肠道周围组织分隔开的单层上皮细胞是非常薄而且面积非常大的，但是细菌的数量是非常多的，即使在正常情况下，一些肠道细菌也会突破这个屏障，从而进入到肠道组织中去。事实上，上皮"屏障"只能抑制，但却不能阻止微生物进入肠道内部的组织中。

这种情况造成了一个真正的两难状态。如果，肠道免疫系统对共生体的反应过于强烈，那么，肠道周围的组织就会一直处于炎症状态——这就会导致腹泻及其他各种健康问题。但如果忽视这些错误进入到组织中的共生细菌，那么，它们就有可能会进入血液，从而导致致命的系统性感染。因此，肠道免疫系统是不能忽视共生细菌的。此外，一些不太友好的致病菌也能突破肠道屏障。在这种情况下，免疫系统必须对这些危险的入侵者做出适当的反应。这意味着肠道免疫系统面临着一个独特的挑战：它必须温和地处理那些本身并不危险的肠道细菌，但对那些会对我们造成严重的伤害的细菌，则必须要进行激烈的反应。因此，肠道免疫系统是如何区分敌人和朋友的，以及如何避免过度的反应是目前研究的热点。

---

1 译者注。

## 肠道的构造

为了了解肠道免疫系统所面临的问题，我们需要对消化系统及其工作原理有一个清晰的认识。需要注意的是，在拓扑结构上，我们的胃肠道实际上是"外环境"的一个部分。它本质上就是一根管子，从上到下贯穿了我们的身体。以下是其基本布局的示意图：

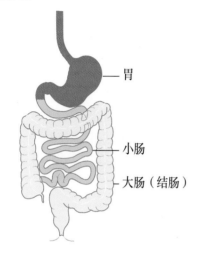

就免疫系统而言，大部分的功能是在胃以下的小肠和大肠（结肠）中发挥的。小肠的主要功能是

消化，对营养物质吸收的要求，决定了小肠必须具有很大的表面积。事实上，人的小肠大约有 6 m 长，其上皮细胞的表面有大约数百万个指状突起，称为绒毛。这就使得小肠的总表面积被扩大到了将近 200 $m^2$。相比之下，大肠只有 1.5 m 长，而且没有绒毛，几乎没有什么消化作用，它的主要功能是从肠道内容物中吸收水和盐。但重要的是，大肠是居住在消化道中的绝大多数共生细菌的家园。

大肠和小肠的管腔（即内部）都由一层上皮细胞所包围的。这些细胞并肩站立着，由紧密连接蛋白连接在一起，并被保护性黏液所覆盖，这些黏液是由属于上皮的杯状细胞产生的。上皮细胞层每 4 ~ 5 天就会更新一次，它可以将肠的内容物从被称为固有层的肠周围组织中分离出来。

小肠中的保护性黏液只有薄薄的一层，而且是多孔的——这对于有效地吸收营养是很重要的。幸运的是，我们摄入的食物和细菌通过小肠时的移动速度很快，所以，如果细菌想在小肠站稳脚跟，它们就必须要动作迅速。此外，黏液中含有丰富的抗菌蛋白，如溶菌酶。它是由上皮细胞分泌的，可以攻击一些细菌的细胞膜。下面这张图显示了小肠的重要特征：

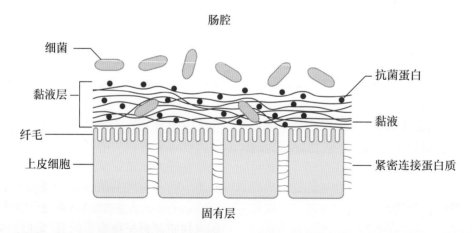

肠的上皮细胞是由两层黏液保护的，内层黏液与上皮细胞紧密相连，像钢丝绒，这种黏液相对来说是不含细菌的，并且还富含抗菌肽（例如，α-防御素）。在这个致密的内垫之上是另一层黏液，就像小肠的单层黏液一样，密度较低，就像一张黏稠的鱼网。

肠道黏液有几个重要的功能。作为扩散屏障，肠道黏液可以阻止肠腔内的大部分细菌进入肠上皮细胞，黏液还可以聚集上皮表面附近的抗菌蛋白，而这些抗菌蛋白可以破坏那些试图突破这道屏障的

细菌。这些特征是非常重要的，因为肠道的感染通常是从入侵者附着在肠道内的上皮细胞上面开始的。产生黏液的杯状细胞是非常勤劳的，黏液在几小时内就会被替换掉。因此，被困在黏液中的细菌很快就会从肛门出去了。

构成黏液的黏蛋白是高度糖基化的。共生细菌能够依靠这些附着的碳水化合物获得能量，并将它们转化成为短链脂肪酸，如丁酸和醋酸酯。这些分子很容易在黏液中进行扩散，并为上皮细胞提供重要的能量来源。

## 肠道免疫系统面临的挑战

既然我们已经了解到了肠道的结构，那么，我们就可以讨论免疫系统是如何处理从肠腔"游荡"到组织中的细菌的了。共生细菌的一个明显特征是：尽管它们可以黏附在上皮细胞上，但是它们并不会主动穿过肠道屏障。然而，通过上皮屏障的微小破损（没有完美的屏障），共生体可以进入到固有层中，并且，这种情况几乎是连续发生着的。此外，一些病原菌在黏附于上皮细胞后，会产生毒性因子，使其能够穿过屏障进入到固有层中。由此可知，肠道免疫系统会不断地受到来自细菌和其他入侵者的攻击。

破坏上皮屏障的共生细菌或病原细菌通常会被固有层中最为丰富的免疫系统细胞——常驻巨噬细胞所拦截。入侵的细菌也可以通过引流固有层的淋巴管而转移到附近的肠系膜淋巴结中。在肠道受到侵袭的过程中，位于肠道周围组织中的树突状细胞可以通过淋巴途径到达肠系膜淋巴结，在那里，它们可以去激活对入侵者具有特异性免疫的 T 细胞，并鼓励这些效应细胞返回到固有层中与敌人进行作战。

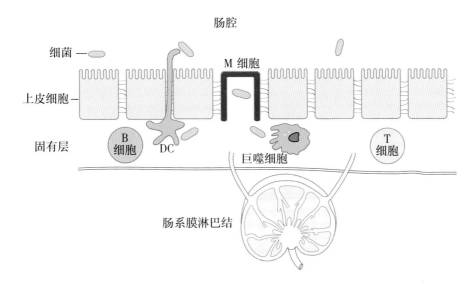

如果，这就是肠道免疫系统的全部功能，那么，我们就会有大麻烦了。共生体会不断地突破上皮屏障，因此，我们的肠道就将会处于一种持续的战争状态了。与大脚趾上的一根刺不同，这种情况就相当于让布满细菌的刺，一直在刺穿你全身的皮肤。这将是非常可怕的，而且是致命的！

## 温和应对有限的威胁

显然，肠道免疫系统必须有一些特殊的性质，这些特性不同于那些保护我们身体其他部分的"系统性"的免疫系统。让我们看看它们可能会是什么呢。

### 抗炎的环境

与全身免疫系统不同，肠道免疫系统的"默认选项"是对抗炎症。事实上，在正常情况下，肠道周围的环境会显著偏向于产生温和的免疫应答反应。在第八讲中，我们讨论了诱导性调节性 T 细胞——作用是限制炎症的特殊的 Th 细胞。事实上，固有层就是这些细胞的家园。原因是，健康的肠上皮细胞可以产生转化生长因子 β（TGFβ），这是一种能够促使在肠道环境中被活化的 Th 细胞转化成为 iTregs 的细胞因子，而这些 T 细胞释放出细胞因子，如 TGFβ 和 IL-10，这有助于保持"平静的"黏膜免疫系统。此外，在 iTreg 细胞表面还会表达许多 CTLA-4 这种检查点蛋白。这些 CTLA-4 蛋白可以结合并"掩盖"固有层抗原提呈细胞上的 B7 蛋白，从而降低 APC 激活效应 T 细胞的能力。

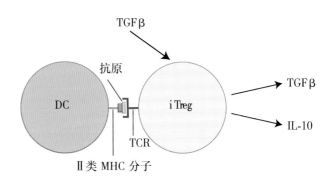

在某些情况下，共生细菌可以直接帮助维持固有层的正常的免疫抑制性环境。例如，作为正常新陈代谢的一部分，一些共生细菌会产生出丁酸盐。这种短链脂肪酸能够作用于固有层的 Th 细胞使其转化成为调节性 T 细胞，分泌出"镇静性"细胞因子。同样，脆弱拟杆菌——一种共生细菌，会产生出一种叫作多糖 A 的分子，当固有层辅助性 T 细胞上的 Toll 样受体识别到这种多糖的时候，这些 T 细胞就会获得指示而产生出 IL-10，从而抑制炎症的发生。双歧杆菌是一种共生细菌，是许多人用来"促进肠道健康"的益生菌的一种常见成分。当肠道树突状细胞的 Toll 样受体发现短双歧杆菌存在的时候，这些树突状细胞就会产生出 IL-10 来稳定肠道的免疫环境。

### 非炎性巨噬细胞

作为对发生感染的反应，巨噬细胞的正常工作就是引起炎症。例如，当皮下组织被细菌感染的时候，巨噬细胞不仅会吞噬这些入侵者，而且还会分泌细胞因子，提醒其他免疫战士，并从血液中召唤出中性粒细胞加入战斗，而结果就是，入侵部位的组织发生炎症。幸运的是，固有层 iTregs 产生的 IL-10，可以促使在这个区域中巡逻的巨噬细胞变成为"非炎性"巨噬细胞。这就意味着，尽管这些巨噬细胞具有高度的吞噬能力，但是，它们并不会释放出能够发出全面攻击信号并引起炎症反应的细胞因子。因此，非炎性巨噬细胞可以温和地处理少量从肠道持续"渗漏"到固有层中的共生体，以及病原菌对肠道进行的轻微攻击。

### IgA 抗体

IgA 是固有层 B 细胞产生的主要抗体。事实上，IgA 是一种专门为了保护黏膜表面而进化出来的抗体。一些由固有层 B 细胞产生出来的 IgA 抗体可以通过上皮细胞运输（被"转运"）并释放到肠腔中。这种"分泌性"的 IgA 可以与肠腔微生物进行结合，阻止微生物黏附在肠上皮细胞上。实际上，结肠中的大多数细菌都是被 IgA 抗体包裹着的，而且，由于肠黏液的经常更新，IgA 结合的微生物团可以随着粪便被迅速清除出去，因此，分泌型 IgA 的主要任务是排除细菌。

除了有助于防止管腔内的细菌穿过上皮屏障以外，固有层 B 细胞产生的 IgA 抗体还可以在入侵者突破肠道屏障进入固有层的时候拦截入侵者。固有层中的 IgA 抗体可以与入侵者进行结合，上皮细胞会将 IgA 抗体与它们的"排泄物"一起进行转运，使入侵者回到肠道中对其进行处置。重要的是，分泌型 IgA 不会引起炎症。这是因为，这种抗体的 Fc 段不能像 IgG 抗体的 Fc 段那样与免疫系统细胞上的受体进行结合而引发炎症反应。因此，IgA 抗体可以温和地对付肠道的入侵者却不会引起炎症反应的发生。

目前，还不完全清楚固有层中的 B 细胞是如何被影响从而产生出 IgA 抗体而不会产生出其他抗体的，如 IgG 抗体。众所周知，肠道树突状细胞产生的维甲酸可以驱动 IgA 的产生。维甲酸还会在分泌 IgA 的浆细胞上印上一个"肠道特征痕迹"，使它们回到肠道的周围组织中。在大多数情况下，类别转换是需要 Th 细胞帮助的，这种协助功能是通过辅助性 T 细胞表面的 CD40L 与 B 细胞表面的 CD40 进行结合而介导的。然而，人们发现在没有 T 细胞帮助的情况下，肠道免疫系统中的 B 细胞实际上也是可以产生 IgA 抗体的。据推测，肠道环境中的其他蛋白质可以替代 CD40L，并与肠道 B 细胞上的 CD40 分子进行结合。但是，围绕着这些特殊的、可以产生 IgA 的固有层 B 细胞的研究还有很多谜团亟待阐明。

### 分布式应答

全身免疫系统被设计出具有能够进行"局部性"应答的功能。例如，如果你的大踇趾被一块小玻璃碎片扎破了，那么，在淋巴结中活化的 B 细胞和 T 细胞就会通过淋巴和血液循环，从你大踇趾伤口处的血液中钻出来进入到受伤组织中。毕竟，这些武器是针对今天攻击你大踇趾的那些特定的入侵者的，所以，如果把它们送到你的小腿上、甚至你的小踇趾上也都是没有用的，在那里什么也不会发生。但是，肠道免疫反应则是完全不同的。虽然，B 细胞和 T 细胞可能会被细菌活化，进入小肠 1 m（估计是作者笔误，应该为 1 mm[1]）以下的固有层，但是，这些淋巴细胞不仅仅还会回到那个位置，而且还能分布到整个固有层中。你可

---

1 译者注。

能会问，这是为什么呢？这不是很浪费吗？

答案是虽然玻璃碎片刺穿你脚趾是一个偶然发生的事件，但是，在你的肠道内驻留的细菌入侵则是持续不断的。此外，虽然从小肠上端到肛门的共生体的种类确实是有所不同的，但是，同样的共生体会长时间存于肠道中。因此，这种针对肠道入侵者的 B 细胞和 T 细胞可以通过固有层的分布进行应答是有意义的。这种分布式应答还有另外一个重要的特性。在大蹞趾的例子中，需要一些时间去动员特异性的部队并把他们送到"战场"，来应对具体的入侵者。然而，肠道免疫系统是"随时提前准备着"去对付常见入侵者的，而淋巴细胞和 IgA 抗体就已经"在入侵的现场"了。结果就是，肠道免疫系统会以闪电般的快速反应，在攻击者在组织中进行繁殖之前就处理掉它们，从而限制炎症发生的程度。

## 肠道免疫系统对病原体的应答

因此，肠道免疫系统会对共生细菌及少量病原体做出较为温和的应答。然而，大量的共生菌和病原菌都可能会引起损伤性感染，那么，肠道免疫系统又是如何应对这些危险情况的呢？

对于严重的攻击，Th1 细胞就会被活化，这些辅助性 T 细胞会促进 IgG 抗体的产生，Th1 细胞分泌的 IFN-γ 等细胞因子可以增强固有层巨噬细胞的杀伤能力。此外，当辅助性 T 细胞在富含 TGF-β 和 IL-6 或 TGF-β 和 IL-23 的环境中被激活的时候，这些细胞就会分化成为 Th17 细胞——一种能够在肠道免疫防御受到危险攻击的过程中发挥重要作用的辅助性 T 细胞。

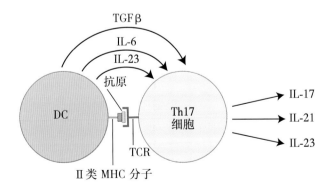

Th17 细胞具有高度的致炎性。它们产生的标志性细胞因子——IL-17，可以从血液中募集出大量的中性粒细胞，而这些正是对付危险细菌入侵的

关键。Th17 细胞分泌的细胞因子，也可以通过加强上皮细胞之间的紧密连接，来增强肠道屏障的有效性。此外，这些细胞因子还会刺激肠上皮细胞产生抗菌肽和黏液，并促进 IgA 抗体及其"运载货物"进入肠腔的转运过程。

肠道免疫系统的另一个重要特征是它的功能是独立于身体其他部位免疫系统的。在固有层被激活的树突状细胞会进入到负责引流肠道组织的肠系膜淋巴结中，但是，它们是不会沿着淋巴结链走得更远的。此外，在肠系膜淋巴结中，活化的 B 细胞和 T 细胞也都会严格遵循指示而停留在固有层中，它们不会开启循环淋巴细胞的正常交通模式，因为这种模式会把它们带到身体的其他部位去。因此，肠道免疫系统是一个"私域"系统。在肠道免疫系统中产生的问题通常都会留在肠道免疫系统中解决。

## 怎么进行应答？

因此，肠道免疫系统可以对不严重的攻击做出温和的反应，它也有"手段"来强硬地解决掉那些通过消化道入侵的危险病原体的。但是，肠道免疫系统是如何知道该对少量的共生体或者病原体做出温和的反应，但是会在真正危险的时刻对入侵者做出有力的回击的呢？这是研究肠道免疫系统的免疫学家们提出来的关键核心问题。

TGF-β 是一种能够促使辅助性 T 细胞转化为 iTregs 细胞的细胞因子，iTregs 细胞具有抗炎的作用。然而，TGF-β 同时也是可以促使原始 Th 细胞分化成为 Th17 细胞的细胞因子之一，Th17 细胞擅长于对细菌或真菌的侵袭产生炎症性反应。那么，免疫系统是如何决定 Th 细胞是应该变成 iTregs 细胞来抑制免疫应答，还是变成 Th17 细胞然后"放狗去咬"的呢？对于这个问题来说，完整的答案还是未知的。然而，正如你所预测的那样，大部分人都认为固有层中的树突状细胞在维持温和或者发生炎症反应之间的适当平衡中，发挥着关键的作用。

小肠派尔斑中的树突状细胞可以截获管腔内的抗原，这些抗原通过覆盖在派尔斑顶部的 M 细胞被转运到固有层中。此外，一些固有层的树突状细胞还可以在上皮细胞之间延伸出其树突，从而与肠腔中的抗原进行直接的接触。利用这些机制，树突状细胞能够有意识地、连续地对肠道内发生的状况进行信息收集，并利用这些信息来制定适当的行动方案。

树突状细胞具有识别细菌"信号"的模式识别受体。一些最具致病性的肠道细菌（如沙门氏菌）是具有鞭毛的，鞭毛能够帮助它们"游动"穿过黏液，从而穿过肠道上皮组织。构成鞭毛的鞭毛蛋白，可以被肠道树突状细胞表面的 TLR5 模式识别受体识别为危险信号。当它们的模式识别受体发现鞭毛蛋白的时候，树突状细胞就可以开始产生 IL-6，进而指示 Th 细胞分化成为 Th17 细胞。

因此，如果没有真正的危险、只是需要维持状态的时候，固有层树突状细胞是不会产生 IL-6 的，而初始 Th 细胞在组织产生的 TGFβ 的影响下，会变成 iTregs。另一方面，如果存在着带有鞭毛的病原菌进行入侵的时候，树突状细胞就会产生 IL-6，从而使辅助性 T 细胞转化成为 Th17 细胞。从 iTreg 主导变为 Th17 主导的一个重要特点

是 iTreg 非常短命，因此，从抑制免疫到积极防御的转变是可以很快实现的。

然而，值得注意的是，共生细菌和病原菌具有许多相同的分子特征，因此在大多数情况下，树突状细胞是如何对病原菌和共生菌进行区分的还尚不清楚。可能是病原体和共生体触发模式识别受体的不同组合，导致了不同的结果。实验结果还表明，树突状细胞对病原体和共生体的反应通常是相同的，而入侵程度的大小才会决定反应是温和的还是剧烈的。在不同情况下，肠道免疫系统是如何决定对肠道的入侵者进行适当应答的，是免疫学中最重要的未解之谜。大约有 150 万美国人患有克罗恩病或者溃疡性结肠炎，这些疾病被认为是由针对共生细菌的不当炎症反应所引起的。人们希望可以对肠道免疫系统的决策过程以及这些决策的执行过程有更多的了解，这可能会改进这些疾病的治疗方法，甚至可能会使这些疾病得到治愈。

## 总结

一层覆盖着黏液的上皮细胞，将数以万亿计的肠道细菌与肠道周围组织隔离开来。这些细菌大多是与宿主形成互利关系的共生细菌。但是，肠道内也存在着致病菌，这些细菌会对人体造成严重的危害。这两种细菌都能突破上皮屏障，两者都必须由肠道免疫系统来进行处理。

在肠道上皮下的固有层中，可以发现多种免疫系统的防御者，包括巨噬细胞、树突状细胞和淋巴细胞。在正常情况下，只有少量细菌可以从肠道泄漏到固有层，此时，免疫战士们会受到鼓励让它们对入侵者进行温和的处理。固有层中的非炎性巨噬细胞，具有高度的吞噬功能，但通常不会分泌出能够激起全面炎症反应的战斗性细胞因子。固有层 B 细胞专门生产 IgA 抗体，IgA 可以被动性地处理入侵者，把它们"悄悄地"运回肠道，使其随着粪便排出到体外去。此外，健康的肠上皮细胞还会产生出"保持平静的"细胞因子，帮助维持肠道内免疫系统的相对平静。这些细胞因子，可以诱导辅助性 T 细胞成为调节性 T 细胞，同时产生细胞因子，对位于固有层的"免疫战士们"发挥出镇静的作用。

固有层树突状细胞会不断地评估当前入侵者所构成的危险。如果，上皮屏障被严重破坏了，那么肠内免疫系统就可以迅速从温和的应答状态转变为攻击性反应状态。这提示，树突状细胞是可以诱导辅助性 T 细胞成为 Th1 或 Th17 细胞的。这些辅助性 T 细胞随后就会介导产生炎症反应，在这种反应中，非炎性巨噬细胞就会变得"愤怒起来"，并从血液中招募出中性粒细胞，与入侵者们进行作战。

肠道免疫系统的武器部署在面积广大的肠腔表面上。通过这种分布式的响应布局，肠道免疫系统就能够在增殖之前做好预先的准备，以快速地对付那些普通的侵略者。另一方面，肠道免疫系统是一个"私域地带"，肠道的攻击反应通常只在局部发生，而不会向外溢出到身体的其他部位。

虽然，某些致病菌可能会特征性地提醒肠道免疫系统遇到了危险，但由于共生细菌和致病菌具有许多相同的分子特征，肠道免疫系统是如何区分这些感染，从而判断是需要温和处理的感染还是必须严格处理的严重感染，依然是免疫学中的一个重要的未解之谜。

**思考题**

1. 试述肠道免疫系统与保护身体其他部位的系统性免疫系统的不同之处。

2. 肠道周围组织中免疫系统的哪些特殊功能，是有助于避免对共生细菌产生过度反应的？

3. 为什么 IgA 抗体被称为"被动性"抗体？

4. 为什么诱导性调节性 T 细胞（iTregs）是非常重要的？它们是如何发挥功能的？

5. 如果你正在"设计"肠道免疫系统，你会如何装备它，使其能够区分出敌人和朋友？这个问题的正确答案可能会为你赢得诺贝尔奖！

# 第十二讲　免疫系统出错了

**本讲重点！**

多数时间里，免疫系统的功能是正常的，但偶尔也是会"出错"的。在某些情况下，免疫系统可能会不恰当地动用武器。在极少数的情况下，免疫系统可能会错把朋友当作敌人，而对我们自己的身体进行攻击。

## 引言

到目前为止，我们一直都在关注的是，免疫系统在保护我们避免感染方面所发挥的作用。然而，有的时候，免疫系统是会"出错"的——有时还会产生出毁灭性的后果。在本讲中，我们将会探讨免疫系统主导产生的几种疾病（病理性）损伤的情形。

## 免疫调节的缺陷所引发的疾病

大约有1/4的美国人会对吸入或摄入的正常环境中的抗原（变应原）发生过敏反应。花粉症和哮喘是呼吸道最常见的两种过敏性疾病。花粉症由来自霉菌孢子或者植物花粉中的蛋白质而引起的。这些变应原来自于室外的空气中，通常在一年中的某一个特定时期才会存在。相反，引起哮喘的变应原大多存在于室内。来自于尘螨、蟑螂、啮齿动物和家庭宠物的可以引起的过敏反应的蛋白质是导致这些疾病的主要原因。除了我们呼吸的空气中的过敏原可引起过敏反应以外，我们吃的食物也可以引起过敏反应。

非过敏人群的免疫系统对这些变应原的应答较弱，主要产生IgG抗体。而与此形成鲜明对比的是，过敏的个体（也称为特应性个体，指特应性体质[1]）会产生出大量的IgE抗体。事实上，发生过敏反应的患者血液中，IgE抗体的浓度可能会比非特应性个体高1 000~10 000倍！过敏反应是由于过量产生的IgE抗体对环境中无害的抗原进行应答所导致的。

在第三讲中，我们讨论过IgE抗体与被称为肥大细胞的一种白细胞之间的相互作用。因为肥大细胞脱颗粒是许多过敏反应的核心事件，所以，让我们花点时间来回顾一下这个概念吧。首先，当特应性个体被暴露于过敏原（如花粉）的时候，就会产生出大量识别该变应原的IgE抗体。肥大细胞在其表面表达可以结合IgE抗体Fc段的受体。因此，在初次接触变应原后，将会有大量针对此过敏原特异性的IgE分子结合到了肥大细胞的表面。变应原是具有重复结构的小分子蛋白质，因此许多IgE抗体可以与之发生紧密的结合。所以，在第二次或者后续的接触中，变应原可以将结合在肥大细胞表面的IgE分子交联起来，把肥大细胞的受体拖拽到一起。这种IgE受体的聚集会通知肥大细胞进行脱颗粒——释放它们细胞内的颗粒，进入到它们所在的组织中，而通常情况下这些颗粒会被安全地储存在肥大细胞内，肥大细胞的颗粒中含有组胺、酶以及其他具有强烈生物学活性的化学物质，可引发特应性个体发生超敏反应时的那些常见症状。

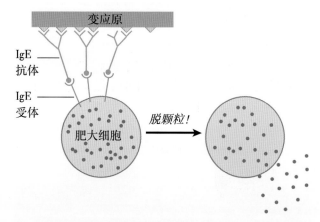

有趣的是，尽管IgE抗体在血液中的半衰期只有两天左右，但是当它们附着在肥大细胞上的时候，它们的半衰期可以延长到几周甚至几个月。这意味着肥大细胞在暴露于变应原之后的相当长的一段时间内都会保持着"子弹上膛"的状态，随时准

---

1 译者注。

备着进行脱颗粒反应。

过敏反应通常会有两个阶段：即刻反应阶段和迟发反应阶段。对变应原的即刻反应是由驻扎在组织中的肥大细胞和另一种称为嗜碱性粒细胞的含有颗粒的白细胞共同完成的，嗜碱性粒细胞是被肥大细胞与变应原发生反应时发出的信号从血液中招募而来的。与肥大细胞相同，嗜碱性粒细胞也具有IgE抗体的受体，而这些受体的交联也可以导致嗜碱性粒细胞发生脱颗粒。

尽管，对变应原的即刻反应是由肥大细胞和嗜碱性粒细胞负责介导的，但是，第三种内含颗粒的白细胞——嗜酸性粒细胞，则是慢性过敏反应（如哮喘）的主要参与者。在变应原"攻击"之前，存在于组织或血液循环中的嗜酸性粒细胞是相对较少的。但是，当过敏反应开始发生之后，辅助性T细胞就会分泌一些细胞因子，如IL-5，其可以从骨髓中招募出更多的嗜酸性粒细胞。然后，这些嗜酸性粒细胞就可以增加过敏反应的"分量"了。由于嗜酸性粒细胞必须是从骨髓中被动员出来的。因此，它们的作用与几乎可以即刻做出反应的肥大细胞和嗜碱性粒细胞的作用相比，就会发生延迟了。

当然了，进化出肥大细胞和嗜碱性粒细胞，并不仅仅只是为了"骚扰"那些特应性人群。这些细胞具有"按照指令"进行脱颗粒的能力，可以提供对寄生虫（如蠕虫）的防御，因为这些寄生虫太大以至于不能够被专业的吞噬细胞所吞噬。从某种意义上说，IgE抗体就像是这些细胞的"引导系统"，将它们的武器瞄准敌人。例如，通过将其破坏性化学物质（指肥大细胞颗粒中的生物活性物质[1]）直接释放到被IgE抗体结合的寄生虫的皮肤（皮层）上，肥大细胞就可以摧毁这些巨大的生物了。

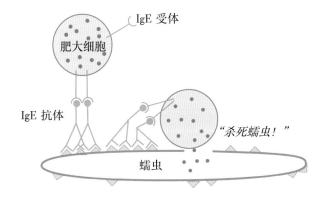

当产生了寄生虫特异性IgE，以及肥大细胞和嗜碱性粒细胞被武装起来以后，这一切就会使得它们能够在对寄生虫的防御过程坦然处之了（指具有足够的防御能力[1]）。但是，除非是这些被武装的细胞能够接触到寄生虫，并且使其表面的IgE受体发生簇集（交联），否则，就什么也不会发生。因此，你的身体并不会因失控的脱颗粒过程而发生损伤。相反，IgE导向系统能够校正这些细胞去瞄准寄生虫，这样只会对我们的组织造成相对轻微的连带性损伤。

**为什么有些人会发生过敏？**

很明显IgE抗体是过敏反应中的"坏家伙"，但是，是什么决定了一个人在应对变应原的时候，产生的抗体是IgE还是IgG的呢？你还记得在第六讲中讲过的，辅助性T细胞被刺激的时候，可以被环境所"导向"，成为分泌不同细胞因子的亚群（如Th1、Th2或者Th17）。而且，这些T细胞释放的细胞因子，还可以影响B细胞发生类别转换以产生出IgA、IgG或者IgE抗体。例如，遍布着Th1细胞的生发中心中，通常可以形成能够产生出IgG抗体的B细胞，因为Th1细胞分泌IFN-γ，能够驱动B细胞产生的抗体向IgG的类别转换。相反，如果类别转换发生在富含能够分泌出IL-4和IL-5的Th2细胞的生发中心里的时候，则B细胞会倾向于产生IgE。因此，针对变应原的应答，是产生IgG抗体还是产生IgE抗体，在很大程度上取决于拦截变应原的次级淋巴样器官中辅助性T细胞的类型。实际上，来自过敏个体的辅助性T细胞，与来自非特应性个体的Th细胞相比，有明显的向Th2型极化的倾向性。

**卫生假说**

特应性个体产生IgE抗体是因为他们的变应原特异性辅助性T细胞倾向于分化成为Th2型。但是，这是如何做到的呢？这个重要问题的答案还不是确定的，但是，许多免疫学家认为，Th2型辅助性T细胞的倾向性应该是在儿童早期建立的，在某些情况下，甚至是在出生前就建立起来的。下面讲一下提出这种想法的原因。

胎儿大致有一半的遗传物质是从母亲那里获得的，另一半则是从父亲那里继承的。因此，胎儿实

---

际上是一个"移植物"，因为它表达了许多母亲的免疫系统所不能耐受的父系抗原。由于胎盘是母亲和胎儿之间的交界面，所以必须要采取措施以避免母体的 CTLs 和 NK 细胞去攻击胎盘，因为它也表达着来自父系的抗原。Th1 型辅助性 T 细胞可以分泌 TNF 用以激活 NK 细胞，并且还可以分泌 IL-2，使 NK 细胞和 CTLs 进行增殖。因此，将母体 Th 细胞偏离 Th1 型细胞因子的范畴，将会有利于胎儿的存活。实际上，胎盘细胞会产生相对大量的 IL-4，从而可以诱导母体的辅助性 T 细胞分化为 Th2 型细胞。重要的是，这些可以保护胎盘的细胞因子也同样会显著地影响胎儿的辅助性 T 细胞。因此，大多数人天生就具有强烈倾向于产生 Th2 型细胞因子的辅助性 T 细胞。

显然，这种倾向性是不会持续一辈子的，大多数人最终都会以一个更加平衡的 Th1 和 Th2 细胞亚群来结束这种倾向性。年幼时能诱发 Th1 型应答的微生物（如病毒或细菌）感染，很可能是有助于建立这种平衡的一类事件。实际上，人们也是有所质疑的，因为早期的微生物感染可能对儿童免疫系统的"重新编程"是很重要的，所以会导致针对变应原的 Th1 型应答的结果。免疫学家们推测，如果一种微生物感染可能会使免疫应答显著性地倾向于 Th1 型应答，而与此同时儿童也遇到了变应原（如尘螨蛋白），那么，针对该变应原的 Th 应答也就会偏向 Th1 型了。一旦这种偏差发生以后，反馈机制会倾向于将其锁定在 Th1 的极化方向了，此时产生的记忆 T 细胞，不仅会记住这个变应原，而且还会记住与之反应的 Th1 型应答。一旦产生了大量带有这种偏差的记忆细胞，那么，机体的免疫系统就很难扭转这种 Th 细胞的极化了，因此，早期接触感染性疾病的病原体，会使机体对环境中的变应原形成正常的应答，这应该是至关重要的。换句话说，对于免疫系统进行的早期"教育"，可能会对一个人未来一生的健康都有着极其重大的影响。

儿童时期的微生物感染或者早期暴露于变应原，对于我们的免疫系统在应对环境中的变应原时，偏向于产生 Th1 型辅助性 T 细胞，具有非常重要的影响，这种观点被称为卫生假说。实际上，在西方国家，改善个人卫生已经导致儿童感染的发生率下降，并且，在生命早期接触到某些变应原的频率也被降低了，与此同时，对环境中变应原发生过敏的发生率却在急剧的上升。支持卫生假说最好

的数据来自于对生活在传统农场里的家庭的研究。这些研究表明，与不居住在农场的农村地区儿童相比，接触过农场动物的儿童哮喘和花粉症的发病率显著较低。如果他们的母亲在孕期接触过多种动物和动物的饲料（如干草和谷物），那么，这种影响就会更加明显。有趣的是，接触过动物及其饲料的时机似乎也是非常重要的，如果，儿童在生命的最初几年中是在农场度过的，那么，其将获得最大程度的保护。因此，值得注意的就是，对人类的免疫系统而言，生活在农场并非是一件"非同寻常的"事情。总而言之，直到现在，由于我们的许多祖先都曾经生活在可以与农场动物进行密切接触的环境中，很可能因此才会进化出具有最好功能的免疫系统，至少在过敏反应方面而言是这样的。

尽管，免疫学家称为"卫生假说"，但它实际上应该被称为"生活方式假说"——因为过敏反应发生率的增加，可能是生活方式的改变造成的，而不是由于卫生条件的改善。例如，在 20 世纪 50 年代之前，当电视机在美国开始普及的时候，大多数孩子放学回家以后，都要到户外去玩耍。现在的情况完全不同了，许多孩子在室内长时间地玩电子游戏或者盯着电视看。此外，第二次世界大战后，抗生素成为儿童生病后的习惯性治疗手段，抗生素破坏了有助于建立一个"平衡"的免疫系统的肠道菌群。事实上，研究表明，在出生后第一年中接受过多疗程的抗生素治疗的儿童，其罹患哮喘的风险会增加。

有学者还提出，调节性 T 细胞可能会有助于避免免疫系统对环境中的变应原产生 IgE 抗体的免疫应答。组织中的辅助性 T 细胞可以被诱导成为诱导性调节性 T 细胞（iTregs）。因此，有学者可能会争论说，如果一个人经常接触环境中的过敏原，那么，他的一些 $CD4^+T$ 细胞就可能会被诱导成为调节性 T 细胞，从而抑制对这些过敏原的免疫反应。实际上，诱导性调节性 T 细胞可以产生 IL-10 和 TGFβ 等细胞因子，而已知这些细胞因子能够减少 IgE 抗体的产生而增加 IgG 或者 IgA 的产生。此外，在非特应性个体中，大多数对环境中常见过敏原具有特异性的 CD4+T 细胞都是调节性 T 细胞。

**遗传**

除了环境因素（例如，早期接触感染性病原体或者环境中的变应原）之外，遗传因素显然也在过敏反应的易感性方面发挥了非常大的作用。例如，如果同卵双胞胎中一个患过敏，那么，另一个患过敏的概率就约为 50%。免疫学家们已经注意到，

与非特异性人群相比，对某些变应原过敏的人更有可能会遗传有某些特定的 MHC Ⅱ 类基因。从而提示，这些特定的 MHC 分子可能在提呈这些变应原方面是特别有效的。此外，某些特应性个体还可以产生突变形式的 IgE 受体。据推测，这些突变的受体在发生交联的时候，可能会发出异常强烈的信号，导致肥大细胞分泌很高水平的 IL-4，从而利于 IgE 抗体的产生。不幸的是，引起过敏反应的易感性基因突变一直还都难以进行确定——因为它们的数量似乎太多了，而且，通常在每个特应性个体之间也存在着不同的差异。

目前，对这类信息最佳的综合型描述是，过敏反应的免疫学基础是免疫调节的缺陷，其中变应原特异性辅助性 T 细胞可以被强烈地向产生 Th2 型细胞因子的方向极化，从而导致产生变应原特异性的 IgE 抗体。遗传基因可以使个体具有对过敏反应的不同程度的易感性，而当其暴露于环境因素的时候，如微生物的感染，那么就有可能会影响易感个体对过敏反应变得更加易感。

过敏反应并不是我们祖先所要面临的主要问题，这个想法是非常重要的。他们并没有期望拥有今天我们所拥有的良好的卫生条件，而且在他们很小的时候就已经接触过感染性病原体了，这很可能会使他们对变应原的反应不再倾向于产生异常烈的 IgE 抗体的应答了。实际上，可能当许多美国人在诅咒 IgE 抗体的时候，世界上还有许多其他地方的人们却正在依赖这些抗体来保护他们免受寄生虫的感染呢。世界上大约有 1/3 的人口仍然存在着寄生虫的感染。

#### 治疗过敏

糖皮质激素类的治疗虽然不能治愈过敏，但是，其可以通过阻断辅助性 T 细胞产生的细胞因子来减轻过敏的症状。因此，很少会有 B 细胞能够被活化（因为它们得不到所需要的辅助），抗体的总量也会减少。但是，类固醇并不是治疗过敏的特效药物，类固醇的疗法同时会减少所有活化 B 细胞的数量。因此，长期服用糖皮质激素，可以导致对感染性疾病的易感性增加。最近，免疫学家们已经制造出一种抗体（如奥马珠单抗），它能够结合 IgE 抗体的 Fc 段，从而阻断 IgE 与肥大细胞的结合。这些抗体的应用，有效地缓解了过敏的症状，并减轻了哮喘发作的严重程度。

到目前为止，只有一种方法——特异性免疫治疗——在抗过敏治疗的方面取得了成功。这种治疗是给患者注射剂量逐渐增加的变应原提取物，直至维持剂量。经过几年的常规注射，其中的某些患者对于提取物中的某种变应原（或几种变应原）可以被诱导产生耐受。这一系列注射导致的直接结果是，使肥大细胞因为与 IgE 结合而被活化变得更困难（因为其结合的 IgE 会被这种频繁注射的变应原消耗掉，而在肥大细胞膜上的减少了[1]）。随着时间的推移，注射会促使变应原特异性的 B 细胞发生从 IgE 向其他抗体类别的转换。事实上，在这种特异性免疫治疗的过程中，变应原特异性 IgG 抗体与 IgE 抗体的比值可以增加 10～100 倍。遗憾的是，实现这种免疫转换的机制还尚不清楚。最新的观点是，反复注射变应原提取物可能会产生出诱导性调节性 T 细胞，其可以分泌抑制 IgE 抗体生成的细胞因子。如下的发现可以支持这个观点：由于养蜂人常常会受到一定重复剂量的蜂毒刺激（因为他们经常被蜜蜂叮咬），当他们被蜜蜂叮咬以后就不会出现严重的过敏反应了，而且其体内由 iTregs 分泌的细胞因子 IL-10 水平也会有所升高。

## 自身免疫病

人类的免疫系统是不会为了对每一个 B 细胞和 T 细胞的自身耐受性都会进行仔细的检测而消耗大量的生物"能量"的，因为这是一个非常可靠——万无一失的体系。与之相反的是，这个体系的建立依赖于一种多层次的免疫耐受机制，其中每个层面都包括了能够清除绝大多数自我反应性免疫细胞的机制，在较为底层的层面上可以捕获那些从上一个层面的耐受中逃逸出来的自身反应性免疫细胞。通常情况下，这种方法的效果是非常好的，但是，它们偶尔也会"发生错误"。这个时候，我们的免疫系统并没有被用于保护我们抵御外来的入侵者，而是会调转枪头指向我们自己。自身免疫病的发生是由于保持自身耐受的机制出现了故障，严重到了足以引发［针对自身组织细胞的功能紊乱和（或）组织细胞发生损伤的[1]］病理状态。大约有

---

1　译者注。

5% 的美国人曾经遭受着某种形式的自身免疫病的困扰。

某些自身免疫病是由遗传缺陷所引起的。例如，大多数自身免疫病都是由于反复刺激自身反应性淋巴细胞而导致的慢性病，而这种情况在健康人中可以通过活化诱导细胞凋亡的机制对其进行很好的控制，也就是通过结合这些受到慢性刺激的 T 细胞表面 Fas 蛋白的（诱导凋亡作用[1]）方式使它们被清除。具有 Fas 或者 Fas 配体蛋白基因缺陷的个体，会缺乏这一层的耐受性保护机制，即使受到了自身抗原的长期刺激，他们的 T 细胞也会拒绝去死。由此引发的疾病，称为自身免疫性淋巴增殖综合征或者 Canale-Smith 综合征，其病理结果就是全身淋巴结肿大、产生出识别自身抗原的抗体，并在次级淋巴器官中出现大量的 T 细胞浸润和聚集。

虽然，某些自身免疫病是由遗传缺陷所引起的，但是大多数自身免疫病发生在遗传背景正常的个体上，这是由于在某种耐受产生机制的层面上，没有能够清除掉自身反应性细胞所造成的。其实，你也可以为此进行争辩，认为发生自身免疫病的可能性是我们所必须付出的代价，因为我们需要 B 细胞和 T 细胞必须具有极为多样化的受体，才能够识别出几乎所有的入侵者。

最新的观点认为，要想产生出自身免疫，至少必须要满足 3 个条件。首先，个体必须表达出能够有效提呈靶向自身抗原肽的 MHC 分子。这就意味着你所遗传得到的 MHC 分子，在决定你是否会发生自身免疫病的易感性方面发挥着主要的作用。例如，只有大约 0.2% 的普通美国人会罹患青少年糖尿病，但是对于那些遗传了两组特定形式的 MHC Ⅱ 类基因的高加索美国人来说，罹患这种自身免疫病的可能性增加了大约 20 倍。

发生自身免疫病所需的第二个条件是，患者必须能够产生具有识别自身抗原受体的 T 细胞，在某些患者中，也会产生这样的 B 细胞。由于 TCRs 和 BCRs 的产生是依赖于混合—匹配（即基因重排[1]）的机制，因此，每个个体表达的受体库与其他所有人的都是不相同的，并且，会随着淋巴细胞的死亡和更新而不断发生变化。甚至是同卵双胞胎所表达的 TCR 和 BCR 库也是不尽相同的。因此，就某个个体而言，产生出具有识别特定自身抗原的受体的淋巴细胞，在很大程度上也是可以偶然发生的。

因此，自身免疫病的发生，必须要具备能够提呈自身抗原的 MHC 分子，和拥有能够识别自身抗原的受体的淋巴细胞，但这还是不够的，还必须有某些环境因素的诱导，从而能够导致那些介导清除自我反应性淋巴细胞的耐受机制发生破坏。多年来，医生们已经注意到自身免疫病，往往在细菌或者病毒感染之后才会发生。免疫学家们认为，微生物的入侵很可能是触发自身免疫病发生的关键环境因素之一。业已明确，病毒或者细菌的感染并不是全部诱因，因为对大多数人来说，这些感染并不会导致自身免疫病的发生。但是，结合遗传倾向（如遗传的特定 MHC 分子类型）和具有潜在自身反应性受体的淋巴细胞（存在的时候），微生物的感染就可能是引发自身免疫病的"最后一根稻草"了。

**分子模拟**

目前，免疫学家们最喜欢的用于解释为什么感染可以导致自身耐受瓦解的假说，被称为分子模拟。以下就是这种假说的工作原理。

淋巴细胞具有识别其同源抗原的 BCRs 或者 TCRs。然而，事实证明，这并不意味着其同源抗原仅仅是一种单一的抗原成分。正如一个 MHC 分子可以提呈多种具有相同通用特征（例如，长度、结合基序等）的肽一样，通常情况下，一个 TCR 或者一个 BCR 也可以识别几个不同的抗原（交叉反应）。一般来讲，TCR 或 BCR 对这些同源抗原中的一个或几个都可能具有高亲和力，而对其他的同源抗原则可以具有较低的亲和力。

在微生物入侵的过程中，那些带有能够识别微生物抗原的受体的淋巴细胞会被激活。分子模拟假说认为，有时候这些受体也可以同时识别自身抗原，如果是这样的话，那么就可能会导致产生针对这些自身抗原的自身免疫反应。据推测，在微生物感染之前，这些潜在的自身反应性淋巴细胞并没有被激活。要么是因为其受体对自身抗原的亲和力太低而不能够触发活化的过程，要么是因为初始淋巴细胞受到限制性运输模式的影响，而使其从未在具备有激活条件的情况下，遇到过自身抗原。

---

1 译者注。

在体细胞发生高频突变的过程中，分子模拟也可以使之产生自身反应性 B 细胞。在如下的情况下，这就可能会发生，即如果一种最初只识别一种真正的病原体的 B 细胞受体，在发生突变后，使其既能够识别病原体，从而使它们具有了获得 Tfh 辅助的"有资格"，同时又能够识别出自身抗原，使其具有了潜在的破坏力。

在这些情况下，入侵的微生物会替代（模拟）自身抗原而导致自身反应性淋巴细胞活化。当被交叉反应的微生物抗原激活以后，这些自反应性淋巴细胞就会真的造成损伤了。在一些之前曾经被某些病毒或者细菌感染过的自身免疫病患者体内，确实可以发现交叉反应性抗体。例如，人们确信，风湿性心脏病很可能就是咽部链球菌感染的并发症，原因是识别链球菌抗原的辅助性 T 细胞受体，能够与构成心脏二尖瓣的组织蛋白发生交叉反应。这些交叉反应性 Th 细胞可以导致炎症反应的发生，而对心脏瓣膜造成严重的损害。

大多数自身免疫病都是由于环境因素而触发的，对这个说法难以进行确认的原因之一是，识别自身抗原的 TCR 通常也能与环境中的多种抗原发生交叉反应。因此，虽然病毒或细菌感染有可能与某些自身免疫病的发生有关，但是似乎不太可能的是，某一种自身免疫病只是由于某一种单一的微生物感染引起的。

人类自身免疫病的动物模型可以有助于我们了解免疫系统中哪些因素是疾病发生的参与者，哪些自身抗原是免疫应答的目标，以及哪些微生物抗原可能会参与引发疾病的分子模拟过程。通常，研究所涉及的动物被培育成极易发生自身免疫病的模型，或者通过改变动物的基因使其容易发病。然而，动物模型往往在某些重要方面与它们所要模拟的人类疾病有所不同。因此，许多针对自身免疫病的治疗在动物模型中看起来很有效，但是当其被应用到人体上的时候却变得无效了。

### 炎症与自身免疫病

虽然，分子模拟可能会导致从前对自身抗原存在免疫忽视的淋巴细胞被活化，但是一旦这些自身反应性淋巴细胞到达自身抗原所在组织，仍然会面临一个问题：它们只有能够被重新活化，才会造成真正的损伤。如果，固有免疫系统在组织中正在与感染进行斗争，那么，固有免疫细胞就会分泌出一些炎性细胞因子，例如 IFN-γ 和 TNF，从而活化组织中的 APCs（如巨噬细胞）。当 APCs 被活化之后，就会表达出 MHC 和共刺激分子，而这些分子则是再次激活 T 细胞并能够使之进入组织中投入战斗所必需的。因此，当淋巴细胞进入组织的时候，固有免疫系统已经在那里进行战斗了，所以其重新被活化就不再是个问题了。然而，固有免疫系统并不认为自身抗原会有什么危险，因此，对于能够识别自身抗原的 T 细胞来说，这个部位的组织对其来说并不是非常宜居的地方——因为自身反应性淋巴细胞通常不会得到其赖以为生的共刺激信号。

这意味着，微生物仅仅通过分子模拟的方式来活化自身反应性 T 细胞是不够的。在表达自身抗原的同一个组织中，还必须要有炎症反应的发生。否则，自身反应性淋巴细胞就不可能从血液中迁移到这些组织中，或者说即使它们这样做了也不可能生存下来。这种对自身免疫发生部位必须要存在炎症反应的要求，有助于解释，如为什么咽部的链球菌感染，其实很少会导致风湿性心脏病的发生。

免疫学家们都赞同，自身免疫病的发生是这样一个情况：一个基因易感个体的 T 细胞，因为受到某种微生物的攻击而发生了活化，而其受体恰好能够与自身抗原发生交叉反应。同时，在表达自身抗原的组织中也存在着炎症反应的发生。这种炎症可能是由模拟微生物本身引起的，也可能由另一种不相关的感染或者创伤所引起。其结果是，这个炎症反应会使那些能够再次活化自身反应性 T 细胞的 APCs 被激活。此外，炎症反应所产生的细胞因子，还可以上调组织中正常细胞的 MHC Ⅰ 类分子的表达，使这些组织细胞成为自身反应性 CTLs 进行伤害的理想目标。

### 自身免疫病的举例

自身免疫病通常可以分为两类：器官特异性疾病和全身疾病（系统性疾病）。让我们一起看看这两种类型疾病的具体例子吧，特别是要关注自身免疫反应所涉及的自身抗原，到底是那些被认为发挥直接致病作用的抗原，还是经过分子模拟的环境中存在的抗原。

胰岛素依赖型糖尿病（1 型或者青少年糖尿病），是一种器官特异性的自身免疫病。在这种疾病中，自身免疫攻击的目标是胰腺中产生胰岛素的 β 细胞。虽然，自身反应性 B 细胞产生的抗体也可能会参与其慢性炎症反应的过程而导致病理损伤，但是，目前认为，对于 β 细胞的初始攻击是由 CTLs 介导的。

在糖尿病中，β 细胞的损伤通常可能在糖尿病第一个症状出现的数月甚至数年之前，就已经发生了，因此，这种疾病有时候也会被称为"无声的杀手"。实际上，通常在确诊的时候，患者体内已经有超过 90% 的 β 细胞被破坏了。在 20 世纪 20 年代，胰岛素的注射治疗成为可能之前，那些被诊断为糖尿病的患者的预期寿命只有几个月。即使是在现在，胰岛素可以足量使用的情况下，糖尿病患者的平均寿命也仍然会减少十多年。

与 β 细胞抗原结合的抗体，在疾病的很早阶段就已经产生了。因此，可以对糖尿病患者的亲属进行检测，以便确定他们是否已经处在了糖尿病的初期阶段，并且可以开展早期干预使其受益。实际上，如果一个儿童的兄弟姐妹曾经患有糖尿病，并且，如果他的免疫系统确实也产生了能够识别 β 细胞蛋白质的抗体，那么，这个孩子在未来 5 年内，罹患糖尿病的可能性几乎是 100%。

显然，某些遗传因素是有助于决定罹患糖尿病的易感性的，因为两个同卵双胞胎中，如果有一个发生了这种自身免疫病，那么，两个都发生该病的概率大约就是 50%。众所周知，当某些个体携带有增加 1 型糖尿病发病风险的 CTLA-4 基因的某个类型时，那么，具有这种变异的患者就只能够产生出较少量的 CTLA-4 的 RNA，并且不能足以限制那些可以识别 β 细胞抗原的自身反应性 T 细胞的活化了。

迄今为止，还没有发现可能会引发针对 β 细胞产生最初攻击的关键性的环境因素，但是，无论如何，许多免疫学家都一直认为，至少糖尿病发生的部分原因是由于自然调节 T 细胞和潜在的自身反应性 CTLs 之间的平衡被打破而导致。实际上，在人类和小鼠中，nTreg 发生了功能性障碍的基因突变，都可以导致自身免疫病的发生。

斑块状银屑病是一种使大约 2% 的美国人受到影响的自身免疫病。其最显著的症状就是表面皮肤的增厚与角质化。在最严重的情况下，这些"斑块"可以覆盖全部皮肤表面积的 10% 以上。最近发现，这种疾病的发生是由 CD8⁺T 细胞产生的高水平的 IL-17 所导致的（是的，杀伤性 T 细胞是可以产生细胞因子的!）IL-17 可以与皮肤细胞（角质细胞）发生结合，引发一系列分子反应，导致角

质细胞的增殖而形成斑块。目前，"分子模拟"的模型是指，遗传易感的个体（例如，那些拥有特定 MHC Ⅰ 类分子类型的个体）的 T 细胞，具有能够识别某些角质蛋白和链球菌（在世界上有很高比例的人群存在着不断的感染）产生的蛋白质的受体。据推测，与这些链球菌感染反应的 CTLs 所具有的 TCRs，也能与患者的 MHC Ⅰ 类分子提呈的角质蛋白发生交叉反应。一旦被细菌感染激活以后，这些自身反应性 CD8⁺T 细胞就会分泌 IL-17，导致角质细胞的异常增生，从而形成斑块。这种特定类型的 MHC Ⅰ 类分子应该是在进化中被选择出来而形成的，因为它们有助于免疫系统抵御链球菌的感染。毕竟，对于穴居人来说，由于链球菌导致的感染可能是致命的，因此，他们可能也并不会太在意皮肤的模样了!

类风湿关节炎是一种关乎全球 1% 人口的全身性自身免疫病。其特征是关节的慢性炎症。据推测，这种自身免疫反应的靶物质之一，就是某种软骨蛋白，关节炎患者的 T 细胞可以同时识别软骨蛋白和结核杆菌所编码的蛋白质。

在类风湿关节炎患者的关节中，有非常大量的能够与 IgG 抗体 Fc 段进行结合的 IgM 抗体。这些抗体可以形成 IgM-IgG 抗体复合物，其可以激活进入关节的巨噬细胞，促进炎症反应的发生。实际上，与类风湿关节炎相关的炎症反应的发生，主要都是在自身反应性辅助性 T 细胞的介导下，由关节浸润的巨噬细胞产生并分泌的肿瘤坏死因子所引起的。有趣的是，给小鼠注射结核杆菌也会使其发生关节炎，这表明但不能证明，某些结核病患者也可能会被诱发而罹患类风湿关节炎。

乳糜泻或麸质不耐受是一种器官特异性自身免疫病，大约有 1% 的欧美人群会受到这种疾病的影响。在欧洲和美国，麸质或者类麸质蛋白质存在于小麦、大麦和黑麦中。在小肠中，对于这些无害食物的抗原，发生的正常免疫反应是激活麸质特异性的诱导性调节性 T 细胞（iTregs），从而增强对这些抗原的耐受性。相反，在麸质不耐受个体的小肠中，免疫系统则会产生强烈的炎症反应，造成小肠上皮绒毛细胞的损伤。这些绒毛主要负责营养物质的吸收，因此，这样的损伤会导致腹泻和体重的异常减轻。基本上，每一个乳糜泻的患者都遗传了一种或者两种特殊类型的 MHC 分子，而这两种特殊类型的 MHC 分子都已经被证明是能够有效地将麸质蛋白肽提呈给辅助性 T 细胞的类型。然而，仅

第十二讲　免疫系统出错了　109

仅只有大约 4% 的拥有这种特定 MHC 分子类型的个体，才会发生乳糜泻，因此，拥有这种类型的 MHC 分子对于乳糜泻来说是必要但不是充分的发病条件。

乳糜泻很是有意思的疾病，因为它不是由分子模拟所引发的。虽然，近期的实验表明，当遗传易感的个体感染了常见的肠道病毒（如呼肠孤病毒）的时候，可能会"触发"乳糜泻的症状，但其辅助性 T 细胞所识别的抗原并不是麸质蛋白质与病毒"所共享"的抗原。准确地讲，正是由于该疾病的发生，才造成肠道免疫系统发生了一定程度的"功能紊乱"。免疫系统并没有把麸质当成是一种无害的食物蛋白质，也没有为此产生出麸质特异性的调节性 T 细胞，而是把麸质看作是一种危险的入侵者，并因此启动了 Th1 型的炎症反应。这究竟是如何发生的至今仍然是一个谜。

最后，谈谈红斑狼疮吧，它是一种全身的自身免疫病，在美国约有 25 万患者，其中大约有 90% 是女性。这种疾病可以有很多种临床表现，包括前额和脸颊出现红色皮疹（因此而得名"红斑狼疮"）、肺炎、关节炎、肾损伤、脱发、瘫痪和惊厥。狼疮的发生是由于 B 细胞和 T 细胞的耐受性被打破，从而产生了可以识别多种自身抗原（包括 DNA、DNA 蛋白质复合物和 RNA 蛋白质复合物

等）的一系列 IgG 抗体。这些自身抗体，可以形成自身抗原 - 抗体复合物，"阻塞"体内含有"过滤器"的器官（如肾、关节和大脑），而引起慢性炎症反应性疾病。

如果，异卵双胞胎中的一个发生了狼疮，那么，另外一个罹患狼疮的概率大约为 2%。对于同卵双胞胎来说，这种可能性会增加 10 倍左右。这提示，这种疾病有很强的遗传倾向性，并且，至今已经鉴定出来了十几个与其发病相关的 MHC 或非 MHC 基因——每一个基因，似乎都可以略微增加身体罹患狼疮的可能性。虽然，还没有发现与这种自身免疫病相关联的特定的微生物感染，但是缺乏 Fas 或者 Fas 配体功能基因的小鼠会表现出狼疮样的症状。由此引发了免疫学家们的猜测，狼疮的发生可能涉及活化诱导凋亡机制的缺陷，从而使得那些应该死于慢性刺激的淋巴细胞得以存活，从而导致了疾病的发生。还有一些证据表明，那些能够增强 Toll 样受体对 RNA 或者 DNA 敏感性的突变，可以促使人体产生罹患狼疮的倾向性。这里的意思是，B 细胞受体可以识别人类 DNA，再加上突变的 Toll 样受体发出的异常强烈的信号，可能会被免疫系统误解为正在处于一种危险的状况下。因此，B 细胞可以在没有 T 细胞辅助的情况下被激活，并产生出抗 DNA 的抗体。

**总结**

有的时候，免疫反应可能会被误导。实际上，原本免疫系统产生 IgE 抗体是用来对付寄生虫感染的。但是，当产生的 IgE 抗体对环境中的抗原发生反应的时候，机体就会发生过敏反应。免疫学家们还不能确定，是什么导致了这种被误导的反应。他们最好的设想是，免疫调节缺陷导致了大量变应原特异性 Th2 细胞的产生。这些辅助性 T 细胞随后会辅助（B 细胞[1]）产生出很多过敏原特异性 IgE 抗体。特应性个体经常会遗传得到一种能够使他们易感过敏反应的"遗传环境"，接触病原体的时间和程度可能会影响易感个体是否发生特应性反应。事实上，卫生学假说认为，如果幼儿的免疫系统没有受到微生物感染

的适当挑战，那么就有可能会导致过敏反应的发生。

当可以增强自身抗原耐受性的机制不能正常发挥作用的时候，就会发生自身免疫反应。在某些情况下，这是遗传缺陷造成的结果。然而，在大多数情况下，免疫学家们不知道什么导致了耐受诱导机制的崩溃。显然，如果要发生自身免疫反应，一个人必须拥有能够提呈自身抗原的 MHC 分子，以及具有能够识别这些抗原的受体的淋巴细胞。所以，这里有一个遗传的因素。此外，人们认为，环境因素也会对此有影响作用，尽管，这些因素很难被发现——可能是因为它们实在是太多了。据推测，当入侵微生物"模拟"

1 译者注。

自身抗原的时候，就可能会触发自身免疫反应。据此，微生物可以激活那些具有能够（同时[1]）识别微生物抗原和自身抗原的受体的淋巴细胞。一旦被微生物的入侵活化，这些交叉反应性淋巴细胞就可以攻击入侵者和受感染个体自身的细胞或蛋白质。炎症也被认为可以通过提供趋化交叉反应性淋巴细胞并使其保持活化状态所需的信号，而在分子模拟的过程中发挥着作用。

### 思考题

1. 描述过敏反应中导致肥大细胞脱颗粒的过程。
2. 为什么有些人会发生过敏反应，而其他人不发生过敏反应？
3. 启动自身免疫反应需要哪些条件？
4. 免疫学家们是怎么知道，仅有微生物感染不足以引发自身免疫反应？

---

1 译者注。

# 第十三讲 免疫缺陷

**本讲重点!**

因为免疫系统是具有高度关联性的系统，一个基因的缺陷削弱了系统中一个参与者的作用，就可能会对整个系统的功能产生严重的影响。此外，削弱免疫系统功能的药物或疾病都会使人们容易受到感染——而对功能全面运行的免疫系统来说，感染并不应该是个问题。

## 引言

我们的免疫系统受到损伤之后，就可能会发生严重的疾病。一些免疫缺陷是由于遗传缺陷使免疫系统网络中的某些部分失效而导致的，另一些则是由于营养不良、人为的免疫抑制（例如器官移植或者癌症的化疗期间）或者疾病（例如 AIDS）而导致的"获得性免疫缺陷"。

## 导致免疫缺陷发生的遗传缺陷

基因缺陷，即单个基因发生的突变，可以导致免疫系统的功能减退。例如，先天性 CD40 或 CD40L 蛋白功能缺陷的个体无法产生 T 细胞依赖性抗体反应，因为该缺陷可以导致 T 细胞不能传递或者 B 细胞不能接收这个重要的共刺激信号。无论是类别转换还是体细胞高频突变，通常都需要 CD40L 的共刺激信号，因此，CD40-CD40L 缺陷的结果就是，B 细胞只能主要分泌亲和力尚未成熟的 IgM 抗体。其他基因的缺陷也可能会影响胸腺的形成，其中，DiGeorge 综合征患者所有胸腺组织全部缺失。患有 DiGeorge 综合征的人，会因为缺乏功能性 T 细胞，而容易发生危及生命的感染。

基因缺陷也会导致 B 细胞和 T 细胞的同时缺失，这种疾病被称为重症联合免疫缺陷综合征（SCIDS）——"联合"是表示 B 细胞和 T 细胞都不能正常地发挥功能了。正是由于患有这种疾病，才使得著名的"泡泡男孩"David Vetter 在无菌的塑料泡泡屋中生活了 12 年。虽然，有许多不同的

突变都可以导致 SCIDS，但是，研究最深入的是由于基因突变导致的一种负责启动 B 细胞和 T 细胞产生受体所需的基因剪接过程的蛋白质的缺陷。没有这些受体的 B 细胞和 T 细胞是毫无用处的。

免疫缺陷也可以是由于固有免疫系统的遗传缺陷所引起的。例如，出生时重要补体蛋白（例如 C3）发生突变的人，其淋巴结是没有生发中心的，而且淋巴结内的 B 细胞主要产生的抗体是 IgM 抗体。

但令人惊奇的是，固有免疫系统和适应性免疫系统的有效运作，涉及大量不同的蛋白质，但是导致免疫缺陷的突变却是非常罕见的。事实上，免疫缺陷症仅仅会影响万分之一的新生儿。然而，还有许多未被发现的其他基因导致免疫缺陷的病例，这是由于我们的免疫系统具有冗余的功能，因为它已经进化出可以在主系统的某些部分发生失效的时候，具有能够提供"备份"作用的能力。

## 艾滋病

虽然，遗传性免疫缺陷病是相对罕见的，但是，仍然有成千上万的人罹患获得性免疫缺陷病。很多人在感染 HIV 后，会发生免疫缺陷。目前，全世界约有 4 000 万人感染了 HIV，并已造成 3 000 多万人死亡。最初，使医生们意识到他们正在处理一种以免疫缺陷为基础的疾病的症状，是因为艾滋病患者很容易发生感染（如肺孢子菌肺炎）和恶性肿瘤（如卡波西肉瘤），而这些疾病通常只会在免疫功能受到抑制的个体中才会出现。不久后，引起这种免疫缺陷的病毒被分离出来，并被命名为人类免疫缺陷病毒 1（HIV-1）。目前，它是世界上研究最多的病毒，每年用于研究它的花费有近 10 亿美元。

### HIV-1 感染

因为 HIV-1 感染通常在接触病毒的数周或数月后，才能够被诊断出来，所以，在人类 HIV-1 感染的早期，并不会被很好地关注到。但是，HIV-1 的感染通常开始于病毒穿过直肠或阴道黏膜，它们可以感染位于这些保护屏障下面的辅助性 T 细胞。HIV-1 病毒会利用辅助性 T 细胞的生物合成体系，

进行自我复制，新生成的病毒之后会去再感染其他的细胞。所以，在感染早期，固有免疫系统虽然尽了最大的努力来进行抵抗，但是，病毒的增殖相对不会受到控制，适应性免疫系统在此时会被启动和调动起来。大约 1 周以后，适应性免疫系统开始介入，病毒特异性 B 细胞、辅助性 T 细胞和 CTL 被活化、发生增殖，并开始发挥作用。在感染早期的急性期阶段，随着病毒在被感染细胞中的繁殖，体内的病毒数量（病毒载量）会急剧地上升。病毒载量在感染后 3 ~ 4 周可以达到峰值，随着病毒特异性 CTL 发挥的作用，病毒载量会随之显著下降。

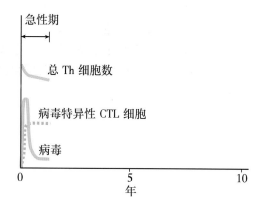

对于许多病毒（如天花病毒）来说，病毒感染急性期的最终结果是被消灭：免疫系统会清除所有入侵的病毒，并产生出记忆 B 细胞和 T 细胞，以防止随后被同一种病毒再次感染。相比之下，系统性的 HIV-1 感染总是会导致持续 10 年或者更长时间的慢性期，在这个阶段中，免疫系统和 HIV 之间一直在进行着激烈的斗争，而在这场斗争中几乎总是病毒会获得胜利。

在感染的慢性期，病毒载量会下降到比急性期的峰值低，但病毒特异性 CTL 和 Th 细胞的数量仍然很高，这表明免疫系统仍然在进行努力并试图去战胜病毒。

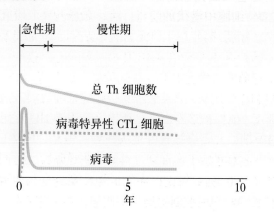

然而，随着慢性期的进展，辅助性 T 细胞由于被病毒感染导致的损伤而数量逐渐减少。最终，就没有足够数量的 Th 细胞能够给病毒特异性 CTL 提供其所需要的帮助了。这种情况下，CTL 的数量也会开始下降，病毒载量就会增加，因为剩下的 CTL 太少，导致其无法去杀伤新的被感染的细胞了。

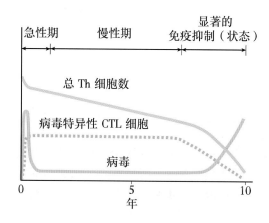

最终，病毒就会攻破机体的免疫防御系统，从而使机体处于严重的免疫抑制状态。在这种状态下，机体就更容易发生不受控制的感染了，而这样的感染对于免疫系统结构与功能完整的人来说，通常不过就是小事一桩。可悲的是，这些机会性感染，对于免疫系统已被破坏的艾滋病患者来说，可能就是致命的。

## HIV-1 与免疫系统

为什么 HIV-1 能够击败在保护机体免受其他大多数病原体侵害方面是如此成功的免疫系统呢？答案有两个：第一个是与病毒本身特性有关的。所有病毒基本上都是带有保护性衣壳的遗传信息片段（DNA 或者 RNA）。对于艾滋病病毒来说，这种遗传信息是以 RNA 的形式存在的，病毒进入靶细胞后，会被病毒酶（逆转录酶）逆转录，从而形成一段"互补的"DNA（cDNA）。接下来，宿主细胞的 DNA 就会被病毒携带的另一种酶进行切割，并将病毒的 cDNA 插入到细胞的 DNA 中。现在，就到了最卑鄙的部分，一旦病毒 DNA 被插入到宿主 DNA 中以后，病毒就会处于"潜伏的"状态，这样，CTL 就无法检测到受到感染的细胞了。最近的数据表明，HIV-1 只需要 5 ~ 10 天就开始对细胞进行潜伏感染，并可以在这些"庇护所"中建立起一个隐形的病毒库。随后，通过在一些还未被阐明的信号刺激作用下，潜伏的病毒可以被"重新激活"，并产生出更多的病毒，而新产生的病毒可以再去感染更多的细胞。

事实上，对于免疫系统来说，隐形的病毒库在感染后 1 周左右就被建立起来，这会是一个严重的问题。毕竟，感染 1 周以后，适应性免疫系统仍处于正在被激活的过程中。因此，在病毒获得"立足点"之前，阻止病毒的感染主要还要依赖固有免疫系统，但是固有免疫系统往往是无法完成这个任务的。

因此，HIV-1 的一个特征是可以通过快速建立起能够逃避 CTL 监测的潜伏性感染，这使得 HIV-1 的感染成为了免疫系统面临的一个大问题。更糟糕的是，用于复制 HIV-1 RNA 的逆转录酶非常容易出错：几乎复制出来的每一段病毒 RNA 都会出现"错误"，这就意味着受感染细胞产生出来的大多数新病毒都是已经发生了突变的病毒，其中一些突变可能会帮助新产生的病毒逃避免疫系统的监视。例如，病毒发生的突变能够使病毒肽不再会被 CTL 所识别，或者不能够被 MHC 分子进行提呈，导致 CTL 不再能集中精力面对它所应该面对的目标了。事实上，已经有研究表明，这些能够导致免疫逃逸的突变，其出现的时间只需要 10 天左右。当发生这种突变的时候，原来的 CTL 就不能去杀伤感染突变病毒的细胞了，而此时就需要激活识别新病毒肽的 CTL 了。同时，已经逃脱免疫监视的病毒就会像发了疯一样地进行大量的复制，而每感染一个新的细胞，又会发生再一次的变异。因此，HIV 的高突变率，会导致对抗它们的 CTL 或抗体应答总是处于落后的状态中。

因此，HIV-1 的两个致命性特征是：它有能够建立起无法被免疫系统识别的潜伏感染的能力，以及它有高频突变率。但是，这只是整个故事的一半，剩下的部分是与 HIV-1 感染的细胞有关的。HIV 专门瞄准免疫系统的细胞：辅助性 T 细胞、巨噬细胞和树突状细胞进行破坏。HIV-1 感染细胞时所结合的蛋白质是 CD4，CD4 是大量存在于辅助性 T 细胞表面的共受体蛋白分子。CD4 分子也会在巨噬细胞和树突状细胞表面进行少量的表达。HIV 能够干扰这些细胞的功能，直接杀死它们或让 CTL 把它们当做被病毒感染的细胞而被消灭。所以，正是这些要用来激活 CTL 并且向其提供帮助的细胞被病毒伤害或者破坏掉了。

更阴险的是，HIV-1 会利用对免疫系统自身所必需的一些生理过程来进攻免疫系统本身，以达到传播和维持病毒感染的目的。例如，HIV-1 可以附着在树突状细胞的表面，利用树突状细胞从 CD4+ 细胞相对较少的组织传送到 CD4+T 大量聚集的淋巴结中。不仅辅助性 T 细胞会存在于淋巴结中，而且，很多的细胞还会在淋巴结中进行大量增殖，这些细胞就会成为 HIV-1 感染的理想候选者，并被改造成为了生产 HIV 的"工厂"。

此外，经过抗体或者补体调理过的 HIV，会被滤泡树突状细胞保留在淋巴结中，这将会被用于帮助活化 B 细胞。然而，CD4+T 细胞也会穿过这些密密麻麻的滤泡树突状细胞，此时，它们就可能会被调理过的 HIV 感染。而且，因为病毒颗粒通常会与滤泡树突状细胞结合数月之久，因此，淋巴结实际上已经成为了 HIV-1 的储存仓库。最终的结果就是，HIV-1 会利用免疫系统内部的路径，借助淋巴结的细胞流动过程，将次级淋巴器官变成自己的"游乐场"。

总之，感染 HIV-1 的病理后果是病毒能够缓慢地破坏患者的免疫系统，导致严重的免疫抑制，使得该个体成为容易发生致命感染的宿主。之所以如此，是因为 HIV-1 不仅可以迅速建立"隐形"的潜伏感染，具有很高的突变率，会优先感染并破坏原本是应该防御它们的那些免疫细胞，而且，还因为它们可以利用免疫系统本身的功能作用，促使其在全身的播散。

## 与 AIDS 共存

大多数未经治疗的 HIV-1 感染者会在 10 年内发生死亡。幸运的是，对于那些承受得起的人，现在可以用抗逆转录病毒疗法（ART）进行治疗了。在全世界，大约有 2 000 万人正在接受着这种治疗。这是一种针对病毒复制周期中逆转录过程的化学疗法，它可以把艾滋病患者的寿命延长数年。尽管如此，ART 并不能完全消除患者体内的病毒，因为它无法完全清除"隐藏"在已经发生感染的 CD4+ 细胞中潜伏的病毒。大多数情况下，艾滋病患者需要终身接受 ART 来控制病情，但是这种化学治疗并不是没有副作用的。实际上，接受 ART 治疗的人，发生癌症、认知障碍，以及肾、肝、骨骼和心脏疾病的风险都会增加。这样的结果就是，接受 ART 治疗的 AIDS 患者的平均寿命比未感染 HIV-1 的人大约要缩短 20 年。

有趣的是，对于极少数未经治疗的 HIV-1 感染者（约 0.3%）来说，他们的免疫系统能够在相对较长的时间内控制感染。事实上，在一些优秀的控制者中，就几乎检测不出来病毒，并且，可以在长达 30 年的时间内，都不会出现任何症状。因此，免疫学家们都很感兴趣地想知道，这些精英控制者的免疫系统是如何处理这些对其他人来说，是致命的病毒感染的。虽然，这个故事还不完整，但是，人们已获得了一些线索。

比较一致的发现是，相对于"普通"人来说，这些优秀的控制者在刚刚被感染之后，似乎能够更快地启动固有免疫和适应性免疫应答的防御功能。几个与发生这种快速响应相关的原因已经发现了，例如，一些优秀的控制者的模式识别受体会触发固有免疫细胞分泌出超乎寻常的大量的 IFN-α 和 IFN-β。IFN-α 和 IFN-β 可以激活感染 HIV 的细胞的特定基因，而这些基因可以编码的蛋白质会限制病毒进行复制的效率。此外，这些"预警性细胞因子"还会通过引起细胞的凋亡而导致受感染细胞的死亡，从而破坏在其内部进行复制的病毒。

在第四讲中，我注意到 MHC 分子具有非常大的多态性的一个原因就是，可以增加群体中一些个体能够表达出可以识别并提呈入侵者多肽的 MHC 分子的可能性。有些证据支持了这个猜测：某些类型的 MHC Ⅰ类分子在优秀的控制者中比在普通人群中更为常见。可能是因为这些 MHC 分子能够有效地提呈 HIV-1 病毒肽，从而使杀伤性 T 细胞在感染早期感染的细胞数量较少时就可以被激活。此外，与无法控制感染的患者相比，精英控制者体内的 CTL 往往具有更强的杀伤能力。这可能是由于这些"超级 CTL"能够调动出杀伤性酶——颗粒酶 B，并将其输送到靶细胞中。还有，这些具有强杀伤功能的 CTL 能够更快地杀死靶细胞，可以在感染失控之前控制住感染。

当然，如果能够更加详细地了解这些优秀的控制者免疫系统的独特性能，可能会有助于设计出用于治疗 HIV-1 感染的新方法。然而，理解这些控制者仍然还是会被 HIV-1 感染，这一点是非常重要的，他们的免疫系统并没有击败病毒，而只是在相对较长的一段时间内控制了病毒感染的发展，在这些个体的体内一直都存在着发生 HIV 潜伏感染的 CD4$^+$T 细胞。

到目前为止，只有一个记录在案的艾滋病患者接受治疗后病情痊愈了：这就是那个广为人熟知的"柏林病人"，Timothy Ray Brown。他感染 HIV-1 后，又患上了急性髓性白血病。当他治疗白血病时，他的免疫系统被化疗药物或放疗破坏了两次，并通过进行干细胞移植而重建了免疫系统。在这两次干细胞移植的过程中，干细胞供者的 CCR5 基因均发生了缺失，而 CCR5 是艾滋病病毒最常见的共受体。撰写本文时，柏林病人既没有罹患癌症也没有再被 HIV-1 感染（柏林病人已于 2020 年 9 月 29 日因白血病复发而去世，享年 54 岁[1]）。

## 总结

遗传或自发产生的基因突变都会导致免疫系统功能的低下。当免疫系统受到药物或者疾病发生抑制的时候，就会发生免疫缺陷。迄今为止，成千上万人由于感染 HIV 而发生了免疫缺陷。未经治疗的大多数艾滋病患者，会被那些正常人很容易抵御的病原体感染所击败。HIV-1 通过感染并摧毁那些应该抵御感染的免疫"战士"，来正面与免疫系统进行对抗。HIV-1 还可以利用免疫系统的帮助而在全身进行播散，并且可以在受感染个体的免疫细胞内建立起一个"隐藏"的病毒仓库。此外，由于 HIV-1 的快速突变，识别并能够杀死被感染细胞的杀伤性 T 细胞可能很快就"过时"了，从而使病毒总是领先于机体的免疫防御系统一步。

抗逆转录病毒治疗是一种化学疗法，可以延长感染 HIV-1 患者的生命。然而，这些治疗费用昂贵，且会产生严重的副作用。一些"优秀的控制者"体内长期存在着病毒，但却没有任何症状。免疫学家们迫不及待地研究着这些"少数幸运儿"的免疫系统，试图去阐明他们的免疫系统为什么可以控制住对于其他人来说致命性的病毒感染。

---

1 译者注。

**思考题**

1. 描述在HIV-1感染过程中患者的免疫系统发生的变化。

2. 讨论使免疫系统难以抵御的 HIV-1 感染的特性。

3. 过去，当人体面临新的危险时，免疫系统就会通过进化应对这些挑战。如果有足够的时间，你预测我们的免疫系统可能会做出哪些变化，来保护机体免受 HIV-1 的侵害呢？

# 第十四讲　疫苗

**本讲重点!**

　　疫苗的原理是通过"欺骗"免疫系统，来诱导其产生出能够抵御未来真实入侵者进行攻击的记忆 B 细胞和记忆 T 细胞。其中，生成记忆辅助性 T 细胞和 B 细胞的要求与生成记忆 CTL 细胞的要求是不同的。

## 引言

　　许多"自然"感染都会诱导记忆 B 细胞和记忆 T 细胞的产生，这些细胞可以为机体提供抵御相同病原体再次入侵攻击的保护。但是，某些自然感染可能会对机体造成非常大的损伤，甚至是致命的。针对这种情况，如果存在着一种安全的方法可以欺骗免疫系统，使其误认为自己受到了攻击，并可以产生出特异性抵抗预期入侵者的记忆 B 细胞和记忆 T 细胞，那么就可以防止个体遭受真实感染造成损伤了。显然，这就是疫苗接种所能发挥的作用了。

　　免疫学的疫苗接种，就相当于将武装力量训练成作战部队的军事演习。"演习"的目标是让士兵在尽可能真实的战斗环境中接受锻炼，而不会让他们处于极度危险之中。同样，疫苗接种的目的就是，使疫苗接种者在不暴露于过度风险的前提下，让免疫系统尽可能近距离地观察真实情况，进而为真正的战斗做好准备。实际上，设计军事演习的将军和研发疫苗的科学家都有一个共同的目标：最大程度地模拟真实，最小程度地直面危险。

　　疫苗在控制传染病方面是非常有用的。例如，在白喉疫苗问世之前，美国每年新增白喉病例人数超过 350 000 例。现在，由于广泛的接种白喉疫苗，每年报告的白喉病例数通常还不到 5 例。

## 记忆辅助性 T 细胞和记忆 B 细胞的产生

　　当机体第一次暴露于病原体时，位于战斗地点（即感染部位[1]）的树突状细胞会摄取入侵者或者入侵者的碎片，然后迁移到附近的淋巴结中。在那里，它们利用自身的 MHC Ⅱ类分子对来自攻击者的蛋白质多肽进行提呈。如果某个辅助性 T 细胞具有识别这些多肽的受体，那么它就可以被激活、增殖。最终，这些增殖的辅助性 T 细胞中的一部分细胞，就会分化成为记忆细胞，帮助抵御相同病原体的再次攻击。因此，要生成记忆辅助性 T 细胞，树突状细胞就需要收集战场上的"碎片"（例如病毒外壳蛋白或者细菌细胞膜的组成部分），并将来源于这些碎片的多肽提呈给辅助性 T 细胞。

　　同样，当 B 细胞受体识别出被淋巴液或血液运输到次级淋巴器官的入侵者或者入侵者的碎片时，B 细胞就会被激活。经过一段时间的增殖之后，如果可以获得 T 细胞的辅助，那么一部分经过增殖产生出来的 B 细胞，就将会分化成为记忆 B 细胞。所以，就像辅助性 T 细胞一样，即使是一点点入侵者的碎片，也是足以激活某种 B 细胞进而分化成为记忆 B 细胞的。在这里，重要的一点是，即使没有发生被入侵者感染的过程，记忆 B 细胞和记忆辅助性 T 细胞也是可以通过自发性增殖的过程维持一定数量。

## 记忆杀伤性 T 细胞的产生

　　记忆杀伤性 T 细胞也可以在遭受微生物侵袭的过程中产生，但是要做到这一点，微生物必须要感染抗原提呈细胞。例如，如果一种病毒感染了树突状细胞，那么该病毒就将会征用这个细胞的生物合成机制，并利用它合成出病毒蛋白——作为其繁

---

1 译者注。

殖过程的一个部分。其中，一些病毒蛋白将会被剪切成多肽并装载到 MHC Ⅰ类分子上。因此，具有能够识别（和 MHC Ⅰ类分子结合的[1]）病毒多肽的杀伤性 T 细胞就会被激活，如果，再同时获得辅助性 T 细胞的某些帮助，（部分活化的杀伤性 T 细胞[1]）就可以分化成为记忆杀伤性 T 细胞。

因此，分化成为记忆辅助性 T 细胞和记忆 B 细胞的条件要求，与分化成为记忆 CTL 细胞是不同的。即使入侵者不能感染抗原提呈细胞，记忆辅助性 T 细胞和 B 细胞也可以产生。相反，入侵者必须要感染抗原提呈细胞，才能够诱导记忆杀伤性 T 细胞的产生。

在某些实验条件下，抗原提呈细胞可以使用 MHC Ⅰ类分子来提呈从细胞外获得的抗原——而这些抗原通常是由 MHC Ⅱ类分子进行提呈的，这种现象被称为交叉提呈。这表明，在没有病毒感染抗原提呈细胞的情况下，或许也有可能会诱导产生病毒特异性的 CTL 细胞。目前，还不确定交叉提呈对人体免疫系统的正常功能到底有多么重要。实际上，也还没有使用交叉提呈在人体内产生保护性记忆 CTL 细胞的抗病毒疫苗问世。当然，交叉提呈可能会最终被用于生产这样的疫苗。但是，目前的规则似乎是要使疫苗有效地诱导出记忆 CTL 细胞，抗原提呈细胞就必须要被感染。在这一讲中，我们仍然将会坚持使用这个规则。

## 疫苗的开发策略

已经有许多不同的方法被用来研发当前可用于预防微生物感染的疫苗。此外，创新性的新疫苗设计也正在进行测试的过程中。疫苗接种的一个重要特征是，其有效性并不取决于接种者改变的卫生水平或者生活方式。因此，许多人认为，预防 1 型人类免疫缺陷病毒（HIV-1）感染的疫苗——这种病毒目前每天约感染 6 000 人——可能会是阻止艾滋病传播的最佳方案。因为这种疾病是一个非常重要的健康问题，所以，当我们讨论不同类型疫苗的时候，我们都将会问，其中是否有任何一种可能会适合用作预防 HIV-1 感染的疫苗呢。最后，我想你也会认同，设计出一种安全有效的艾滋病疫苗将会是一项艰巨的挑战。

研发艾滋病疫苗的一个主要障碍是，不确定需要哪种类型的记忆细胞。如果只能产生出记忆 B 细胞和抗体的疫苗试验结果，是不会令人感到满意的。此外，感染了 HIV-1 但免疫系统对该病毒存在着长期抵抗的个体，通常是遗传了特定的 MHC Ⅰ类分子的个体，这表明向杀伤性 T 细胞提呈抗原，对实现针对该病毒的抵抗力来说，非常重要。因此，大多数免疫学家认为，一种有效的艾滋病疫苗必须能够诱导产生出记忆杀伤性 T 细胞。而不幸的是，记忆 CTL 细胞的产生，需要要求作为疫苗的制剂能够感染抗原提呈细胞——这可能会对艾滋病疫苗的安全使用类型提出了严格的限制。

**非感染性疫苗**

许多疫苗被设计成不会感染其接种者的疫苗。治疗脊髓灰质炎的索尔克疫苗就是这种"无感染能力的"疫苗的例子。为了制作疫苗，索尔克博士用甲醛处理脊髓灰质炎病毒从而"杀死"该病毒。甲醛通过交联和固定蛋白质而发挥作用，这种处理的结果是，使病毒在免疫系统看来非常像活的脊髓灰质炎病毒，但是因为它的蛋白质已经失去了功能，所以它丧失了感染细胞的能力。对于蛋白质分子来说，这种处理的方法相当于交通警察用制动装置给违规停车的车轮"上锁"。汽车看起来可能很正常，但是由于车轮不能转动，这辆车的行驶功能却已经被禁用了。常见的流感疫苗也是一种灭活的病毒疫苗。类似的策略也被用于制造抗致病性细菌的疫苗，例如，伤寒疫苗就是用在实验室中培养的，然后经过甲醛等化学物质处理过的伤寒杆菌所制备的。

虽然，用来杀死这些微生物的化学物质肯定会使大多数微生物丧失侵袭和感染能力，但是，这个处理过程并不能保证 100% 有效，其中可能会有一些微生物存活下来。现在，如果一种疫苗可以保护人们抵抗像流感这样可以传播并感染大部分人群的病毒，那么，在疫苗制备过程中存在少量的活病毒就不会是一个主要的问题——因为如果不接种疫苗，那么可能会有更多的人感染这种疾病。相反，如果疫苗的目的是抵御诸如 HIV-1 等这种通常可通过其他人为途径来预防的病毒感染（至少在发达国家的成人血液供应是经过严格筛选的），那么这种

---

1 译者注。

甚至只有极小可能性引发疾病的疫苗，也不能用于为普通民众进行接种。

有些细菌会释放出被称为毒素的蛋白质，这种蛋白质会引发细菌感染相关的症状。在某些情况下，这些毒素也可以当作无感染性的疫苗。为了制备这种疫苗，该毒素会被纯化并用铝盐进行处理，用于制备出一种被称为类毒素的弱型毒素（无毒性毒素蛋白[1]）。当被注射进入接种者体内之后，类毒素会诱导 B 细胞产生出能够结合并灭活真正侵入机体的有害毒素的抗体。白喉毒素或破伤风毒素制备成的疫苗，就是这种非感染性疫苗的例子。

一些非感染性疫苗只是使用了病原体的某些部分来进行制备的[1]，也就是保留了需要免疫系统识别后才能去激活免疫防御功能的病原体的部分，同时去除了导致不良反应或者危险副作用的部分。百日咳的一种"无细胞组分"疫苗就是这样制成的。最初的百日咳疫苗，是由灭活的完整的百日咳杆菌制备的，接种了这种疫苗的婴儿中大约有一半对其产生了不良反应。所幸的是，几乎所有这些副作用与感染百日咳危及生命的可能性相比，都是轻微的。而通过从培养的百日咳杆菌成分中，分离纯化出几种蛋白质而制成的"无细胞组分"疫苗，其不良反应发生率就要比最初的百日咳疫苗低得多了。

由基因工程产生的病毒蛋白也可以被用作无感染性的"亚单位"疫苗。高效的乙型肝炎病毒和人乳头瘤病毒疫苗都是通过这种方法制造的。由于只使用了一种或者几种"合成的"病毒蛋白来制造亚单位疫苗，所以该疫苗不可能引起其本该预防的病原体的感染。

所有非感染性疫苗共同的一个潜在缺点就是，虽然它们会产生记忆辅助性 T 细胞和记忆 B 细胞（可以产生保护性抗体），但是却不会产生记忆杀伤性 T 细胞——因为抗原提呈细胞不会被其感染。当然，许多病原体（如胞外菌）根本就不会感染人类细胞。因此，在设计疫苗抵御此类微生物的时候，记忆 CTL 细胞（可杀死被感染的细胞）的缺乏并不会是一个问题。此外，记忆 B 细胞产生的抗体也能够足以保护人类细胞免受某些病毒的感染。实际上，脊髓灰质炎病毒和乙肝病毒都会感染人类细胞。但是，非感染性的索尔克脊髓灰质炎病

毒疫苗和乙肝病毒亚单位疫苗的保护效果都是非常好的——尽管，这两种疫苗都不能刺激人体免疫系统产生记忆杀伤性 T 细胞。因此，是否需要记忆 CTL 来提供保护，要取决于特定的微生物种类及其生活方式。

非感染性疫苗的另外一个缺点是，它们所提供的保护一般不如活的微生物疫苗接种所引起的保护来得持久。这就是为什么诸如破伤风类毒素这样的疫苗，必须要每 10 年"加强"接种一次才能有效提供保护。

### 减毒疫苗

使用微生物的弱化或者"减毒"形式来制备疫苗，是疫苗生产的另一种方式。病毒学家们注意到，在实验室中，如果病毒是在一种不是其正常宿主细胞类型的细胞中进行生长的时候，有时病毒就可能会积累那些可以使其毒性发生减弱的突变。例如，萨宾脊髓灰质炎疫苗就是将在人类神经细胞中进行正常增殖的脊髓灰质炎病毒，在猴肾细胞中进行不断传代的培养而制成的。这种方式可以导致脊髓灰质炎病毒仍然具有侵袭性和感染性，但是其毒性已发生了减弱，所以该病毒并不会在健康的个体中引发疾病。在美国，大多数儿童都会接种麻疹、风疹和腮腺炎的减毒疫苗。因为减毒病毒的疫苗在宿主中可进行有限程度的复制，并进而模拟自然的感染过程，所以，其通常可以激发机体的免疫系统产生针对该病毒的持久性免疫。

给动物接种减毒疫苗可以大致验证该疫苗的减毒状态是否有效。然而，要想确保这种功能受损（即毒性减弱[1]）的微生物要在能够刺激产生记忆细胞的同时，又不会引起疾病的发生，那么，就必须要进行人体试验进行检测了——通常是在那些被预计可能有感染该病风险的志愿者身上进行的。在这方面有一件趣事，当 Sabin 博士准备进行他的减毒病毒疫苗的人体试验时，大多数的美国人都已经接种过了索尔克脊髓灰质炎疫苗。所以，在冷战最严峻的时候，Sabin 博士将他的疫苗带到了俄罗斯进行试验。由于脊髓灰质炎是一种非常可怕的疾病，所以，俄罗斯人是非常愿意成为 Sabin 博士带来的美国制造的疫苗的"实验小白鼠"的。

减毒病毒疫苗的一个重要特征是它们可以诱导

---

1 译者注。

产生出记忆杀伤性 T 细胞。这是因为这种受损（毒性减弱）的病毒可以感染抗原提呈细胞，并且可以在免疫系统有效地消灭毒性减弱的"入侵者"之前刺激 CTL 细胞的产生。然而，减毒疫苗中含有传染性微生物，因此其存在着安全性问题。当一个人最近接种了减毒病毒疫苗之后，他可能会产生出足够的病毒来感染那些他所接触过的人。如果这些人最终能够保持健康，那么这可能就会成为一个优势，因为这种"四处传播的免疫接种"，可以产生出免疫学家们所说的群体免疫。但是，免疫系统受损的人（例如，正进行癌症化疗的人）可能会无法制服毒性减弱的病毒。毕竟，疫苗中的减毒微生物并没有死亡，只是发生了毒性的减弱。因此，对于那些免疫抑制的人来说，这种无谓的疫苗接种可能会导致严重的后果。

减毒病毒疫苗的另一个潜在的安全隐患是在接种者的免疫系统制服减毒病毒之前，病毒可能会发生突变，并且这些突变可能会导致该病毒的毒性恢复。尽管这不是一个大概率发生的事件，但是一些接种了萨宾疫苗的健康人，仍可能会染上脊髓灰质炎——因为毒性减弱的病毒发生了变异并重新获得了致病力。

### 载体疫苗

一些新型的制备疫苗制剂制备的思路是，通过基因工程技术将来自致病性微生物的某个基因（或者多个基因）插入到经过改造的无致病性的病毒中，这种经过改造的病毒载体可以作为"特洛伊木马"，将致病性微生物的基因携带到人类细胞中。这个想法的依据是如果病毒载体感染了疫苗接种者的抗原提呈细胞，那么这些细胞就会在表达病毒载体本身的蛋白质以外，还会表达出载体上致病性微生物的蛋白质，进而接种这种载体疫苗最终就会诱导产生出记忆杀伤性 T 细胞，来保护机体未来免受真正病原体的攻击了。重要的是，这种疫苗不可能会引发出来那些被设计出来其本该要预防的疾病——因为该疫苗只是"携带"了病原体许多基因中的一个或几个而已。

这种方法看起来似乎非常适合用来制备艾滋病疫苗，并且这类疫苗目前正在接受着测试。最近，在泰国进行了一项使用金丝雀痘病毒（Jenner

牛痘病毒的表亲）作为"特洛伊木马"来携带某些 HIV-1 蛋白质基因的疫苗的试验。这个病毒载体疫苗接种的效果，随后会被给同一个个体接种含有由该载体病毒表达的同种 HIV-1 蛋白质中的一种蛋白质，所制造并合成的亚单位疫苗的接种进行"增强"。对接种过这些疫苗的接种者以及接种过近乎相同剂量的安慰剂疫苗接种的人，进行为期 3 年的随访，以便确定每组中有多少人会因为随后的有风险的性行为而感染 HIV-1。尽管，作者声称该试验"显示了 HIV-1 感染率的显著性降低，虽然降幅并不大"，但是数据其实并不十分令人信服。在研究期间，56 名接受载体疫苗的人感染了 HIV-1，而接受安慰剂的那组人中有 76 人感染了该病毒，可见这是从一个非常小的数字（指发病人数的差异数字[1]），得到的一个有意义的结论。此外，只有大约 17% 接种过该疫苗的人体内能够被检测出来 HIV 特异性的 T 细胞。最后，当对被感染者进行检测的时候，两组人员血液中的病毒载量并没有显著性差异。这表明，疫苗接种对于感染者抵抗病毒感染的能力，几乎没有任何效果——这并不是对有效疫苗应该有的预期效果。

## 会有预防 AIDS 的疫苗吗？

大多数免疫学家认为，艾滋病疫苗必须能诱导产生记忆杀伤性 T 细胞才能算是有效的。如果按照这个标准，已用于防御许多其他病原体感染的非感染性疫苗，对 HIV-1 来说，几乎不会发挥任何作用。原则上，一种致病力减弱的 HIV 可以用作制备（能够诱导出[1]）记忆 CTL 细胞的疫苗。但是，由于 HIV 极高的突变率，因此，人们对于减毒 HIV-1 再次突变为致命病毒的可能性，始终存在着巨大的担忧，这就使得减毒型的 HIV 疫苗不可能用于为普通人群进行疫苗接种。载体疫苗也可以诱导产生记忆杀伤性 T 细胞，而同时又不会让疫苗接种者面临真正的 HIV 感染的风险。但是，到目前为止，基于该策略的指导，还没有研发出一种能够对 HIV-1 产生强烈保护性免疫应答的疫苗来。

即使可以发明出一种能够产生针对 HIV-1 特异性 CTL 细胞的安全疫苗，但是 HIV 的高突变率

---

1　译者注。

也会使其病毒本身成为一个难以被确认的目标。平均而言，受感染细胞释放出来的每一个 HIV 与最初感染细胞的病毒相比，都至少存在着一个不同的突变。因此，感染 HIV-1 的人体内，不仅含有"这种"HIV 病毒，而且还含有大量的与之略有不同的 HIV-1 毒株。此外，如果这个人把病毒传染给另一个人，那么，这个通常也不仅仅是被单一的 HIV 所感染，而是被整个不同的病毒毒株"群"所感染。这意味着，疫苗接种诱生出来的记忆细胞，可能会对制备疫苗的特定 HIV-1 毒株有很好的保护作用，但是对于真实感染中产生的病毒突变株，可能却是完全没有作用的。事实上，病毒快速变异的能力可能是制备有效艾滋病疫苗面临的最难解决的问题。

尽管存在着这些困难，免疫学家们仍然在努力去研制出一种可以用来保护广大民众的艾滋病疫苗——因为这类疫苗被视为是目前控制 HIV 传播的最大希望。最近，在极少数艾滋病患者中，发现了能够中和多种不同 HIV-1 变种的抗体。如果能够研制出一种能在广大健康个体中，诱生出这种广泛性中和抗体的疫苗，那么，这样一种"通用的"疫苗或许就能够预防感染——至少对许多常见的 HIV-1 毒株来说是这样。不幸的是，实验表明，针对 HIV-1 的广泛性中和抗体通常是在最初感染的数年后才会出现的，这其实是（抗体编码基因）历经了许多轮体细胞高频突变产生的结果。这个发现提出了一个问题，即是否可以发明出一种能够诱生出广泛性中和抗体但又无需等待漫长的体细胞高频突变发生过程的疫苗呢。当然，事实可能会证明，即使具有这种广泛性中和抗体也可能会不足以抵御 HIV-1 的感染，机体确实还是需要病毒特异性 CTL 细胞来提供保护的。

值得注意的是，HIV-1 并不是唯一一种没有有效疫苗的病原体。每年约有 100 万人会死于疟疾，但目前仍然没有一种疫苗被证实是能够普遍预防这种疾病的。同样，免疫学家们也未能设计出一种能够有效对抗结核病的疫苗，引发这种疾病的结核分枝杆菌每年可以导致约 300 万人感染而死亡。地球上大约有 1/3 的人感染了单纯疱疹病毒，但是，目前还没有可以预防这种病毒感染的疫苗问世。事实上，许多人都希望，在研制艾滋病疫苗的过程中，免疫学家们可以发展新的策略，使得生产出能够保护人类免受目前尚无疫苗的其他病原体的侵袭的疫苗成为可能。

## 可用于预防病毒相关癌症的疫苗接种

疫苗是可以用来预防一些类型癌症发生的。例如，乙型肝炎病毒的慢性感染会使人罹患肝癌的风险增加约 200 倍，并且大约 20% 的乙肝病毒长期携带者最终也会发展成为肝癌。此外，乙型肝炎病毒还被认为是传染性最强的病毒之一：只要通过一滴血的一小部分就足以将病毒从一个人传染给另一个人。幸运的是，从 1982 年以来，美国就已经有了可以预防乙型肝炎病毒感染的疫苗。目前的乙肝疫苗不仅适用于那些经常接触血液和血液制品的医护人员，也适用于儿童进行接种。这种亚单位疫苗给免疫系统提前"预演"了真实的乙型肝炎病毒感染，这为调动记忆 B 细胞并产生抗体提供了充足的时间。如果确实发生乙肝病毒的感染，那么已经做好准备的免疫系统就可以迅速完全清除病毒，从而有效地预防乙型肝炎病毒相关肝癌的发生。

感染某些"致癌"型（高危型）的人乳头瘤病毒（HPV）会增加罹患宫颈癌的风险。这类病毒是通过性接触传播的，现在全球有很多妇女感染了这种病毒，以致于宫颈癌已成为了全世界女性第二大常见的癌症，每年都会导致大约 25 万人死亡。

虽然，与宫颈癌相关的 HPV 大约有 10 多种具有细微差别的类型，但是近 70% 的宫颈癌患者会涉及两种类型的病毒——HPV-16 和 HPV-18。由病毒外壳蛋白质所制成的亚单位疫苗在预防这两种 HPV 感染方面的有效性大约为 95%。有趣的是，在众多疫苗中，有一种疫苗是由包括其他两种型别的 HPV（HPV-6 和 HPV-11）外壳蛋白质所制成的剂型。这两种病毒与诱发宫颈癌无关，但是它们却会引起男性和女性的生殖器疣。将这两个"额外"类型的 HPV 加入到疫苗中的原因，是考虑到预防生殖器疣可能会促使男性接种这个疫苗，否则他们就可能不愿意接种疫苗来预防他们并不会发生的疾病（宫颈癌）了。

最近，一种可以预防与宫颈癌相关的另外 5 种 HPV 的疫苗也被研发出来了。据估计，如果大多数性活跃的年轻女性都可以接种这个疫苗，那么在全世界范围内使用这种新型疫苗就可以预防大约 90% 的宫颈癌了。不幸的是，许多宫颈癌病例发生在世界上的欠发达地区——在那里通过注射疫苗进行免疫接种是有困难的。

## 疫苗的佐剂

为了模拟致病性微生物的入侵，疫苗必须要让免疫系统可以将其当作为具有危险性的异物。这对于用减毒病毒来制备的疫苗来说不是问题——因为减毒病毒会自然而然地提供这两种信号。然而，对于只是由于一种或者几种微生物蛋白质所组成的疫苗来说，提供必要的危险信号可能会是一个需要重视的问题。实际上，如果只是一种外源性蛋白质被注射到人体内，免疫系统通常就会忽略掉它，因为它不会构成危险。

因为需要发出危险的信号，所以，通常的做法是将疫苗与佐剂（源自拉丁语，意为"帮助"）结合在一起进行使用。实际上，你接种的大多数疫苗可能都含有氢氧化铝或"明矾"（佐剂的一种），至少在一定程度上，它可以提供重要的危险信号。此外，已经有更多的有效佐剂也已被批准使用了。例如，可以预防人乳头瘤病毒感染的 Cervarix 疫苗，其使用了 MPL［细菌表面蛋白脂多糖（LPS）的改良版］作为佐剂。在这个配方中，病毒外壳蛋白质提供了特异性识别外来物质的第一个信号，而 MPL 则会提醒免疫系统，这些病毒蛋白质是存在危险的。在疫苗中添加佐剂可极大地提高疫苗的效力，并可以减少接种所必须要的疫苗剂量。

### 总结

疫苗接种利用了 B 细胞和 T 细胞能够记忆之前接触过入侵者的能力。通过给免疫系统引入一种"安全"型的微生物，疫苗接种为机体准备好了适应性的武器，以便在将来某个时候发生真正入侵的时候，可以迅速而有力地做出反应。记忆 B 细胞和记忆辅助性 T 细胞的产生是不需要抗原提呈细胞被感染的。因此，诱导保护性抗体的非感染性疫苗是由死病毒甚至是单个病毒蛋白质所制成的。但是，非感染性疫苗并不会诱导产生记忆杀伤性 T 细胞，而且非感染性疫苗所提供的保护一般不会像感染性疫苗所引起的保护那样的持久。

大多数免疫学家认为，为了预防 HIV-1 的感染，疫苗需要能够诱导产生出记忆杀伤性 T 细胞。要做到这一点，疫苗就必须能够感染抗原提呈细胞。减毒疫苗就是能够通过使用一种仍然可以感染 APC 细胞，但又不会引起疾病的毒性减弱的微生物来制备的。但是，旨在保护普通人群免受 HIV-1 感染的疫苗，必须要没有引发艾滋病的风险，而且由于 HIV-1 突变率非常的高，所以无法保证减毒的 HIV 不会重新被活化。因此，减毒艾滋病疫苗可能无法被用于保护大众免受 HIV-1 的感染。

另一种制备能够诱导产生记忆杀伤性 T 细胞的疫苗方法，是将一种微生物的一个或者多个基因插入到对机体无害的载体的基因组中。然后，当载体感染抗原提呈细胞的时候，就会在细胞内表达出这个微生物的蛋白质。随后，该蛋白质的短肽片段就可以通过 MHC Ⅰ类分子的作用而展示出来，并激活 CTL 细胞。然而，到目前为止，基于这种方法的普遍有效的艾滋病疫苗还尚未被生产出来。

几种"抗癌"疫苗现在已经上市了。这些亚单位疫苗可以降低感染乙肝病毒或者人乳头瘤病毒的风险。感染这些病毒会极大地增加一个人罹患肝癌（乙型肝炎病毒）或者宫颈癌（人乳头瘤病毒）的可能性。通过将能够被 B 细胞或者 T 细胞所识别的特异性抗原与佐剂进行结合，可以提高疫苗的效力。佐剂的作用就是通过提供激活所需要的危险信号来"引起免疫系统的注意"。

### 思考题

1. 请描述产生记忆 B 细胞所需要的一系列事件。
2. 请描述产生记忆 CTL 细胞所需要的一系列事件。
3. 请讨论灭活病毒疫苗、亚单位疫苗、减毒病毒疫苗和病毒载体疫苗的优缺点。
4. 请论述生产适合公众的艾滋病疫苗的主要障碍是什么？

# 第十五讲　癌症与免疫系统

**本讲重点!**

当细胞刚刚开始发生癌变的时候，免疫系统可以保护我们免受其侵害的能力是有限的。首先，免疫系统对癌细胞的监视与防止自身免疫反应之间是存在着内在冲突的。其次，癌细胞的突变非常迅速，这使得它们成为了"移动靶"（指增加了命中的难度[1]）。最后，肿瘤还可以创造出一个"自我保护"的环境，在这种环境中，免疫监视也会受到影响。

## 引言

在本讲中，我们将会讨论免疫系统是如何应对肿瘤的。你们可能没有学过肿瘤的课程，所以，我将会从讨论肿瘤细胞的一些基本特性来开始。毕竟了解敌人是非常重要的。

## 癌症是一个控制系统的问题

当单个细胞内多个控制系统被破坏的时候，癌症就会发生了。这里有两种基本类型的控制系统：促进细胞生长（增殖）的系统和防止"不负责任的"细胞生长的安全防护系统。如果控制得当，细胞增殖会是一件好事。毕竟，一个成年人是由数以万亿计的细胞所组成的，所以，从一个受精卵到长大成人，人体必须要发生大量的细胞增殖。然而，一旦人类成年以后，大多数细胞的增殖就会停止。例如，当肾增殖到完全适合大小的时候，肾细胞就会停止增殖了。另一方面，皮肤细胞和在我们体腔（如肠道）内排列的其他细胞必须要几乎不断地进行增殖，以补充由于这些表面上那些因为正常磨损侵蚀而损失的细胞。所有这些细胞的增殖，从摇篮到坟墓，都必须要小心地进行控制，以确保增殖的时间、地点及数量的正确性。

通常情况下，我们细胞内的生长促进系统是运作良好的。但是，偶然情况下，这个系统中的一个环节可能会出现故障，此时，细胞就可能开始异常增殖了。当这种情况发生的时候，这个细胞就已经迈出了成为肿瘤细胞的第一步。因为这些生长促进系统是由蛋白质所组成的，当基因表达发生改变的时候，功能失调就会发生了，这通常就是基因突变的结果。如果一种基因突变后会导致细胞的异常增殖，那这种基因就会被称为原癌基因。这种基因突变产生的版本就被称为癌基因。这里重要的一点是，当一个正常细胞的基因发生突变时，就会导致不受控制的细胞生长。

为了防止促进细胞增殖的控制系统发生故障，人体细胞配备了内部的保障系统。这些保护措施通常有两种类型：帮助防止突变的系统和一旦发生突变时就能够处理突变的系统。细胞有许多不同的修复系统可以修复受损的 DNA，有助于防止突变的发生。这些 DNA 修复系统是极其重要的，因为突变会在我们体内所有细胞的 DNA 分子中不断地发生。事实上，据估计我们每个细胞平均每天都会遭受大约 25 000 次的突变事件。幸运的是，修复系统会不停地进行工作，如果 DNA 的损伤相对较小时，作为"维护"修复计划的一部分，它们的损伤可以被立即修复。

然而，有的时候，维修系统可能会错过一个突变，特别是在有许多突变发生而修复系统不堪重负的时候。当发生这种情况的时候，第二个保护系统就会发挥作用——一个监测未修复突变的系统。如果突变范围不大，那这个保护系统就会阻止细胞的增殖，给修复系统以更多的时间来完成它们的工作。然而，如果损伤非常严重，那么，保护系统就将会触发细胞的自杀，消除它成为肿瘤细胞的可能性。这种保护系统的重要组成部分之一是一种叫作 p53 的蛋白质。像 p53 这样的蛋白质，有助于防止细胞不受控制地生长，它们被称为肿瘤抑制蛋白，编码它们的基因被称为抗癌基因或者肿瘤抑制基

---

1 译者注。

因。在大多数人类肿瘤中，都已经发现了 p53 基因的突变，科学家们已经创造出了具有突变型 p53 基因的小鼠。与很少罹患癌症的正常小鼠相比，缺乏功能性 p53 蛋白的小鼠通常会在 7 个月大之前就死于癌症了。所以，如果要求你放弃一个基因的话，绝对不要选择 p53！

值得一提的是，每个正常细胞都同时具有原癌基因和抑癌基因。当原癌基因发生突变的时候，会导致细胞发生不恰当的增殖，而此时抑癌基因也发生了突变，导致细胞无法纠正原癌基因"出错"的时候，情况就会变得危险了。事实上，当多个控制系统，包括生长促进系统和保护系统，在一个细胞内被同时破坏的时候，癌症就发生了。据估计，最常见的情况下，产生癌症需要 4 ~ 7 个这样的基因突变。这就是为什么癌症是一种通常会发生在晚年的疾病：它一般需要很长时间以积累多种突变，从而异常地激活生长促进系统并使保障系统发生失效。

影响生长促进系统和保障系统的突变，可以是以任何形式进行发生的。但是，有一种特别阴险的突变类型是基因变异，它破坏了修复突变 DNA 所涉及的保护系统。当这种情况发生的时候，细胞中的基因突变率可能会飙升起来，会使细胞更有可能积累起来能够将其转变为肿瘤细胞所需的多重突变。这种类型的"突变加速"缺陷，存在于大多数（也许是所有的）肿瘤细胞中。事实上，肿瘤细胞的标志之一就是基因的不稳定性，细胞的基因会一直不断地发生变异。

## 癌细胞的分类

癌细胞可以分为两大类：非血细胞来源肿瘤（通常也称为**实体瘤**）和血细胞来源肿瘤。实体瘤根据其产生的细胞类型可以进一步进行分类。癌症是人类最常见的肿瘤，包括上皮细胞癌、肺癌、乳腺癌、结肠癌和宫颈癌等。这些癌症通常可以通过转移到重要器官而导致患者死亡，它们会在那里生长并挤压器官，直到它不能再正常工作。人类也会患上结缔组织和结构性组织来源的肿瘤，尽管与癌症相比，这些**肉瘤**相对是较少见的。也许，在肉瘤中最著名的例子，就是骨癌（骨肉瘤）了。

血细胞来源肿瘤是人类的另一种肿瘤，其中，最常见的就是白血病和淋巴瘤。当造血干细胞（通常应该会成熟分化为淋巴细胞或者髓系细胞，例如中性粒细胞）的后代，停止成熟并继续进行增殖的时候，就会出现血细胞来源的肿瘤。实际上，这些血细胞会拒绝"成长"——这就是其问题的所在。在白血病的患者体内，未成熟的细胞充满了骨髓，并阻止其他血细胞的成熟。因此，患者通常会死于贫血（由于缺乏红细胞）或者感染（由于缺乏免疫细胞）。在淋巴瘤中，未成熟的细胞会在淋巴结和其他次级淋巴器官中形成巨大的"细胞簇"——细胞簇在某些方面是类似于实体瘤的。淋巴瘤患者通常会死于感染或者器官的功能障碍。

人类癌症还有另外一种分类的方法：自发性癌症和病毒相关性癌症。大多数人类肿瘤都是"自发性的"，当一个细胞恰好积累了一系列的基因突变时，可以导致它获得到癌细胞的特性，于是癌症就会发生。这些突变可能是由于细胞 DNA 复制到子细胞的时候所产生的错误，也可能是由于受到了致突变性化合物（致癌物）的影响。这些诱变剂可能是正常细胞代谢的副产品，也可能存在于我们呼吸的空气和食物中。突变也可能是由于辐射（包括紫外线）或者 DNA 片段组装（指基因重排[1]）发生的错误所引起的 B 细胞和 T 细胞受体变异而导致的。在我们的一生中，这些突变是"自然"发生的，但是有一些因素可以加快突变发生的速度，增加细胞癌变的机会：如吸烟、高脂肪饮食、生活在高海拔地区导致辐射暴露增加、在钚加工厂里工作等。

一些病毒产生的蛋白质可以干扰生长促进和保护系统的正常功能。感染这些特殊的肿瘤相关病毒，可能会减少使正常细胞转变成为癌细胞时所需要的突变基因的数量。因此，肿瘤相关病毒的感染可能就是促进癌症发生的因素。例如，基本上所有的人类宫颈癌都会具有人乳头状瘤病毒的感染。这种性传播的病毒可以感染子宫颈细胞，并在这些细胞中表达出病毒蛋白质，使两个保护系统同时失效，其中也包括 p53 提供的保护系统。同样地，乙型肝炎病毒可以通过慢性感染肝细胞，使 p53 功能失活，从而可以成为一个肝癌的加速因子。

病毒相关癌症的特点是实际上只有一小部分感染者罹患了癌症，但是对于那些发生了癌症的人来说，病毒或者病毒基因通常可以从他们的肿瘤中被

---

1 译者注。

发现出来。例如，感染生殖器人乳头状瘤病毒的妇女中，只有不到 1% 的人会罹患宫颈癌，但是在所有被检测的宫颈癌组织中，有 90% 以上的宫颈癌组织中都可以发现人乳头状瘤病毒的基因。原因当然是病毒本身并不能导致癌症，而它们只是加速了致癌突变的积累。大约 1/5 的人类癌症，都有病毒感染作为加速因子。

## 抗癌的免疫监视

从这一讲的介绍中，我们应该清楚地看到，在细胞内部存在着强大的防范机制（如肿瘤抑制蛋白），可以严厉地应对大多数想要成为肿瘤细胞的细胞。但是，一个健康人的免疫系统是否能够对可能形成肿瘤的癌细胞进行重要的抗肿瘤免疫预防作用呢？为了回答这个问题，让我们来看看各种免疫细胞在肿瘤监测中可能扮演的角色吧——记住，它们提供有效监视的能力可能主要是由肿瘤的类型来进行决定的。

### CTLs 和自发性肿瘤

大多数人类癌症都是非血细胞来源的自发性肿瘤。有学者提出，杀伤性 T 细胞可能会提供针对这些实体瘤的免疫监视，以防止它们的形成。让我们来评估一下这种可能性吧。

### 活化问题

想象一下，一位重度吸烟者，最终会在他的肺部细胞中积累出足够的突变，使其中一个细胞变成了癌细胞。记住，只需要一个坏细胞就能够发生癌症。让我们假设，因为这些突变，这个细胞表达的抗原可以被 CTLs 识别为外来的。现在，让我问你一个问题吧：当肿瘤开始在他的肺部生长的时候，这个人的初始 T 细胞在哪里？没错。它们正在血液、淋巴和次级淋巴器官中进行着循环。它们会离开这种循环模式进入肺组织吗？不会，直到它们被激活以后才会。

所以现在，在免疫监视方面，我们遇到了"交通问题"。为了使自身耐受发挥作用，初始 T 细胞是不允许进入组织的，在那里，它们可能会遇到在其耐受性被诱导期间胸腺中不存在的自身抗原。因此，初始 T 细胞不太可能"看到"在肺部表达的

肿瘤抗原——因为它们本就不会去那里。我们现在面临的是一个严重的矛盾问题，一方面是需要保持对自身的耐受性（并避免发生自身免疫病），另一方面则是需要对组织中出现和生长的肿瘤（大多数肿瘤都是这样的）进行监视。而通常情况下，耐受就会是赢家。

有时候，初始 T 细胞的确会违反"交通规则"，进入到组织中。所以，你可以想象，这种冒险也可以给一些 T 细胞带来一个机会，去观察一下肺里可能生长的肿瘤，并且被其激活。但是，T 细胞的活化需要什么呢？首先，杀伤性 T 细胞必须要识别细胞内产生的抗原，而这些抗原必须要由细胞表面的 MHC I 类分子进行提呈。这就意味着，癌细胞本身必须要进行抗原的提呈。到目前为止，一切顺利。然而，CTLs 还需要来自提供抗原的细胞的共刺激信号。这个肺癌细胞会提供这种共刺激信号吗？我不这么认为！它毕竟不是一个专职性抗原提呈细胞。它只是一个普通的肺细胞，肺细胞通常并不会表达像 B7 这样的共刺激分子。因此，如果一个初始 CTL 违反了交通规则，进入肺部，并通过 MHC I 类分子在癌细胞上的提呈作用，识别出其展示的肿瘤抗原，那么 CTL 最有可能发生失能或被杀死——因为癌细胞并不会提供 CTL 生存所需要的共刺激信号。

我们再次看到了自我耐受和肿瘤监测之间的冲突。建立特异性识别加共刺激信号的双重活化系统和使组织中识别自身抗原但未获得适当共刺激的 T 细胞会发生失能或者被杀死，以防止自身免疫的发生。不幸的是，同时需要的两个开关系统（指双活化系统[1]）会使 CTLs 很难被组织中产生的肿瘤细胞所激活。因此，底线是 CTL 将不得不执行"非自然行为"，才能够被组织中开始生长的肿瘤所激活：它将不得不违反"交通规则"，并以某种方式避免失活或被杀死。当然，这种情况是由可能发生的，但是，与 CTLs 的正常活化，例如，病毒感染时相比，这种情况是非常低效率的。

你可能会问，"为什么在进化过程中，人体会如此重视避免自身免疫病，以至于免疫系统抵御肿瘤的能力会受到损害呢？"我们需要记住的是，我们的免疫系统是进化出来保护人类的，直到其过了"繁殖年龄"。自身免疫病对于年轻人来说是毁灭

---

1 译者注。

性的，但癌症通常只是一种影响人们晚年生活的疾病。因此，保护育龄人群的进化压力，导致了免疫系统会牺牲对抗癌症的强大抵抗力，更倾向于对抗自身免疫病的发生。

## 基因突变的问题

一个有可能的解决活化问题的方法是，肿瘤细胞从肿瘤的原发部位转移到淋巴结，在那里 T 细胞就可以被激活了。然而，当这种情况发生的时候，原发肿瘤可能就已经变得相当大了。即使，一个只有半盎司重的肿瘤也会含有超过 100 亿个癌细胞——比地球上的人口总数还要多！这就会给免疫监视带来一个重大的问题，因为癌细胞通常会发生疯狂的突变，而且，会有如此多的细胞在发生着突变，其中的一些突变可能会阻止免疫系统对肿瘤抗原的识别或者提呈。例如，编码肿瘤抗原本身的基因可能发生突变，使肿瘤抗原不再能被活化的 CTLs 所识别，或者不再适合被 MHC 分子的沟槽提呈。另外，编码 TAP 转运蛋白的基因也可以在肿瘤细胞中发生突变，结果就是，肿瘤抗原不能够有效地被运输进而被加载到 MHC Ⅰ类分子上了，肿瘤细胞也可以发生突变，从而使它们自己停止产生出能被 CTLs 限制性识别的特定的 MHC 分子。这种情况是会经常发生的：在大约 15% 已经检测过的肿瘤中，至少有一种会发生 MHC 分子的不表达。实际上，肿瘤细胞的高突变率就是其相对于免疫系统的最大优势，并且通常这会使这些细胞能够领先于 CTLs 的监视发挥作用。

## 癌细胞的反击

肿瘤特异性 CTLs 在监视实体肿瘤方面，还必须要面对另外一个困难：癌细胞的反击。一旦实体瘤形成以后，肿瘤细胞就可以开始改变肿瘤周围的环境了，这会使肿瘤特异性 CTLs 更难发挥作用了。在第八讲中，我提到了在活化的 T 细胞表面上发现的抑制性受体 PD-1。这种免疫检查点蛋白质的天然功能，就是抑制 CTLs，使免疫应答不会变得过度亢奋。然而，许多类型的癌细胞也会表达这些免疫抑制蛋白的配体，并且可以与在 T 细胞上的 PD-1 进行结合从而损害其功能。结果就是，生长中的肿瘤能够"屏蔽"自身免受肿瘤特异性 CTLs 的杀伤作用。

许多肿瘤也会表达高水平的吲哚胺 2,3- 双加氧酶。这种酶能够催化必需氨基酸色氨酸的代谢，从而导致肿瘤环境中的色氨酸发生快速的消耗。当杀伤性 T 细胞缺少色氨酸的时候，它们就会停止

增殖，发生失能。此外，肿瘤细胞还可以影响其附近的辅助性 T 细胞，使其成为调节性 T 细胞。这是如何完成的，目前尚不清楚，但是，由此产生的 iTregs 能够分泌 TGF-β 和 IL-10，从而创造出一个免疫抑制性环境，降低 CTLs 的功能。

我的结论是，当细胞刚刚发生癌变的时候，杀伤性 T 细胞对实体瘤的预防监视功能是很有限的，因为在疾病早期，CTLs 是很难被激活的。之后，当肿瘤变大时，杀伤性 T 细胞才可能会被激活。然而，在这个晚期的阶段，CTLs 在根除肿瘤方面是相对无效的。癌细胞的高突变率有助于它们逃避免疫监视，而肿瘤会创造出一个免疫抑制的环境，从而降低肿瘤特异性 CTL 的有效性。因此，即使发生了 CTL 对实体瘤的监测作用，通常也"太少、太晚"了。

## CTLs 和癌变的血细胞

CTLs 可能不会对非血细胞来源的自发性肿瘤提供严格的监控，特别是当它们刚刚发生的时候。这是个坏消息，因为这些癌症组成了人类肿瘤中的大部分。但是，血细胞来源肿瘤，例如白血病和淋巴瘤呢？也许 CTLs 对它们会是有用的。毕竟，免疫抑制的人的确比免疫系统健康的人罹患白血病和淋巴瘤的概率要更高。这表明，免疫系统看待组织和器官中肿瘤的方式与看待癌变的血细胞的方式，可能是有些根本性不同的。让我们来看看这些差异可能会是什么。

CTL 在监视组织中出现的肿瘤方面，存在的一个问题是，这些肿瘤并不是在初始 T 细胞的正常运输模式下能够遇到的，很难想象 CTL 是如何被它看不见的癌症所活化的。相反，大多数血细胞来源肿瘤会在血液、淋巴和次级淋巴器官中出现，这对于 CTLs 来说，是非常理想的，因为它们可以一直监视着这些地方。因此，在血细胞来源肿瘤时，肿瘤细胞和初始 T 细胞的交通模式实际上是相互交叉的。此外，与组织中的肿瘤通常不能够提供激活初始 T 细胞所需的共刺激信号相反，一些癌变的血细胞实际上会表达出高水平的 B7，因此，可以提供出必要的共刺激信号。

此外，平均而言，血细胞癌变的基因突变数目比实体瘤要少。由于这个原因，免疫系统在处理血细胞癌症时，可能会相对比较容易，因为其发生"逃逸突变"的可能性可能会比高度突变性的实体瘤更低。

血细胞来源肿瘤的这些特性表明，CTLs 可以发挥对其中一些癌症的监视功能。不幸的是，这种监视一定也是不完整的，因为免疫系统健康的人，仍然会罹患白血病和淋巴瘤。

### CTLs 与病毒相关性癌症

某些病毒感染，会使一个人易罹患特定类型的癌症。因为杀伤性 T 细胞善于防御病毒的感染，所以，很容易想到 CTLs 可能会发挥对病毒相关肿瘤的监视功能，但不幸的是，这种监视可能会是相当有限的，原因如下：

大多数病毒引起"急性"感染，其中所有被病毒感染的细胞，都被免疫系统相当迅速地摧毁了。因此，只引起急性感染的病毒，在癌症中不会起作用——因为死亡的细胞是不会产生肿瘤的。这就解释了为什么大多数病毒感染是与人类癌症无关的。

然而，有些病毒可以逃避免疫系统，导致长期（有时是终身）的感染（例如乙型肝炎病毒和人乳头状瘤病毒）。事实上，所有已被证明在导致癌症中发挥作用的病毒，都能够发生慢性感染，在此期间，它们会"隐藏"在免疫系统监视作用之外。CTLs 不能在病毒感染细胞的隐藏阶段摧毁它们，而且，因为这些隐藏感染的细胞正是最终会变成癌细胞的细胞，所以，可以说 CTLs 并不能提供针对病毒相关癌症的有效监视。

当然，你可能会提出，如果没有杀伤性 T 细胞，那么，在病毒攻击期间就会有更多的细胞被感染，从而增加病毒可能会长期隐性感染的细胞数量。这可能是真的。事实上，这可能会有助于解释，为什么免疫系统缺陷的人会比正常人更容易罹患病毒相关性肿瘤。然而，归根结底，CTLs 不能对已经发展成为癌症的病毒感染细胞发挥重要的监视作用，因为这些癌症只是由于长期的病毒感染所引起的，CTLs 并不能发现或者不能有效地处理这些病毒的感染。

## 巨噬细胞和 NK 细胞的免疫监视作用

巨噬细胞和自然杀伤细胞可能会提供对某些癌症的监视作用。过度活化的巨噬细胞可以分泌并在其表面表达 TNF 分子。任何形式的 TNF 分子，都可以杀死试管中的某些特定类型的肿瘤细胞。这引出了一个重要的观点：在试管中发生的事情，并不总是和在动物身上发生的事情是一样的。例如，试管中的小鼠肉瘤细胞对肿瘤坏死因子（TNF）的杀伤作用具有非常强的抵抗能力。相比之下，当带有相同肉瘤细胞的活体小鼠应用 TNF 进行治疗的时候，它们的肿瘤能够被迅速地破坏。对这一现象的研究表明，肿瘤坏死因子之所以能够杀死动物体内的肿瘤，是因为这种细胞因子实际上攻击了肿瘤内的供给血管，切断了其血液供应，导致肿瘤细胞被饿死了。这种类型的死亡被称为坏死，正是这个观察结果，使得科学家们将这种细胞因子命名为"肿瘤坏死因子 -α"。

在一些人类癌症治疗的例子中，活化的巨噬细胞可能在肿瘤排斥反应中发挥着主要的作用。有一种这样的疗法，其使用了卡介苗（BCG）对肿瘤进行注射，而卡介苗是结核杆菌的表亲。卡介苗可以使巨噬细胞发生高度的活化，当它被直接注射到肿瘤（如黑色素瘤）中的时候，肿瘤中可以充满了高度活化的巨噬细胞，这些巨噬细胞可以去摧毁肿瘤。事实上，治疗膀胱癌的一种方法就是，给它注射卡介苗，这种治疗方法可能通过过度活化的巨噬细胞的作用，非常有效地消除浅表肿瘤。

但是，巨噬细胞是如何区分正常细胞和癌细胞的呢？这个问题的答案还不确定，但是，有证据表明，巨噬细胞可以识别出具有异常细胞表面分子的肿瘤细胞。巨噬细胞在脾中的职责之一就是，检测红细胞是否受损或者发生衰老。巨噬细胞可以利用它们的"感觉"来判断哪些红细胞已经度过了它们功能的全盛时期。当它们发现一个衰老红细胞的时候，它们就会把它吃掉。巨噬细胞感觉到的是一种叫做磷脂酰丝氨酸的脂类分子。这种特殊的脂类分子通常存在于年轻的红细胞内部，但是当细胞老化的时候，它就会翻转到细胞外部。像衰老红细胞一样，肿瘤细胞也会有不寻常的表面分子的表达，事实上，有一些肿瘤细胞表面也表达磷脂酰丝氨酸。据信，肿瘤细胞表面分子的异常表达，可能会使活化的巨噬细胞能够区分出癌细胞和正常细胞。

自然杀伤细胞的靶细胞是可以表达低水平的 MHC Ⅰ类分子和暴露异常状态表面分子（例如，表明靶细胞处于"应激状态"的蛋白质，如 HSP[1]

---

1 译者注。

的细胞）。在试管中，自然杀伤细胞可以破坏一些肿瘤细胞，也有证据表明，NK 细胞也可以在体内杀死癌细胞。当然，使用巨噬细胞和 NK 细胞来监视那些想要成为癌细胞的细胞是有很多好处的。首先，与需要 1 周或者更长时间才能够被活化的 CTLs 不同，巨噬细胞和 NK 细胞的反应非常迅速。这是一个需要考虑的重要因素，因为异常细胞增殖的时间越长，那么，它们发生突变的可能性就会变得更大，这就是它们呈现出来的转移性癌细胞的特征。此外，当肿瘤变大的时候，免疫系统就会更难对其进行处理了。所以，你会希望防御癌细胞的武器能够在细胞开始变得有点奇怪（指癌变[1]）之前，就已经准备好了。

你也会希望，抗肿瘤武器可以集中在不同的目标上，因为一个单一的目标（例如，杀伤性 T 细胞看到的 MHC- 肽组合）是可以发生突变的，并会使目标无法被识别出来。NK 细胞和巨噬细胞都可以识别不同的靶标结构，因此它们被单一突变所愚弄欺骗的机会是很小的。此外，巨噬细胞位于大多数肿瘤发生的组织中，因此，它们在早期阶段就能截获癌细胞。免疫监视就像房地产一样，位置决定一切。

然而，巨噬细胞和 NK 细胞提供的抗肿瘤监视作用还存在着一些问题。巨噬细胞在杀死癌细胞之前是需要被高度激活的。这就是卡介苗疗法的作用：它们能够通过引起炎症来活化巨噬细胞。所以，如果一个想要成为癌细胞的细胞出现在炎症部位，而且这里的巨噬细胞已经被高度活化，那就太好啦。但是，如果没有发生炎症反应，那么巨噬细胞可能就会保持静止的状态，而忽略癌细胞的存在。与在我们的组织中大量存在的巨噬细胞不同，大多数 NK 细胞存在于血液中。和中性粒细胞一样，NK 细胞是"随叫随到"的，发出这种信号的细胞就是活化的巨噬细胞和树突状细胞，它们会对入侵做出反应。因此，除非组织中发生炎症反应，否则大多数 NK 细胞都将会继续在血液中进行循环。

随着肿瘤的生长，它最终会变得非常大，以至于邻近的血管都无法提供其持续生长所需的营养和氧气的时候，一些癌细胞就开始死亡了。当癌细胞累积出致命性突变的时候，它们也会发生死亡。因此，在肿瘤生长的后期，垂死的癌细胞可能会提供激活巨噬细胞所需的信号——巨噬细胞可以从血液中募集自然杀伤细胞。因此，从这一点上来说，巨噬细胞和 NK 细胞是可能会在摧毁至少一部分肿瘤细胞的方面发挥作用的。此外，由于 NK 细胞不需要被活化就能来杀死肿瘤细胞，因此，在血液中循环的自然杀伤细胞，可以杀死那些血细胞来源肿瘤或者通过血液转移的原发肿瘤的癌细胞。

---

**总结**

可以肯定的是，人体细胞内置了保护细胞免于发生癌变的安全措施，但是免疫系统在保护我们免受这种可怕疾病侵袭方面所发挥的作用，还远远不够清楚。免疫系统可能能够抵御一些病毒相关癌症和血细胞来源的癌症。此外，自然杀伤细胞和巨噬细胞，还可以识别并杀死一些肿瘤细胞——那些表面存在异常分子的细胞。当原发肿瘤形成以后，NK 细胞可能会发挥降低其转移的频率或帮助减缓其转移过程的作用。因此，巨噬细胞和 NK 细胞可能会对某些类型癌症的免疫监视作用是有用的。

不幸的是，杀伤性 T 细胞不太可能对人类大多数实体瘤发挥有效的监视。这里有几个原因。

首先是激活的问题。人体有许多保护其免受自身免疫病困扰的保护性措施发挥着作用，这些安全措施能够使癌症特异性 CTLs 很难被激活——特别是在肿瘤发展的早期阶段。初始 T 细胞是在次级淋巴器官中被激活的。因此，正常的交通模式会阻止初始 T 细胞接触到组织中的癌细胞。此外，大多数癌细胞不能提供激活杀伤性 T 细胞所需的共刺激信号，因此，即使是初始 T 细胞和肿瘤细胞在组织中的"偶遇"也是不可能导致其被激活的。

杀伤性 T 细胞监视肿瘤的另一个障碍是，由于它们的高度突变性，癌细胞就成了一个"移动靶"，即使 CTL 可以被激活并攻击肿瘤中的某些细胞，而肿瘤中还很可能会有其他癌细胞发生

---

1　译者注。

了突变，以至于杀伤性 T 细胞根本就看不到它们了。此外，快速突变的肿瘤细胞还可以创造出一个免疫抑制环境，干扰免疫反应，使 CTLs 对实体瘤的免疫监视失去效果。

免疫系统也不太可能对病毒相关性癌症提供重要的监视作用。这些癌症出现在病毒已经建立"隐形"感染的细胞中，使得受感染的细胞无法被免疫系统发现。

### 思考题

1. 肿瘤的免疫监视与保持对自身抗原耐受性之间是存在着冲突的。试对此进行解释说明。

2. 试讨论为什么适应性免疫系统可以提供一些针对血细胞来源肿瘤的免疫监视，而不是针对自发性的非血细胞来源的肿瘤。

3. 为什么巨噬细胞和 NK 细胞只能在一些特殊的情况下破坏癌细胞？

4. 针对肿瘤相关病毒的疫苗可以有助于预防与病毒相关的癌症发生。你推测哪些障碍会使免疫学家们难以制造出能够预防其他类型癌症的疫苗？

# 第十六讲　免疫治疗

**本讲重点！**

实验室中制造的抗体可以用来治疗疾病。有些治疗性的抗体针对细胞因子或者生长因子，并且能够拮抗这些蛋白质进行信号转导。另一些抗体则可以结合细胞使其破坏。治疗性抗体还可以被用于阻断免疫检查点蛋白质分子。这可以使T细胞有更好的机会战胜癌症。同时，将T细胞从患者体内取出来，在体外进行改造并输注回患者体内也是一种癌症的治疗方法。

## 引言

目前，应用"免疫疗法"治疗诸如自身免疫病和癌症等人类疾病受到了广泛的关注。在这一章里，我准备和大家一起讨论已经被使用过的免疫疗法的例子，其中有一些还取得了很大的成功。就像你注意到的，这些免疫治疗都是建立在对于免疫系统保护我们免受病原体感染这种正常功能的理解的基础上的。

## 应用单克隆抗体进行免疫治疗

抗体具有的特性使其成为免疫系统中非常有用的成分：它们可以紧密地结合特异性的目标，并且可以引导免疫系统摧毁这个目标。但是，这里有个问题：浆细胞可以产生数以吨计的抗体，但是浆细胞却只有很短的寿命——通常只有几天。所以，抗体就有了作为"药"的实用价值，被用来当作浆细胞功能寿命的延伸。两位分别叫作 George Köhler 和 Cesar Milstein 的科学家发现，有很多的恶性血细胞是"不死的"，并且可以在实验室中几乎永远无止境地生长。他们假设，如果可以把不能产生任何抗体的恶性B细胞与一个正在产生他们想大量生产的抗体的B细胞进行融合，就可以产生一个

杂交细胞——杂交瘤细胞。理想状态下，这个杂交细胞就可以拥有其"父母"的最佳资质：一个可以产生大量目的抗体的杂交瘤，且可以在实验室中无限生长，也使它成为了一个生产抗体的"工厂"。尽管这听起来像一个科学幻想，但他们的主意确实是可行的！实际上，他们的发现非常重要，Köhler 和 Milstein 还因此获得了诺贝尔奖。由于杂交瘤技术获得的永生细胞克隆只能产生一种抗体，所以它们产生的抗体被称为单克隆抗体。

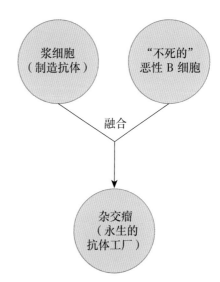

当前，在进行临床试验的药物中大约有一半是单克隆抗体，而且很多单克隆抗体已经获得了美国食品药品监督管理局（FDA）的批准用于免疫治疗。单克隆抗体疗法的通用术语（就像电视广告被缩写为 TV ad）就是"生物学的"（biologic，指生物制品[1]）。

### 应用单克隆抗体治疗自身免疫疾病

有些治疗性单克隆抗体是设计用来阻断特定的蛋白质发挥功能的。类风湿关节炎相关的炎症主要是由于肿瘤坏死因子（TNF）造成的，这种细胞因子主要是由被自身反应性辅助性T细胞指引来浸润关节巨噬细胞产生的。单克隆抗体〔如修美乐

1 译者注。

（阿达木单抗）]能够通过结合 TNF 或者其受体的方式，阻断 TNF 的作用。TNF 阻断药可以很有效地减轻关节炎症状的严重程度，而且这些单克隆抗体现在已经成为了世界级最热门的药物，每年的销售额超过了 250 亿美元。这些抗体一般只需要两周一次的皮下注射给药就可以了。尽管 TNF 阻断药很有效，但牢记 TNF 是免疫防御中一种重要的细胞因子也是很重要的。TNF 的功能会造成患者容易发生感染。我可以肯定你在电视上听说过这些药物广告中有一长串的这类"免责条款"。

斑块性银屑病是另一种可以使用单克隆抗体进行治疗的疾病。在这种疾病中的"坏人"是 IL-17，它可以使皮肤细胞（角质细胞）在不应该增殖的时候发生增殖。这种不恰当的增殖导致了皮肤铺路石样（斑块）增厚和剥脱，这就是这种疾病的主要特征。单克隆抗体 [如可善挺（司库奇尤单抗）]能够阻断 IL-17 与其在角质细胞上的受体之间的相互作用，对于治疗中到重度斑块状银屑病具有相当好的效果。但是，IL-17 的一个正常生理功能是防御真菌感染（如白念珠菌）。这会造成使用 IL-17 阻断剂的患者有真菌感染升高的风险。

单克隆抗体也可以被用来清除致病的免疫细胞。Campath-1H（阿伦珠单抗）是一种结合 CD52 的单克隆抗体，这种抗原在 B 细胞、T 细胞和单核细胞表面大量表达但在其他细胞表面没有表达。当 Campath-1H 结合 CD52 后，可以通过启动固定补体（并且破坏细胞的抗补体防御机制）或者抗体依赖的细胞毒作用（ADCC），在 ADCC 作用中单克隆抗体能够让吞噬细胞识别靶细胞发挥杀伤作用，从而破坏这些靶细胞。重要的是，尽管这种单克隆抗体能够清除 B 细胞和 T 细胞，但是它并不会破坏产生这些淋巴细胞的造血干细胞。结果是，一旦停止免疫治疗以后，新的 B 细胞和 T 细胞就可以被制造出来代替那些被破坏的细胞。Campath-1H 现在已经被用于多发性硬化症的治疗，这也是一种由于自身反应性 T 细胞介导的自身免疫病。

单克隆抗体最早是由 Köhler 和 Milstein 将两个小鼠细胞进行融合而制备产生的——所以它们是来自小鼠的抗体。结果就是，这些抗体可以被人类的免疫细胞看作"异物"而破坏，这就导致它们在患者体内的存在时间受到了限制。为了避免出现这个潜在的问题，可以使用基因工程技术将编码抗体分子的大部分或者全部的异种 DNA 序列替换成相应的人类基因序列。这样做就可以使患者的免疫系统对这些"人源化"单克隆抗体产生耐受。Campath-1H 就是第一种被 FDA 批准的人源化抗体。

### 应用单克隆抗体治疗癌症

单克隆抗体可以被用于治疗一些类型的癌症。利妥昔单抗是一种能够结合 B 细胞表面 CD20 分子的单克隆抗体，并且可以通过这种标记借助抗体依赖的细胞介导的细胞毒作用破坏这些细胞。它是 FDA 批准的第一种治疗癌症的单克隆抗体，并且在治疗非霍奇金淋巴瘤——一种由于 B 细胞突变导致成熟障碍而引发的血细胞癌症中获得了非常成功的效果。CD20 在未成熟 B 细胞（如非霍奇金淋巴瘤细胞）表面表达，但在具有"更新"血液系统的造血干细胞表面并不会被找到。同时，CD20 也不会在抗体 - 产生阶段的成熟 B 细胞表达。这表明，利妥昔单抗能够结合表达 CD20 的淋巴瘤细胞并将其标记和破坏，但却不会结合造血干细胞和长寿浆细胞，从而可以继续产生之前感染和疫苗接种后产生的保护性抗体。

大约有 25% 转移性乳腺癌患者的肿瘤抗原产生异常大量的一种被称为 Her2 的生长因子受体。当这种表面受体被生长因子结合后，会造成癌症细胞的增殖。单克隆抗体赫赛汀（曲妥珠单抗）能结合 Her2 受体，"覆盖"它，并且阻止其获得"生长"信号。结果是，在过度表达 Her2 的部分乳腺癌患者中，这种免疫治疗可以减缓转移灶的生长从而延长患者的生存时间。

在第八讲中，我们讨论了出现在活化 T 细胞表面的两个"免疫检查点"蛋白 CTLA-4 和 PD-1 是如何让它们避免过度活化的。正在进行不断活化和增殖的 T 细胞表面会不断地增加其表面表达的 CTLA-4。这种免疫检查点蛋白能够与活化性受体 CD28 竞争结合 B7 分子（在活化的树突状细胞表达），并使 T 细胞在次级淋巴器官中更难被再次激活。这限制了肿瘤特异性 T 细胞的数量，从而使其不能达到破坏肿瘤的所需要的足够数量。

免疫检查点蛋白 PD-1 的配体化不会干扰活化的过程。更确切地说，PD-1 的配体化抑制了 T 细胞的效应功能（如杀伤靶细胞的能力）和它们的增殖能力。实际上，PD-1 表达的目的看起来是控制免疫应答并减少在感染清除后 T 细胞持续性作用可能给组织带来的"附带损伤"。肿瘤细胞经常会表达 PD-1 的配体 PD-L1，同时肿瘤微环境中的其他细胞也会在肿瘤相关炎症状态产生的细胞因子

（如 IFN-γ）的作用下被诱导表达 PD-L1。通过表达或者诱导性表达 PD-L1，实体瘤可以建立起不利于 T 细胞进行破坏的局部环境，从而"保护自己"。

免疫学家们推断，如果癌症患者体内确实存在着可以靶向他们自身肿瘤的 T 细胞，而这些细胞可能会被这些检查点蛋白中的一个单独或两个同时作用所抑制。如果是这样，那么通过应用能够阻断 T 细胞上的检查点蛋白与其配体之间的相互作用的单克隆抗体进行治疗，就有可能"重振"这些患者的抗肿瘤免疫应答。第一批进入市场的检查点抑制剂之一，是一种称为伊匹木单抗的单克隆抗体，它可以与 T 细胞表面的 CTLA-4 结合，并防止该检查点蛋白"吸食"APC 上数量有限的 B7 蛋白。这种类型的免疫检查点阻断药在治疗转移性黑色素瘤方面最为有效，并延长了一些患者的生命。然而，CTLA-4 的正常功能之一是，通过使 T 细胞难以在大量自身抗原长期刺激的作用下发生再活化，从而保护人体不发生自身免疫病。因此，单克隆抗体阻断 CTLA-4 的作用，可以导致结肠炎和肝炎等严重的副作用——这些症状通常与自身免疫病有关。

最近，可以通过结合 T 细胞上 PD-1 分子或者 PD-L1 分子从而阻断这两种蛋白质之间相互作用的单克隆抗体已经被研发出来了。PD-1 阻断药引起的严重自身免疫性副作用，看起来比 CTLA-4 阻断药要少，而且 PD-1 阻断药已经在多种不同的癌症治疗中进行了应用，有效率范围在 15% ~ 90%。霍奇金淋巴瘤、进展期黑色素瘤和肺癌是治疗获得成功的癌症类型。就算是在只有大约 15% 有效率的膀胱癌中，未经治疗的患者通常生存期不足 1 年，应用单克隆抗体阻断 PD-1/PD-L1 的相互作用，可以使部分患者的生存期延长到 3 年以上。Jimmy Carter 也许是最著名的一位接受过 PD-1 阻断剂治疗的患者。2015 年，Jimmy Carter 总统被诊断为恶性黑色素瘤脑转移和肝转移。他的预期生存期只有大约几个月。他应用了放疗、化疗和 PD-1 阻断药的综合疗法，在 3 年后依然还在世。

值得注意的是，只有在患者的免疫系统已经产生了抗肿瘤 T 细胞，但是因为数量太少或者功能不足而作用有限时，免疫检查点阻断药才能发挥治疗癌症的作用。尽管检查点阻断在治疗某些癌症方面很有效，但在大多数人类肿瘤中，并未发现肿瘤特异性 T 细胞，这提示大多数癌细胞不能激活适应性免疫系统。在那些有肿瘤特异性 T 细胞的患者中，大多数肿瘤特异性 T 细胞具有能够与新抗原（癌细胞中因为编码正常细胞蛋白质的 DNA 突变而产生的"新"抗原）相结合的受体。由于这种突变的发生，新抗原本质就是"外来"抗原——CTL 不能耐受的抗原。

一般来说，如果患者的肿瘤细胞高表达 PD-L1 时，使用抗体阻断 PD-1/PD-L1 的相互作用，进行免疫治疗的效果是最好的。例如，霍奇金淋巴瘤细胞发生基因突变而导致 PD-L1 过度表达，当应用 PD-1 阻断药治疗这种癌症时，其有效率接近 90%。不幸的是，霍奇金淋巴瘤是个例外。检查点阻断药通常只能延长约 20% 其他癌症患者的寿命。此外，目前还没有很好的方法可以预测谁可能会是这 20% 的"幸运儿"。

在成熟的肿瘤中，会含有很多更容易被 T 细胞识别的带有新抗原的基因突变细胞。然而，这种肿瘤也有更高的可能性含有"逃逸"的变异体——带有不能被提呈或者识别的新抗原的癌细胞。因此，尽管对免疫检查点治疗引发的阳性应答可以持续数年，但是大多数患者的肿瘤并不会完全消失，而且很多检查点阻断药治疗后消退或者保持稳定的肿瘤，还会在短期内再次生长。最后，检查点抑制药需要每 2 ~ 3 周在医院输注一次，这些治疗是很昂贵的：这种单克隆抗体疗法目前每位患者的费用超过每年 100 000 万美元。

CTLA-4 和 PD-1 的功能并非是多余的。CTLA-4 主要在次级淋巴器官中，发挥阻止 T 细胞活化的作用。相反，PD-1 通常在癌症部位发挥负向调控抗癌免疫应答因子的作用。因此，目前人们正在进行临床试验，以测试同时阻断这两个免疫检查点是否比只阻断其中的一个更有效，并对这种联合疗法的毒性进行确定。

## 应用 T 细胞进行免疫治疗

T 细胞也可以用来治疗疾病。在某些情况下，这包括帮助那些需要帮助的"天然"T 细胞完成好它们的工作。在其他一些情况下，免疫治疗也会使用经过基因工程改造过的"更好、更快、更强"的 T 细胞。

### 应用过继细胞转移的癌症免疫疗法

当外科医生从癌症（如黑色素瘤）患者身上切除肿瘤时，他们经常会发现癌组织中存在 T 细胞的"浸润"，他们将其称为"肿瘤浸润淋巴细胞"

或 TILs。当对这些细胞进行检测时，可以发现有些 TILs 具有能够识别癌细胞的抗原受体。这个发现表明，免疫系统正试图应对癌症，但可能只有极少的肿瘤特异性 T 细胞参与了这项它们无法完成的工作。

为了验证这个观点，免疫学家们设计了以下研究方案：他们分离和复苏从患者肿瘤组织中得到的细胞，并将这些细胞在 IL-2 存在的条件下，进行单独培养，以便使其中肿瘤浸润淋巴细胞得以增殖。紧接着，会对每种培养物进行测试，以确定其中哪一种是含有抗肿瘤细胞活性最高的 T 细胞的培养物。在使用这种"胜利"培养基的条件下，肿瘤特异性 T 细胞能够进一步增殖，并可以产生约 1 000 亿个肿瘤特异性 T 细胞。最后，这些"活的药物"会被注入到患者体内，治疗癌症。

这个过程，通常被称为过继细胞转移（ACT）疗法，在一些黑色素瘤患者中能够使肿瘤生长停止甚至将肿瘤彻底消失。在一项试验研究中，93 名患者中，有 20 名患者的肿瘤完全消退，其中 19 名患者直到接受治疗 5～10 年后进行测试的时候，也没有复发，这表明他们可能已经被治愈了。然而，对大多数患者来说，这样的"胜利"并不持久，他们的癌症最终还是会进展的。到目前为止，只有黑色素瘤患者的 TIL 在 ACT 中发挥了治疗作用。

过继细胞转移疗法有几个优点。这种免疫治疗只是依赖于自然产生的肿瘤特异性 T 细胞进行扩增，并且不需要知道分离的 TIL 可以识别哪些抗原。而且，很多 TILs 都是以新抗原为靶点的。因此，即使给予患者大量的 TILs 治疗，通常也不会引起自身免疫病。另一方面，TILs 通常只识别每个患者自身所特有的突变蛋白抗原，所以 ACT 的价格也会非常昂贵。

### 使用基因工程化 T 细胞进行癌症治疗

过继细胞转移疗法的目标是通过大量增加患者天然肿瘤特异性淋巴细胞的数量，使其有足够的数量从而赢得患者免疫系统与肿瘤之间业已存在的战斗。但是，如果肿瘤特异性 T 细胞不存在或无法进行分离时，这种类型的免疫治疗就会失败。此外，TIL 只能破坏能够被其自身 MHC 分子提呈肿瘤抗原从而被 TIL 所识别的肿瘤细胞——而肿瘤细胞最臭名昭著的特点就是会发生基因突变而造成抗原提呈困难。还有，肿瘤细胞在基因上是具有异质性的，因此一些肿瘤细胞可能表达

TIL 的靶抗原，而肿瘤中的其他细胞则可能并不表达这些抗原。为了避免发生这些潜在的问题，免疫学家们正在探索利用基因工程技术"升级"患者的 T 细胞，并利用这些被改造的 T 细胞治疗癌症。

尽管有很多不同的方法可以被用来设计能够对抗癌症的 T 细胞，但迄今为止效果最好的是被称为嵌合抗原受体（CAR）T 细胞的疗法。这个名字来自一种希腊神话中的生物，它有狮子的头、山羊的身体和龙的尾巴。CAR T 细胞疗法的原理是，利用基因工程技术对患者的 T 细胞进行改造，使其产生"人造的"T 细胞受体。与神话中的生物一样，这种人造合成的 TCR 通常也包括 3 个部分：首先，在基因工程化 T 细胞表面有一个能与目标癌细胞表面目的抗原相结合的识别结构域。这个识别结构域通常是从能够识别目标抗原的抗体分子中，"借来"的单链的重 / 轻链抗原结合区。与该细胞外识别结构域连接的细胞内的第二个蛋白质片段，含有 T 细胞表达的 CD3ζ 蛋白片段，它可发出信号，表明目标受体已经与抗原信号接合了。为了给 T 细胞提供必要的共刺激信号，CD3ζ 蛋白片段连接着共刺激分子（如 CD28）的信号结构域。这里的设想是，CAR T 细胞的识别结构域将识别目标，CD3ζ 蛋白片段将发送 TCR 结合信号，CD28 结构域将提供活化所需的共刺激信号——这一切竟然都包含在一个嵌合蛋白质分子中了。这简直太神奇了！

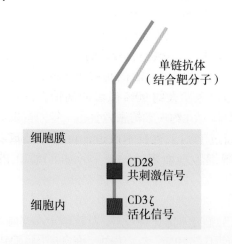

单链抗体
（结合靶分子）

细胞膜

CD28
共刺激信号

细胞内

CD3ζ
活化信号

因此，CAR T 细胞是带有多种增强功能的"定制型"T 细胞。编码嵌合蛋白质的基因通常会被插入慢病毒的基因组中（例如，一种经过修饰而失去致病性的 HIV-1），然后用这个病毒感染从患者血液中获取得到的 T 细胞。这种慢病毒"载体"可

以将包含基因工程化 CAR 结构的遗传信息，整合到被感染的 T 细胞基因组中。随后，当细胞增殖时，其所有的后代细胞都将表达嵌合抗原受体蛋白。这些病毒感染的 T 细胞可以在实验室中被大量扩增增殖，以增加其数量，并被注入到患者体内。你可以想象，这种基因工程技术并不容易。CAR T 细胞免疫疗法是 20 多年来，经过数以千计小时研究的成果，在这个疗法中，T 细胞被"改变用途"或者"重定向"用于破坏癌细胞。有趣的是，CAR T 细胞疗法是 FDA 批准的第一种基因转移疗法。

尽管 CAR T 细胞的识别结构域可以与癌细胞表面的各种抗原都能结合，但临床上最为成功的靶点却是 CD19 蛋白。该蛋白质是 B 细胞共受体的一个组成部分，它参与调理抗原的结合，其正常功能是使 B 细胞更容易被补体蛋白修饰的抗原所激活。重要的是，CD19 在大多数白血病和淋巴瘤细胞表面表达，CD19 CAR T 细胞疗法已经被成功地用于治疗两种类型的 B 细胞恶性肿瘤：急性淋巴细胞白血病和非霍奇金淋巴瘤。CD19 CAR T 细胞疗法的目标是破坏患者体内所有表达 CD19 的 B 细胞。这种蛋白质（CD19）最早出现在发育早期的 B 细胞表面，并且持续表达，直到 B 细胞即将分化成为浆细胞。因此，清除表达 CD19 的 B 细胞的结果是，那些已经成为浆细胞的 B 细胞能够得以幸免，但是尚未成熟到浆细胞阶段的 B 细胞（包括癌性 B 细胞）都会被破坏。当然，失去能够抵御新入侵者的 B 细胞并不是一件好事，因为这会使患者面临致命的感染风险，因此通常会给患者应用丙种球蛋白来帮助他们抵抗感染。最近的一项试验使用 CD19 CAR 免疫疗法治疗 45 例儿童和年轻成人急性淋巴细胞白血病。大约 90% 患者的病情会因治疗而缓解，但其中大约一半的患者会在 1 年内复发。

通过基因工程技术改造，可以构建成功能识别其靶细胞表面表达的抗原（如 CD19）的 CAR T 细胞。这就不再需要 CAR T 细胞具有能识别自身 MHC 分子提呈抗原信号的受体。这可以避免癌细胞通过基因突变导致抗原提呈机制障碍而"隐藏"抗原信号的问题。然而，许多应用 CD19 CAR 治疗后的患者，癌症复发主要是因为 CD19 基因的突变导致癌细胞表面的 CD19 分子改变，从而使其在基因工程化受体面前再次"隐形"。所以，

突变性逃逸仍然也是 CAR T 细胞免疫疗法面临的一个问题。还有就是，抗原提呈的部分"魔力"在于 CTL 能够识别通常在靶细胞内才能存在的多肽。CAR T 细胞的受体只能识别细胞表面蛋白（如 CD19），所以 CAR T 细胞疗法潜在靶点的数量受到了一定的限制。

一个必须要非常注意的问题就是，选择哪一个靶点作为 CAR T 细胞治疗的目标。具有天然 TCR 的 T 细胞已经接受了自身抗原的耐受性测试，但 CAR 靶向结构域却并未经历过这种筛选过程。因此，挑选成为 CAR T 细胞清除对象的细胞必须是那些对人类健康不那么重要的细胞。而且 CAR T 细胞疗法并非是没有副作用的。在早期的临床试验中，大约有 1/3 的患者出现了严重的神经系统病变，包括幻觉、谵妄和癫痫等。免疫学家们正在努力设法对 CAR T 免疫疗法进行"微调"，以应对这些不良副作用的发生。

到目前为止，CAR T 细胞疗法取得的大部分成功都是针对血癌的，如白血病和淋巴瘤。在实体瘤治疗中取得的成功是有限的。血癌比实体瘤更容易成为治疗目标的一个原因是，因为我们可以在没有某些类型血细胞的情况下生存——至少暂时生存。相反，大多数实体瘤细胞表面"容易找到"的靶点也同时存在于对维持生命至关重要的细胞上，靶向这些共同抗原可能会导致危及生命的自身免疫反应。这很不幸，因为实体瘤导致了所有因癌症死亡人数中的大约 90%。

目前，CAR T 细胞免疫疗法的过程非常复杂，会令患者感到不快，通常被用作治疗预后不良患者的"最后手段"。诺华集团的针对儿童终末期白血病的 CAR T 细胞疗法是第一种上市的基因工程化 T 细胞疗法。这种免疫疗法可以使患者获得长期缓解甚至可以获得治愈。然而，由于 CAR T 细胞必须针对每位患者的 T 细胞进行基因工程化的改造，这种高度个性化的疗法成本很高：每位患者大约需要 50 万美元。

还有一些其他利用免疫系统作为武器治疗癌症的方法，也都处于不同的测试阶段。我们都希望这些实验会取得成功——因为，就目前而言，我们每 3 个人中就会有一个人罹患癌症。但请记住一件事：据估计，20%～40% 的癌症可以通过健康的生活方式来进行预防的。

**总结**

杂交瘤是在实验室中，通过把可以产生所需抗体的 B 细胞与癌性 B 细胞融合制备而成的一种 B 细胞。这些"抗体工厂"生产的单克隆抗体可以用于治疗自体免疫病和癌症。有些单克隆抗体能阻断细胞因子或生长因子与其受体之间的相互作用。其他单克隆抗体则可以识别细胞（如癌性 B 细胞）表面的抗原，并对这些细胞进行标记和破坏。阻断检查点蛋白 CTLA-4 和 PD-1 与其配体结合的单克隆抗体则可以使肿瘤特异性 T 细胞被"重新激活"。

T 细胞也可以被制备来治疗癌症。过继细胞转移疗法使用从每个患者自身分离到的天然存在的肿瘤特异性 T 细胞（TILs），并在培养基中进行培养和大量扩增。CAR T 细胞是一种"定制的" T 细胞，具有更强大的功能。它们是利用基因工程技术改造 T 细胞，使其具有人造的 T 细胞受体，这种受体不需要 MHC 分子的抗原提呈作用就能识别出肿瘤细胞。

**思考题**

1. 对实体瘤进行有效 CAR T 细胞治疗的障碍之一就是，实体瘤为了保护自身免受 T 细胞损伤而创造出来的不适宜免疫应答的环境。什么样的"联合疗法"可能会有助于解决这个问题？

2. 检查点抑制剂通常最适用于那些累积了许多突变的肿瘤患者。你认为这是为什么呢？

3. 试讨论以下这些癌症免疫疗法的优缺点，它们是：阻断生长因子与其受体结合的单克隆抗体、肿瘤浸润淋巴细胞、检查点抑制剂和 CAR T 细胞疗法。

# 词汇表

（免疫）检查点蛋白（checkpoint proteins）：例如 CTLA-4 和 PD-1 等在异物被清除后可以帮助关闭免疫系统的蛋白质。

fas（CD95）：靶细胞表面的一种蛋白质，当其被杀伤性细胞上的 FasL 蛋白结合时，可介导靶细胞的自杀。

f-met 肽（f-met peptide）：一种包含特殊起始氨基酸的细菌蛋白质特征性的肽。

MHC 蛋白（MHC proteins）：主要组织相容性复合体（包含抗原提呈相关基因"复合体"的一段染色体区域）编码的蛋白质。

MHC 限制性（MHC restriction）：阳性选择的同义词。只有其受体能够识别自身 MHC- 抗原复合物的 T 细胞才能在胸腺中存活。

M 细胞（M cell）：一种覆盖在派尔斑顶端专门从肠道采集提取抗原的细胞。

PD-1（PD-1）：活化 T 细胞上的一种受体，当其被配体化（如与 PD-L1 结合）时，就会干扰活化 T 细胞的功能。

toll 样受体（toll-like receptors）：细胞表面或细胞内的受体分子。它们是已经进化到能够识别常见入侵者的特征并产生警告免疫系统危险信号的受体。

$\beta_2$ 微球蛋白（$\beta_2$-microglobulin）：MHC I 类分子的非多态性轻链。

白细胞（leukocytes）：指包括所有不同类型的全部白血球的统称。

白细胞介素（interleukin）：用于白细胞直接相互通讯联络的蛋白质（细胞因子）。

胞外菌（extracellular bacteria）：能在宿主细胞外繁殖的细菌。

变应原（allergen）：一种导致变态反应的抗原。

表位（epitope）：抗原中能够被 B 细胞或 T 细胞受体识别的部分。

病原体（pathogen）：致病物质（例如细菌或病毒）。

不变链（invariant chain）：在被外源肽取代前一直占据 MHC II 类分子结合槽的一种小蛋白质。

肠道微生态（intestinal microbiota）：肠道中微生物（细菌、病毒和寄生虫）的总和。

迟发型超敏反应（delayed-type hypersensitivity）：Th 细胞特异性识别入侵者，并分泌细胞因子，激活和招募固有免疫系统细胞对其进行杀伤，而引起的一种炎症反应。

初级淋巴器官（primary lymphoid organs）：胸腺和骨髓。

初始淋巴细胞（naive lymphocytes）：从未被激活过的 B 细胞或 T 细胞。

穿孔素（perforin）：CTL 和 NK 细胞借以用来破坏其靶细胞的分子。

次级淋巴器官（secondary lymphoid organs）：器官例如淋巴结、派尔斑和脾等，初始 B 细胞和 T 细胞可以在这些器官中被激活。

促有丝分裂原（mitogen）：能够多克隆激活 T/B 细胞的分子。

单核细胞（monocytes）：一种白细胞，是巨噬细胞或者树突状细胞的前体细胞。

单克隆抗体（monoclonal antibodies）：利用杂交瘤技术生产的抗体。

蛋白酶体（proteasome）：细胞中一种可将蛋白质切成小块的多蛋白质复合体。

凋亡（apoptosis）：细胞因为细胞内出现问题或受到细胞外信号的作用而自杀的过程。

多克隆活化（polyclonal activation）：许多具有不同特异性的 B 细胞同时被活化。

分泌（secrete）：细胞向外输出（例如，产生细胞因子的 T 细胞分泌细胞因子，B 细胞分泌抗体）。

干扰素 α 和 β（interferon alpha and beta）：病毒感染细胞分泌的警报性细胞因子。

干扰素 γ（interferon gamma）：主要由 Th1 型 T 细胞和 NK 细胞分泌的战斗性细胞因子。

高内皮细胞小静脉（high endothelial venule）：血管中具有高内皮细胞并允许淋巴细胞离开血液的区域。

共刺激（co-stimulation）：在 B 细胞和 T 细胞活化中的第二个"关键信号"。

共生细菌（commensal bacteria）：与宿主有共生关系且对宿主有益的细菌。

共受体（co-receptor）：T 细胞上的 CD4 或

CD8 分子，或者 B 细胞上的补体受体。

**固有层（lamina propria）**：环绕小肠和大肠的组织。

**过继细胞转移疗法（adoptive cell transfer）**：一种从患者体内提取 T 细胞，在体外实验室中将其大量扩增后，再重新输注回患者体内对抗疾病的免疫疗法。

**坏死（necrosis）**：细胞死亡，通常是由烧伤或其他创伤引起的。这种类型的细胞死亡（与凋亡细胞的死亡相反）通常会导致细胞内容物大量释放到组织中。

**浆细胞（plasma cells）**：在受到攻击时应答产生大量抗体的 B 细胞。

**浆细胞样树突状细胞（plasmacytoid dendritic cells）**：因为可以产生大量 I 型干扰素而在病毒感染期间发挥重要作用的细胞。

**交叉反应（cross reacts）**：识别几个不同表位的现象。例如，B 细胞的受体可能会与几个不同的表位结合（发生交叉反应）。

**交联（crosslink）**：分子（例如，抗原可以交联 B 细胞的受体）聚集在一起。

**结肠（colon）**：大肠的同义词。

**精英控制者（elite controller）**：一种罕见的未经治疗的艾滋病患者，其免疫系统能够控制其体内的病毒载量，使其在较长时间内均保持在较低水平。

**抗逆转录病毒疗法（anti-retroviral treatment）**：靶向 HIV-1 复制周期的特定化疗。

**抗体依赖的细胞毒作用（antibody-dependent cellular cytotoxicity）**：抗体在靶细胞和细胞毒性细胞之间构成了一个"桥梁"。抗体指导固有免疫细胞杀伤靶细胞。

**抗原（antigen）**：一个用于描述抗体或 T 细胞作用靶点（如病毒蛋白）的相当模糊的术语。应该更准确地说，抗体与抗原上叫作表位的区域结合，T 细胞受体与抗原片段的多肽结合。

**抗原提呈细胞（antigen presenting cells）**：可以通过 MHC 将抗原有效地提呈给 T 细胞，并能提供 T 细胞活化所需要的共刺激分子的细胞。

**颗粒酶 B（granzyme B）**：CTL 和 NK 细胞用来破坏其靶细胞的酶。

**诱导性调节性 T 细胞（inducible regulatory T cells）**：在异物入侵时，可被诱导产生抑制免疫应答细胞因子的 CD4$^+$T 细胞。

**克隆选择学说（clonal selection principle）**：当 B 细胞或 T 细胞的受体识别到其相关抗原时，这些细胞的增殖会被触发（选择）。结果就是，产生很多这种具有相同抗原特异性的 B 细胞或 T 细胞克隆。

**淋巴（lymph）**：从血管中"漏出"进入组织的液体。

**淋巴滤泡（lymphoid follicle）**：次级淋巴器官的一个区域，由大量 B 细胞及嵌入其中的滤泡树突状细胞所组成。

**淋巴细胞（lymphocyte）**：B 细胞和 T 细胞的统称。

**滤泡辅助性 T 细胞（follicular helper T cell）**：在生发中心里被"许可"给 B 细胞提供辅助作用的一类辅助性 T 细胞。

**滤泡树突状细胞（follicular dendritic cell）**：一种在生发中心保留调理后的抗原，并把这些抗原提呈给 B 细胞帮助其激活的海星状细胞。

**耐受（tolerize）**：使 B 细胞和 T 细胞耐受我们自己的抗原。

**内皮细胞（endothelial cells）**：排列在血管内部形状像瓦片状的细胞。

**内源性蛋白质（endogenous protein）**：细胞内产生的蛋白质，与外源性蛋白质相对应。

**内质网（endoplasmic reticulum）**：细胞内的一个大型袋状结构，大多数蛋白质都是从这里开始被运输到细胞表面的。

**黏膜（mucosa）**：保护诸如胃肠道和呼吸道等管道暴露表面的组织及其黏液。

**黏膜相关淋巴组织（mucosal-associated lymphoid tissues）**：黏膜相关的次级淋巴器官（例如派尔斑和扁桃体）。

**配体（ligand）**：能够与受体结合的分子（例如，Fas 配体与细胞表面的 Fas 受体蛋白结合）。

**配体化（ligate）**：结合在一起。当一个受体与它的配体结合时，该受体被称为配体化的。

**嵌合抗原受体 T 细胞疗法（CAR T cell therapy）**：把患者的 T 细胞从体内取出，在体外安装基因工程化 T 细胞受体后，再注入患者体内以对抗疾病的一种免疫疗法。

**趋化因子（chemokine）**：可以引导细胞迁移到其合适部位的特殊的细胞因子。

**上皮细胞（epithelial cells）**：构成部分屏障（如皮肤）将人体与外界分隔开的细胞。

**生发中心（germinal center）**：次级淋巴器官中的一个区域，B 细胞在其中进行增殖、发生体细胞高频突变和类别转换。

**失效（anergize）**：使失去作用。

**受体编辑（receptor editing）**：骨髓中的 B 细胞可以通过"再次重排"来尝试产生非自身反应性BCR 的过程。

**树突状细胞（dendritic cell）**：一种状如海星的细胞，当它被战斗信号激活时，可以从组织中移动到次级淋巴器官中，以激活初始 T 细胞。

**肽（peptide）**：蛋白质的一个小片段，通常只有几十个氨基酸的长度。

**特应性个体（过敏体质）（atopic individual）**：患有过敏症的人。

**自然调节 T 细胞（natural regulatory T cells）**：经过胸腺选择的能够干扰次级淋巴器官中自身反应性 T 细胞激活的 CD4⁺T 细胞。

**调理（opsonize）**：补体蛋白片段或抗体的"修饰作用"。

**同种型（isotype）**：类的同义词。抗体（如IgA 或 IgG）的同种型是由其重链恒定区所决定的。

**吞噬细胞（phagocytes）**：例如巨噬细胞和中性粒细胞等可以吞没（吞噬）入侵异物的细胞。

**外源性蛋白质（exogenous protein）**：在细胞外被发现的蛋白质，与内源性蛋白质对应。

**外周（免疫）耐受的诱导（peripheral tolerance induction）**：在胸腺以外诱导自身免疫耐受的机制。

**微生物（microbe）**：细菌、病毒、真菌和寄生虫的统称。

**卫生假说（hygiene hypothesis）**：这种假说认为过敏症发病率的增加至少部分原因是由卫生条件改善所造成的。

**无能（anergy）**：非功能状态。

**细胞毒性 T 淋巴细胞相关抗原 4（CTLA-4）**：活化 T 细胞上的受体，当被配体（如B7）结合时，可以干扰这些细胞的再活化。

**细胞毒性 T 淋巴细胞（cytotoxic lymphocyte）**：杀伤性 T 细胞的同义词。

**细胞因子（cytokines）**：细胞用来联络的激素样信使分子。

**细胞因子谱（cytokine profile）**：一个细胞分泌的不同细胞因子的混合物。

**相关抗原（cognate antigen）**：可以被 B 细胞或 T 细胞受体识别和结合的抗原（例如细菌蛋白质）

**新抗原（neoantigen）**：细胞中由于编码正常细胞蛋白质 DNA 的突变而产生的一种"新"抗原。

**胸腺皮质上皮细胞（cortical thymic epithelial cells）**：胸腺皮质中，在 T 细胞阳性选择（MHC限制性）过程中一种作为"检查者"的细胞。

**胸腺树突状细胞（thymic dendritic cell）**：在胸腺髓质中发现的一种细胞，用于检测 T 细胞对自身抗原的耐受性（阴性选择）。

**胸腺髓质的上皮细胞（medullary thymic epithelial cell）**：在胸腺髓质中发现的一种细胞，能够表达组织特异性的自身抗原，并参与检查 T 细胞对自身抗原的耐受性（阴性选择）。

**炎症反应（inflammatory response）**：一个被相当普遍应用的术语，用以描述巨噬细胞、中性粒细胞和其他免疫系统细胞对抗入侵者的战斗。

**阳性选择（positive selection）**：MHC 限制性的同义词。

**阴性选择（negative selection）**：中枢耐受的诱导的同义词。在胸腺髓质中，具有识别 MHC-自身肽复合物受体的 T 细胞会被清除。

**杂交瘤（hybridoma）**：一种可以产生单克隆抗体并在实验室无限生长的杂交 B 细胞。

**增殖（proliferate）**：数量的增加。一个细胞通过分裂成为两个子细胞进行增殖，然后再分裂成4 个细胞，依此类推。细胞繁殖。

**脂多糖（lipopolysaccharide）**：许多细菌外膜的一种成分。它是先天免疫系统的"危险信号"。

**中和抗体（neutralizing antibody）**：能与病原体结合并阻止其感染易感细胞或在其中进行繁殖的一种抗体。

**中枢（免疫）耐受的诱导（central tolerance induction）**：在胸腺中，具有识别自身大量抗原受体的 T 细胞失能或被清除的过程。

**中性粒细胞胞外诱捕网（neutrophil extracellular traps）**：由中性粒细胞颗粒蛋白修饰的细胞 DNA所组成的网状结构。

**肿瘤坏死因子（tumor necrosis factor）**：主要是由巨噬细胞和辅助性 T 细胞分泌的战斗性细胞因子。

**肿瘤浸润淋巴细胞（tumor infiltrating lymphocytes）**：在肿瘤组织中被发现的 T 细胞。

**自身耐受（tolerance of self）**：不将自己组织细胞视为攻击者的现象。

**自噬（autophagy）**：饥饿细胞食噬回收其自身成分的过程。

**佐剂（adjuvant）**：一种能够增强免疫效力的疫苗成分。

# 缩略语和缩写词表

ACT: adoptive cell transfer 过继性细胞转移疗法

ADCC: antibody-dependent cellular cytotoxicity 抗体依赖的细胞毒作用

APC: antigen presenting cell 抗原提呈细胞

ART: anti-retroviral therapy 抗逆转录病毒疗法

BCR: B cell receptor B 细胞受体

CAR: chimeric antigen receptor 嵌合抗原受体

cTEC: cortical thymic epithelial cell 胸腺皮质上皮细胞

CTL: cytotoxic T lymphocyte 细胞毒性 T 淋巴细胞

DAMP: damage-associated molecular pattern 损伤相关的分子模式

DC: dendritic cell 树突状细胞

DTH: delayed-type hypersensitivity 迟发型超敏反应

ER: endoplasmic reticulum 内质网

Fab: antigen-binding fragment of an antibody molecule 抗体分子的抗原结合片段

FasL: Fas ligand Fas 配体

Fc: constant fragment of an antibody molecule 抗体分子的恒定区

FDC: follicular dendritic cell 滤泡树突状细胞

Hc: heavy chain protein of an antibody molecule 抗体分子的重链蛋白

HEV: high endothelial venule 高内皮细胞小静脉

IFN: interferon, as in IFN-α 干扰素 -α

IgG: immunoglobulin G 免疫球蛋白 G

IL: interleukin, as in IL-1 白细胞介素，例如 IL-1

iTreg: inducible regulatory T cell 诱导性调节性 T 细胞

Lc: light chain protein of an antibody molecule 抗体分子的轻链蛋白

LPS: lipopolysaccharide 脂多糖

MAC: membrane attack complex 攻膜复合物

MALT: mucosal-associated lymphoid tissue 黏膜相关淋巴组织

MBL: mannose-binding lectin 甘露糖结合凝集素

MHC: major histocompatibility complex 主要组织相容性复合体

mTEC: medullary thymic epithelial cell 胸腺髓质上皮细胞

NETs: neutrophil extracellular traps 中性粒细胞胞外诱捕网

NK: natural killer, as in NK cell 自然杀伤细胞，NK 细胞

nTreg: natural regulatory T cell 自然调节 T 细胞

PALS: periarteriolar lymphocyte sheath 动脉周围淋巴细胞鞘

PAMP: pathogen-associated molecular pattern 病原体相关分子模式

PD-1: programmed death 1 程序性死亡分子 1

PD-L1: the ligand for PD-1 PD-1 配体

pDC: plasmacytoid dendritic cell 浆细胞样树突状细胞

PRR: pattern-recognition receptor 模式识别受体

SCIDS: severe combined immunodeficiency syndrome 重症联合免疫缺陷综合征

TCR: T cell receptor T 细胞受体

TDC: thymic dendritic cell 胸腺树突状细胞

Tfh cell: follicular helper T cell 滤泡辅助性 T 细胞

Th cell: helper T cell 辅助性 T 细胞

TIL: tumor infiltrating lymphocyte 肿瘤浸润淋巴细胞

TLR: Toll-like receptor Toll 样受体

TNF: tumor necrosis factor 肿瘤坏死因子